일류 발주자가 일등 건설산업 만든다

–1등 건설산업을 위한 정부조달 혁신전략

일류 발주자가 일등 건설산업 만든다

—1등 건설산업을 위한 정부조달 혁신전략

이상호 · 한미파슨스 공저

普文堂

우리나라의 건설산업은 과거 수 십 년간 국가 경제 발전에 지대한 공헌을 해 왔을 뿐만 아니라, 다가올 미래에도 우리 삶의 질을 향상시키고 국가 경쟁력 향상을 위해 중추적인 역할을 수행해 나가야 할 중요한 산업이다. 특히, 아직도 부족한 사회간접자본시설(SOC)의 확충이나 도시 및 주거환경의 개선, 그리고 천문학적인 건설투자를 필요로 할 통일시대를 생각하면 더욱 그러하다.

그러나, 작금의 우리나라 건설산업은 「총체적 경쟁력 상실」이라는 중대한 위기를 맞고 있다. 대외적으로 우리 건설산업은 플랜트 분야를 제외하고는 해외 건설시장에서 경쟁력을 상실한지 이미 오래이다. 또한 대내적으로는 불합리한 제도와 건설생산시스템, 그리고 이들로부터 파생되는 비윤리적인 관행과 부실 등을 극복하지 못한 탓으로 건설업계에 대한 부정적인 시각이 사회전반에 만연되어 있기도 하다. 뿐만 아니라, 최근의 경기 침체로 인한 절대물량의 감소는 건설산업의 위기를 더욱 심화시키고 있다.

우리 건설산업이 이처럼 험난한 상황에 봉착하게 된 가장 근본적인 원인은 바로 「저효율 · 고비용 구조」이며, 그 배경에는 글로벌 스탠다드와는 동떨어진 코리안 스탠다드, 다시 말해 후진적이면서도 비효율적인 「한국식 법과 제도」가 자리잡고 있다. 즉, 정부가 짠 「시장의 틀」이 잘못되었다는 것이다. 왜곡된 시장에서는 공정한 경쟁이 이루어질 수 없다. 시장 내 경제주체들로 하여금 기술개발이나 비용구조 개선을 통하여 정당하면서도 공정한 경쟁을 유도하기 보다는, 편법이나 비합리적인 수단에 의존하려는 심리를 부추기기 때문이다.

하지만, 지금껏 우리 건설산업을 혁신하기 위한 노력들은 이러한 구조적인 문제점들을 다루기보다는, 건설업계만을 대상으로 「부패문화 척결」이나 「수주과정 투명화」 등의 구호를 외치는데 그쳤었다. 물론, 건설업계 스스로의 자정노력도 매우 중요하다. 하지만 보다 근본적인 해결책 모색을 위해서는 「시장의 틀과 룰」을 결정하는 '정부조직' 이나 '공공발주자' 의 역할에 대해 보다 더 진지한 고민을 했어야만 했다. 건설산업의 특성상 정부나 공공발주자는 '시장의 리더' 이자, '게임의 법칙' 을 제정, 운영하는 당사자로서 막강한 영향력을 지닌다. 또한, 민간부문을 선도하고 나아갈 방향을 제시하는 역할도 한다. 지금까지 건설업계만을 문제 시 해 온 기존의 정책 패러다임이 앞으로는 정부나 공공발주자가 가지고 있는 기능과 역할의 혁신에 초점이 맞추어져야 하는 이유가 바로 여기에 있다.

「한-미 FTA」체결이나, 「한-EU 간 FTA」추진 등을 통하여 건설선진국들과 시장이 통합되고 있는 상황에서 글로벌 스탠다드에 부합되는 건설관련 제도의 도입은 더 이상 피할 수 없는 과제이며, 그 중에서도 가장 중요한 축 중의 하나가 바로 정부와 공공발주자의 역할과 기능을 재점검하는 일이다. 다시 말해 우리나라 건설정책을 총괄하고 있는 건설교통부와 정부조달을 책임지고 있는 조달청의 역할과 기능에 대한 재설계가 필요한 시점인 것이다. 아울러 300개가 넘는 건설관련 각종 법규를 원점에서부터 재검토 함으로써, 금융산업의 자본통합법과 같은 조달 관련법의 통폐합 작업도 신중히 추진되어야 한다. 더 나아가서는 건설산업의 주체들, 즉 발주자, 설계자, 시공자 모두가 게임의 룰을 좀더 공정하고 발전적으로 다듬어 가려는 공동노력도 절대적으로 필요하다. 건설산업의 새로운 미래를 준비하기 위해서는 건설 주체들이 지금까지 해왔던 비합리적인 행태와 구습을 과감히 떨쳐 버리려는 철저한 자성(自省)이 전제되어야 함은 두말할 나위조차 없기 때문이다.

한미파슨스는 지난 2001년부터 한국 건설산업 선진화 방안 연구를 지속적으로 수행하고, 그 성과를 정리하여 책자를 발간해 오고 있다. 지금까지 발행된 책자는 「미국 건설산업 왜 강한가?」, 「영국 건설산업의 혁신전략과 성공사례」, 「한국 건설산업 대해부」, 「미국의 설계 경쟁력 어디에서 오나?」, 「코리안 스탠다드에서 글로벌 스탠다드로」, 「발주자가 변하지 않고는 건설산업의 미래는 없다」 등 6권이며, 본 서는 7번째로 발간되는 서적이다. 특히 본 서는 2006년에 발간된 「발주자가 변하지 않고는 건설산업의 미래는 없다」는 책자에 이어 정부 및 공공발주자의 혁신과 변화에 초점을 맞춘 것으로, 정부조달이라는 구체적인 분야에 대해 심도 있는 분석을 시도하였다.

본 서에서는 정부의 여러 역할 가운데, 특히 건설산업 전반에 지대한 영향을 끼치는 '정부조달' 부문에 주목하여 1등 건설산업을 위한 정부조달 혁신 전략을 제시하고자 하였다.

우선 우리나라 조달 시스템 현황에 대한 분석을 바탕으로, 현재의 시스템에 내재되어 있는 문제점들을 파악하였고, 이를 여러 선진국들의 시스템과 비교 · 분석하였다. 또한, 현재 진행되고 있는 선진국들의 정부조달 혁신 과정을 심층적으로 연구한 결과를 바탕으로 우리나라 조달 시스템의 혁신을 위한 10대 실천과제를 제시하고자 하였다.

한미파슨스는 앞으로도 한국 건설산업 선진화를 위한 연구를 지속적으로 수행해가고자 한다. 민간기업의 힘으로 모든 이해관계를 배제한 객관적인 시각에서 한국 건설산업이 안고 있는 문제점들을 조사 · 분석하고, 그를 토대로 추출한 대안을 정부와 업계에 제시함으로써 건설산업의 변화와 혁신에 대한 조그만 밑거름이 되고자 하는 목적이다.

모쪼록 본 책자가 우리나라 정부조달제도의 혁신에 필요한 단초를 제공할 수 있기를 기대하며, 끝으로 본 서가 출간될 수 있도록 많은 노력을 아끼지 않아주신 이상호 박사님을 비롯한 연구진 여러분과 자문진, 그리고 이 책의 발간에 도움을 주신 모든 분들께 깊은 감사 드린다.

2007년 8월 한미파슨스 사장 김 종 훈

1등 건설산업을 만들기 위한 과제 – 정부조달 혁신

건설산업을 1등산업으로 만들고자 한다면, 조선이나 반도체, 철강산업에서와 같이 정부 규제 대신 글로벌 시장경쟁의 룰이 적용되어야 한다. 이를 위해서는 획기적인 규제완화가 필요하다. 아울러 최대 발주자인 정부의 혁신이 이루어져야 하는데, 정부혁신의 핵심은 조달시스템 혁신에 있다. 조달시스템 혁신을 통해 최대 발주자인 정부가 일류 발주자가 될 때, 우리 건설산업도 1등산업이 될 수 있다.

정부는 건설산업에서 차지하는 비중이 가장 큰 고객이자, 발주자요, 수요자다. 해마다 약 50조원에 달하는 시설공사 조달사업을 정부가 수행하고 있다. 정부는 좋은 품질의 시설물을 제때 저렴한 예산으로 조달해야 한다. 그래야 최고가치(best value)를 얻을 수 있다. 비록 싼값에 시설물을 조달하더라도 품질이 열악하거나, 공사기간의 지연이 일상화된다면, 비효율적이라고 평가할 수밖에 없다. 공사비, 공기, 품질 등의 요소가 종합적으로 최적화되어야 최고가치를 얻을 수 있다.

민간조달과 달리, 정부조달은 경제적 효율성의 척도만으로 평가하기 어렵다. 오랫동안 정부조달은 산업정책의 가장 중요한 수단 중 하나였다. 정부조달을 통해 지역중소건설업체의 육성과 발전을 도모해 왔고, 건설산업의 선진화나 경쟁력 강화와 같은 산업정책적 목표도 추구해 왔다.

정부조달은 실질적인 중요성에 비해 사회적 인식도가 대단히 낮다. 흔히 부정 · 비리 · 부조리와 같은 부정적인 용어와 연관된 영역으로 인식되고 있다. 정부 내부에서는 정책결정이나 예산편성에 비해 중요도가 낮은 정책집행 내지 예산집행업무로 간주하고 있는 것 같다. 대학이나 연구기관에서 학문적인 연구가 활발하게 이루어지고 있는 영역도 아니다. 그러다 보니 정부조달이 국가경제나 건설산업에 미치는 영향은 간과되고 있다.

건설산업의 산업적 특징은 흔히 "수주산업"이라고 한다. 수주산업에서는 특히 최대 발주자인 정부의 역할이 중요하다. 공급자인 건설업체는 수주를 위해 정부의 요구조건을 충족시켜야 한다. 정부가 싼 가격을 원한다면 입찰가격을 낮추어야 하고, 공기 단축을 원한다면 공기 단축을 해야 한다. 마찬가지로 정부가 고품질을 원한다면, 고품질 시설물을 공급해야 한다. 따라서 발주자인 정부와 공급자인 건설업체간의 관계는 수평적이고 대등한 관계가 아니다. 우리가 흔히 "갑(甲)-을(乙) 관계"라고 부르는 정부 발주자와 건설업체간의 관계는 수직적이고 불평등한 관계다. 그렇기 때문에 건설산업에서는 발주자인 정부의 조달시스템이 중요한 것이다.

만약 건설산업을 조선이나 반도체, 혹은 철강산업과 같이 세계적인 경쟁력과 시장지배력을 가진 1등산업으로 만들고자 한다면, 발주자인 정부와 공급자인 건설업체 모두의 혁신이 필요하다. 굳이 "누가 먼저 바뀌어야 할까?"라는 질문을 던져 본다면, 극히 최근까지도 공급자인 건설업체가 먼저 바뀌어야 한다는 시각이 주류였던 것 같다. 하지만 건설업체는 혁신을 강요하지 않아도 생존과 성장을 위해서 지속적으로 혁신하지 않을 수 없다. 문제는 정부다. 혁신을 하지 않더라도 파산의 위험성이 희박하고, 혁신을 해야 할 인센티브가 부족하기 때문이다. 발주자인 정부의 혁신에 관심을 기울여야 할 이유도 여기에 있다. 급변하는 환경 속에서 건설업체는 생존과 성장을 위해 몸부림쳐야 하는데, 최대 발주자인 정부가 팔짱만 끼고 몇 십 년 전에 만들어 놓은 법 · 제도와 규제의 틀 속에서 안주하고 있다면, 건설산업의 발전을 기대할 수 없다.

우리는 이미 WTO 정부조달협정(GPA) 가입국이고, 한-싱가폴, 한-칠레, 한-미 FTA 체결에 이어, 지금은 한-EU FTA를 추진하고 있다. 이처럼 정부조달시장의 글로벌화가 급속도로 진전되고 있기 때문에 우리 정부의 조달시스템도 글로벌 스탠다드를 수용해야 한다. 건설시장이 글로벌화되면서 우리 건설업체들이 초일류 글로벌 기업을 지향해야 하는 것과 같은 맥락이다. 하지만 우리나라에서는 여전히 정부조달시스템의 글로벌 스탠다드를 수용하자는 주장에 대한 거부감이 많다. 무턱대고 외국제도를 수입하자는 주장으로 보기 때문이다. 이 책에서 말하는 글로벌 스탠다드는 특정한 외국제도를 지칭하는 것이 아니다. 정부조달의 목표인 최고가치를 획득하는데 가장 효과적인 것으로 입증되어 전세계적으로 널리 활용되는 정책이나 제도가 글로벌 스탠다드다.

우리나라에서도 정부조달제도 개선은 해마다 이루어졌다. 하지만 대부분은 국가계약법령의 개정에 국한된 제도변경에 그쳤다. 국가계약법령의 운용기반이 되는 조직이나 공무원의 전문성 등과 관련한 변화는 거의 없었다. 정부조달의 성공적인 혁신을 위해서는 법 · 제도만이 아니라 운영기반을 비롯한 연관된 모든 요소의 총체적인 변화가 필요하다. 다시 말해서 정부조달은 시스템 혁신이 이루어져야 한다는 것이다.

필자에게 이 책은 한미파슨스와 몇 년 전부터 해 온 공동연구의 최종 결과물이다. 2003년에 발간된 「한국 건설산업 대해부」에서는 건설산업이 안고 있는 구조적인 문제점을 파헤치고자 했다. 문제를 알면 해답도 찾기 쉬울 것이라는 생각에서였다. 2006년에는 「코리안 스탠다드에서 글로벌 스탠다드로」라는 책을 발간했다. 건설산업이 안고 있는 문제의 핵심은 시대변화에 뒤쳐진 왜곡된 법과 제도에 있으며, 향후 제도개선 방향은 글로벌 스탠다드를 수용해야 한다는 주장을 담았다. 그 연장선상에서, 이 책은 수많은 건설 관련 정책이나 법 · 제도 가운데 가장 핵심이라고 할 수 있는 정부조달제도의 혁신을 주창하고 있다. 정부가 일류 발주자가 되어야 1등 건설산업을 만들 수 있다는 생각이다.

이 책을 집필하는 과정에서 도움을 주신 분들은 일일이 열거하기 어려울 정도로 대단히 많다. 특히 자문위원들로부터는 「한국 건설산업 대해부」를 집필하기 시작한 2002년부터 한미파슨스 회의실에 거의 매월 한 번씩 모여서 작성한 원고를 읽고 토론하는 과정에서 많은 것을 배웠다. 햇수로는 무려 만 4년간이었다. 하지만 필자의 능력부족으로 자문위원들의 기대를 충족하기 어려운 부분도 많았다. 이 책에서 미흡한 부분은 전적으로 필자의 책임이다.

2007년 8월

이 상 호

제 1 장 정부조달, 왜 바꾸어야 하는가?

01 한국 축구와 야구, 세계 4강이 된 비결

2002년 월드컵(World Cup)에서 한국 축구는 세계 4강 자리에 올랐다. 2006년에는 한국 야구도 세계야구대회(World Baseball Classic: WBC)에서 4강 대열에 합류했다. 어떻게 했길래 한국의 축구와 야구가 세계 4강의 자리에 올라서게 되었을까?

축구건 야구건 둘 다 세계 4강이 된 데에는 공통점이 많다. 축구나 야구의 게임 규칙(rule of game)은 한국이라고 해서 외국과 다르지 않다. 글로벌 스탠다드(Global Standard)가 확립되어 있고, 한국에서도 글로벌 스탠다드에 따라 경기가 진행된다. 또한 축구건 야구건 시장개방 효과를 톡톡히 누렸다. 한국에서 성장한 우리 선수들이 미국, 일본, 유럽과 같은 큰 시장에서 기량을 쌓았고, 외국 선수들도 한국 프로팀에 진출하여 큰 몫을 해온 지 오래다. 축구 국가대표팀 감독은 이미 여러 차례 저명한 외국인 감독이 맡아 왔다. 한국의 프로야구팀 감독도 마찬가지였다. 소속팀에 따라 선수들을 "국내파"와 "해외파"로 구분하긴 하지만, 국내파의 실력도 전반적으로 해외파에 뒤지지 않는다는 평가를 받았다. 일부 국내파 선수들은 국제경기에서 발군의 기량을 선보인 뒤, 해외 유명구단으로부터 파격적인 조건으로 스카웃되기도 했다. 해외파는 해외파대로 해외시장에서 쌓은 기량을 국가대표팀의 일원으로 큰 국제경기에서 마음껏 발휘했다. 한국 축구와 야구가 세계 4강에 진입하게 된 또 하나의 중요한 성공요인은 '지연

(地緣)' 이나 '학연(學緣)' 과 같은 연고주의(緣故主義) 대신, 철저하게 선수 개개인의 실력(實力) 위주로 적재적소(適材適所)에 활용한 용병술(用兵術)에 있었다고 한다. 이처럼 선수와 감독 시장의 개방, 능력 위주의 선수와 감독 인선, 게임 규칙의 글로벌 스탠다드 적용 같은 요소들이 한국 축구와 야구의 성공요인으로 평가되고 있다.

만약에 이 같은 성공요인과 반대로 해왔다면 어땠을까? 예컨대, 축구건 야구건 "국가적 자존심"을 내세우면서 국가대표팀은 모조리 "국내파" 선수들로만 지연 · 학연을 감안하여 "균형적으로" 구성하고, 국가대표팀 감독도 한국인만 고집했다면 그 결과는 어땠을까? 게임의 규칙도 전세계적으로 널리 활용되는 글로벌 스탠다드(Global Standard)가 아니라, 한국인의 신체적 · 사회적 특성을 감안한 코리안 스탠다드(Korean Standard)를 만들어 축구경기나 야구경기를 해왔다면 어땠을까? 아마도 그랬더라면 한국의 축구나 야구는 지금도 세계대회 문턱에 나가기 어려운 동네 조기 축구회 수준일지 모른다. 해외에 진출했던 한국 선수와 외국 선수가 국가대표팀이나 한국 프로팀에 들어오는 것을 막았더라면, 한국의 "국내파" 선수들 기량은 세계적 수준으로 성장하기 어려웠을 것이다.

한국 야구가 세계 4강 대열에 진입했을 때, 한 일간지에 실린 칼럼을 보자(조선일보, 2006년 3월 17일자).

> 야구선수 시장의 개방화 덕분에 한국 야구는 한단계 더 뛰어 올랐다. 그때만 해도 선진 일본 야구와 한국 야구의 수준 차가 그만큼 컸던 것이다. … 스포츠도 경제처럼, 국내 산업을 보호한답시고 쳐뒀던 울타리를 낮출수록 체질은 강해진다. (해외에서 활동한 야구선수들의) 한국 야구 진출에 높은 세금을 물리고, 국내 야구 보호라는 구호아래 (국내 야구선수들의) 메이저리그 길을 가로막았더라면 어떻게 됐을까. 야구도 우리 교육처럼 키 작은 야구가 되고 말았을 것이다. … 감독이 '양극화 해소' 니 '평준화 사수(死守)' 니 하는 이념을 내걸어 성적이 제각각인 위 · 아래 선수를 마구 뒤섞고, '코드 용병술(用兵術)' 로 기울어 말 잘 듣는 선수만 그라운드로 내 보냈다면 어떻게 됐을까. 승리는 커녕 팀 내 불화를 막는 데도 쩔쩔맸을 것이다.

한국의 축구와 야구가 세계 4강에 오르는데 정부는 어떤 역할을 했을까? 정부 지원이 얼마나 있었는지는 알 수 없지만, 좋은 성과를 내니까 병역 특례와 같은 대단한 인센티브를 제공했다. 대통령이 직접 축하전화도 걸고, 선수들을 국민적 영웅으로 대접했다. 정부 역할은 이런 정도의 인센티브 제공이나 격려면 충분하다.

만약에 한국 축구나 야구를 향후 5년 내에 세계 4강으로 끌어 올리기 위한 로드맵(Roadmap)을 작성하고, 이를 실행할 정부조직까지 만들어서 지원했더라면 어떻게 됐을까? 정부 계획대로 5년 내에 세계 4강이 될 수 있었을까? 앞서 인용한 한 일간지 칼럼은 이렇게 꼬집고 있다(조선일보, 2006년 3월 17일자).

'평준화 원칙에 따라 모든 선수는 2이닝 이상 출전할 수 없다' '선수 선발은 타율(打率)보다 내신(內申)을 우선한다' '규정된 단체연습시간 이외의 개별연습은 금지한다'. 그랬더라면 한국 야구는 연전연승(連戰連勝)은 커녕 초전에 박살이 났을 것이고, '이상한 나라의 이상한 감독이야기'가 대신 세계의 뉴스가 됐을 것이다.

이렇게 생각하면 이번 야구 월드컵의 승전보를 일구는데 정부의 기여가 전혀 없었던 것은 아닌 셈이다. 문화관광부 체육국(局) 아래 '야구과(野球課)'를 신설해 야구 전담 공무원을 두지 않았던 것이 무엇보다 고마운 일이다. 야구과(野球課) 직원들의 일거리란 으레 규제와 간섭으로 선수와 구단(球團)의 자발성과 창의성을 빼앗아 가는 것이기 십상이었을테니까 말이다.

02 조선산업과 반도체산업이 1등산업이 된 비결

축구나 야구 같은 스포츠만 그런 것이 아니다. 경제나 산업부문도 다를 바 없다. 세계 일류산업으로 손꼽아 주는 한국의 조선산업이나 반도체산업을 보라. 「조선산업기본법」이니 「반도체수출촉진법」이니 하는 법 · 제도부터 찾아볼 수가 없다. 물론 조선이나 반도체, 철강산업 등은 산업의 초기 발전단계에서 정부의 적극적인 지원에 힘입은 바가 크다. 하지만 1990년대 이후부터는 정부개입이 크게 축소되었고, 글로벌 시장경쟁에 노출된 민간기업의 역량에 따라 급성장했다. 특히 법 · 제도 측면에서 큰 변화는 1970년대 중화학공업 육성정책의 근간을 이루었던 7개 개별산업(기계, 전자, 섬유, 조선, 석유화학, 철강, 비철금속 등) 지원법이 1986년에 「공업발전법」으로 일원화(1999년에 「산업발전법」으로 대체)되었다. 「공업발전법」 제정과 더불어 진입제한 등을 포함하여 140여개에 달하던 규제조항은 10분의 1인 14개로 축소되었다. 이처럼 정부개입이 대폭 축소되었는데도 세계시장을 상대로 세계적인 제품을 생산하여 판매하고, 한국산 제품과 기술력을 세계표준(Global Standard)의 반열에 올려 놓았다. 결국 조선이나 반도체산업은 정부규제가 아니라 글로벌 시장경쟁의 룰이 지배했기 때문에 한국을 넘어 세계 1등산업으로 성장했던 것이다[1].

반면에 사양산업(斜陽産業)으로 평가되고 있는 산업군[2]은 어떤가? 시장개방에 대단히 소극적이거나, 적극적으로 시장개방을 저지하기 위해 폭력적인 시위를 벌이기도 한다. 정부나 정치권에서는 정치적인 이유로 오랫동안 사양산업의 보호 · 육성과 구조조정을 명분으로 엄청난 재정을 쏟아 부었다. 그러다 보니 이들 산업에서는 특히 정부개입이나 규제의 강도가 높다. 또한 맹목적인 보호주의와 편협한 애국심에 가득찬 일부 시민 · 사회단체들은 현상유지를 주창하거나, 혁신과 개방으로 가는 길을 가로막기도 했다. 물론 그랬다고 해서 결과적으로 나아진 것은 별로 없다. 단지 혁신이나 개방을 지연시키는데 어느 정도 기여했을 뿐이다.

1) 조선, 반도체, 철강, 자동차산업 등 한국의 1등산업이라고 부를 만한 산업의 구조적 특징은 ① 높은 세계시장 점유율과 글로벌 경쟁력 보유, ② 지속적인 기술개발과 설비투자 확대, ③ 세계적인 대기업과 전문화된 중소기업간 협력체제 구축, ④ 가격경쟁에서 가치경쟁으로 경쟁의 초점 전환, ⑤ 고용인력 축소와 노동생산성 향상 및 노사화합, ⑥ 우수인력의 유입과 적극적인 교육훈련을 통한 활용 극대화, ⑦ 정부개입의 축소와 글로벌 시장경쟁의 룰 지배 등 7가지로 정리해 볼 수 있다.

2) 농업, 섬유, 신발 등이 대표적인 사양산업군으로 꼽히고 있다. 하지만 이들 산업군에서도 혁신이 이루어지고 있으며, 특정한 분야에서는 세계적인 경쟁력을 보유하고 있기도 하다. 엄밀하게 말한다면, "사양산업"은 없고, "사양기업"만 있다.

03 건설산업이 1등산업이 되고자 한다면?

건설산업은 어떨까? 덩치로만 보면 지금도 한국의 거대산업이다. 2000년대에 들어와서도 해마다 국내총생산(GDP)에서 차지하는 건설투자 비중은 15%를 상회하고 있다. 건설산업의 종사자 수는 약 180만명이고, 건설업체 수는 약 7만개에 달한다. 외국과 비교해 보더라도 한국의 건설시장 규모는 세계 10위권으로 평가되고, 해외건설 수주액도 세계 10위권으로 평가되고 있다[3]. 하지만 내부 사정을 들여다 보면 상황은 다르다[4]. 기술수준은 여전히 선진국의 70% 수준에 불과한 것으로 평가되고 있다. 세계 10위권이라고 하는 한국 건설업체의 해외건설시장 점유비율은 2005년의 경우 1.3%에 불과한 초라한 실정이다(ENR, December 2006)[5]. 건설업체에 대한 국민적 이미지도 대단히 부정적이다. 이를테면 부실공사나 부정 · 비리 문제에서 아직도 자유롭지 못하다. 게다가 최근에는 주택가격을 올린 주범으로, "폭리(暴利)"를 취하고 있는 집단으로 매

---

3) 2006년에 한국의 해외건설 수주실적은 사상 최고치인 165억불을 기록하였다. 하지만 전통적인 건설공사라고 할 수 있는 토목이나 건축공사의 해외수주 비중이 30% 내외에 불과한 반면, 플랜트공사의 수주비중이 70% 수준에 달하였다. 이 같은 사실은 토목이나 건축공사의 국제경쟁력이 그만큼 낮다는 사실을 의미한다.

4) 한국 건설산업이 안고 있는 구조적인 문제에 대해서는 이상호 · 한미파슨스(2003). 「한국 건설산업 대해부」. 보성각. 에서 상세하게 설명하고 있다.

5) 2005년 한국 건설업체의 해외건설 수주실적은 109억불 수준으로 좋았던 편이지만, 전체 해외건설시장의 규모가 크게 증가했기 때문에 세계 225대 건설업체의 매출액에서 차지하는 한국 건설업체의 해외건설시장 점유율은 1.3% 수준에 그쳤다.

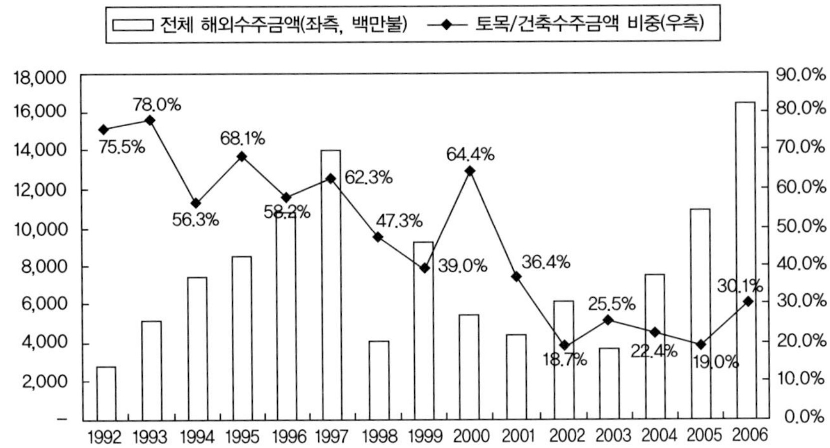

그림 1-1 한국 건설업체의 해외건설 수주실적 및 토목/건축공사 수주실적 추이

자료: 해외건설협회.

도되기도 한다.

겉으로 드러난 규모가 여전히 크기 때문에 건설산업이 사양산업이라고 말할 수는 없지만, 그렇다고 해서 조선이나 반도체산업처럼 1등산업은 분명히 아니다. 오히려 건설산업은 사양산업으로 전락할 가능성이 더 높아 보인다. 그 징후는 여러 가지 차원에서 감지할 수 있다. 우선, 2003년 이후 국내 건설시장 규모가 100조원대에서 정체되는 양상을 보이고 있다는 점이다. 2000년 불변금액으로 환산하면 80조원대에 불과하다.

건설시장의 성장이 정체되어 있을 뿐만 아니라, 수익성도 2006년 하반기부터는 줄어들고 있다. 예컨대, 건설업계의 총자산 경상이익률은 2005년의 8.31%에서 2006년에는 7.54%로, 매출액 영업이익률은 6.46%에서 6.19%로, 매출액 순이익률은 4.74%에서 4.58%로, 자기자본 경상이익률은 20.64%에서 16.84%로, 이자보상비율은 517.03%에서 506.14%로 각각 떨어졌다(한국은행, 2007). 2000년 이후 주택경기 활성화에 힘입어 고성장과 고수익을 달성해왔던 건설산업이 2006년부터는 성장성과 수익성이 둘 다 악화되고 있다.

건설투자의 성장기여도 역시 2003년을 정점으로 저하되고 있다. 특히 2006년 2/4분기에는 건설투자의 성장기여도가 마이너스를 기록하기도 했다.

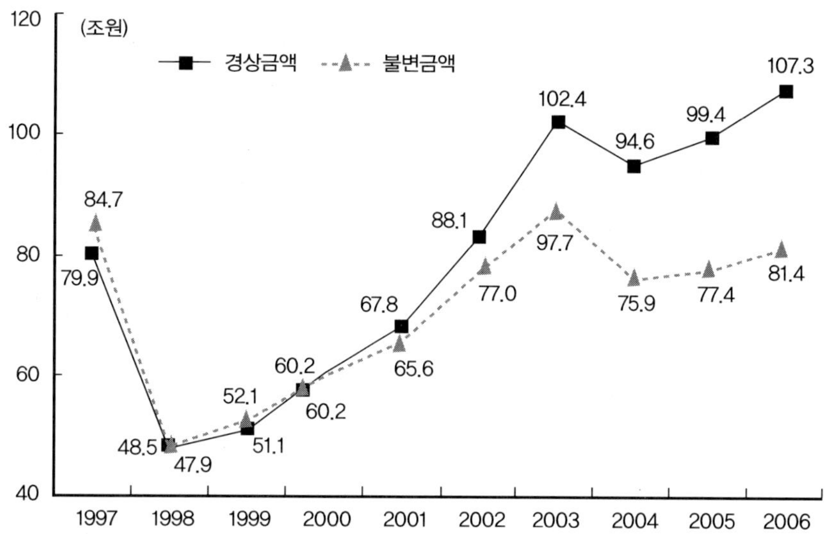

그림 1-2 일반건설업체의 수주액 추이

자료: 한국건설산업연구원.

표 1-1 지출항목별 성장기여도

단위 : %, 기여도 : %p

구 분			2002년	2003년	2004년	2005년	2006년	
							1/4	2/4
GDP 증가율 (전년동기비, %)			7.0	3.1	4.7	4.0	6.1	5.3
기여도 (%p)	내 수 기 여 도		6.8	0.5	1.7	2.5	5.3	3.7
		(최종 소비)	(5.0)	(−0.2)	(0.3)	(2.1)	(3.2)	2.8
		(설비 투자)	(0.8)	(−0.1)	(0.4)	(0.5)	(0.8)	0.9
		(건설 투자)	**(0.9)**	**(1.3)**	**(0.2)**	**(0.1)**	**(0.2)**	**−0.7**
	통계상 불일치		0.4	0.0	−0.3	0.0	0.0	−0.7
	수 출 기 여 도		−0.2	2.5	3.3	1.4	0.8	2.2

주 : GDP증가율은 내수기여도, 수출기여도, 통계상 불일치를 합한 값이며 수출기여도는 수출과 수입(공제)기여도를 합산하여 산정했고, 내수기여도는 최종소비지출(민간소비)과 총자본형성(설비투자, 건설투자, 무형고정자산투자, 재고증감)으로 구성

자료 : 한국은행.

건설산업의 실질 부가가치 증가율은 섬유, 신발, 가구, 1차산업 등 이른바 "사양산업(斜陽産業)"이라고 불리우는 산업군 보다는 높지만, 반도체 · 조선 · 철강 · 자동차 등과 같은 "1등산업군"에 비하면 낮은 수준이다. 경상 부가가치 비중도 줄어들고 있는 추세다.

표 1-2 한국 주요산업의 시기별 경상 부가가치 비중과 실질 부가가치 증가율 비교

단위 : %

산업부문		경상 부가가치 비중				실질 부가가치 증가율		
		1990	1995	2000	2004	1991~1995	1996~2000	2001~2004
반도체 및 전자부품		1.28	2.50	3.76	4.01	26.2	29.7	18.1
조선		0.47	0.65	0.97	1.02	19.2	10.7	10.2
철강		2.35	2.21	1.96	2.48	11.3	5.4	3.6
자동차		2.38	2.47	2.24	2.38	13.7	7.4	5.6
건설		**11.33**	**11.60**	**8.35**	**9.33**	**7.3**	**−2.2**	**4.6**
섬유(화학섬유 포함)		2.13	1.51	1.54	0.89	−3.3	5.3	−4.2
신발		0.65	0.18	0.12	0.08	−15.0	−6.5	−9.4
가구		0.31	0.31	0.25	0.27	0.3	3.4	6.8
1차산업	작물	6.81	4.64	3.63	2.63	2.4	1.9	−0.5
	임산물	0.39	0.25	0.23	0.19	−5.7	−1.0	−1.3
	수산물	0.79	0.56	0.42	0.27	0.3	−3.2	−2.3

자료: 산업연구원(2006).「한국산업의 발전비전 2020」.

이와 같은 여러 지표의 변화추이를 볼 때, 건설산업은 이제 사양산업(斜陽産業)으로 전락하는 게 아닌가 하는 위기감을 주고 있다.

만약 한국의 건설산업을 세계적인 경쟁력을 갖춘 1등산업으로 키우고자 한다면, 어떻게 해야 할 것인가? 한국의 축구나 야구를 세계 4강으로 만든 방법, 조선이나 반도체 산업이 세계 1등산업이 된 비결이 건설산업에도 적용되어야 한다고 본다. 예컨대, 건설시장의 개방 폭을 확대하고, 한국 건설업체들도 적극적으로 해외건설시장 진출을 확대해 나가야 한다. 국내 건설 관련 법 · 제도와 관행은 글로벌 스탠다드[6]를 채용해야 한다. 정부규제나 보호가 아니라 시장경쟁 원리가 지배하도록 해야 한다. 초일류 글로벌 기업이 탄생할 수 있는 여건을 조성하며, 이들 기업이 전문화된 중소기업과 협력관계를 맺고 상생하는 여건이 만들어져야 한다. 지속적인 연구개발(R&D)과 기술발전을 통해 품질, 비용, 공기 등 성과 측면에서 글로벌 경쟁력을 갖추어야 한다. 우수한 인력이 건설산업에 계속 유입되도록 하고, 노사화합을 달성해야 한다.

6) 한국식 건설 관련 법 · 제도를 코리안 스탠다드(Korean Standard)로 부르고, 이것이 글로벌 스탠다드(Global Standard)와 어떻게 다른지에 대해서는 이상호 · 한미파슨스(2006).「코리안 스탠다드에서 글로벌 스탠다드로」. 보문당. 에서 상세하게 설명하고 있다.

04 1등산업을 만들기 위한 정부 역할 – 정부조달 혁신과 규제개혁

건설산업을 선진화하고, 조선이나 반도체산업처럼 한국을 대표하는 1등산업으로 만들고자 한다면 정부와 기업 모두의 비상한 노력이 필요하다. 그런데, 정부와 기업 중 어느 쪽이 더 앞서 있을까? 어느 쪽이 더 혁신적일까? 이 문제와 관련하여 미래학자 앨빈 토플러(Alvin Toffler, 2006)의 저서 「부의 미래(Revolutionary Wealth)」를 보자.

앨빈 토플러는 부의 심층기반을 시간, 공간, 지식의 변화로 설명하고 있다. 시간과 관련해서는 사회 각 부문의 비동시성(de-synchronization)을 지적하면서, 고속도로에서 달리는 속도의 차이로 설명하고 있다. 가장 빠른 시속 100마일의 속도로 달리고 있는 것은 기업이다. 그 다음은 시민단체들이고(시속 90마일), 그 다음은 가족(시속 60마일), 그 다음은 노동조합(시속 30마일), 그 다음은 소리만 요란한 정부관료 조직과 규제기관들(시속 25마일), 그 다음은 학교(시속 10마일), 그 다음은 정치조직(시속 3마일)이다. 그런데 이 모든 조직보다 더 느린 것이 법(시속 1마일)이라고 한다. 이 같은 관점에서 앨빈 토플러는 이렇게 말하고 있다.

선진경제를 건설하기 위해서는 선진사회가 필요하다. 모든 경제는 그것이 속한 사회의 산물이고, 사회의 주요 제도들에 의해 영향을 받는다. 경제발전의 속도를 높여가는 나라의 주요

제도들이 뒤쳐져 있다면, 부를 창출하는 잠재력은 제한될 수 밖에 없다.

마지막으로 느림보 중에서도 가장 느리게 변하는 것이 있다. 다름 아닌 법이다. … 어떤 식으로든 전체 시스템을 개편하거나 체계적인 재정비를 하지 않은 채 순전히 법의 양과 부피만 팽창해간다. … 아마 관료주의, 정체된 법원, 근시안적 입법, 규제에 의한 방해와 병적(病的)인 점진주의(漸進主義)는 그 대가를 지불해야 할 것이다.

건설산업에도 앨빈 토플러가 지적한 것과 같은 비동시성(de-synchronization)이 존재하고 있다. 이미 건설업체들은 각종 법 · 제도가 만들어지던 1950년대~1970년대와는 비교할 수 없을 정도로 크게 성장했다. 예컨대 1975년만 해도 일반건설업체 수는 646개사였지만, 지금은 13,000개사에 달한다. 1976년에 5,190억원에 불과했던 국내 건설공사 수주액은 1990년대 중반부터 100조원을 넘어 섰다. 또한 1975년의 해외건설 수주실적은 8억불이었지만, 2006년에는 165억불을 기록했다. 한국 건설업체의 성장은 양적으로만 볼 것이 아니다. 해외건설의 역사를 보면, 1970년대 중반 이후 기술적인 면에서도 비약적인 발전이 이루어졌다. 지금은 한국 건설업체들이 해외건설시장에서 세계 최고층 빌딩을 짓고 있고, 담수 플랜트분야 기술력은 세계 제일로 평가받고 있다. 리비아 대수로 공사와 같이 세계적으로 유례를 찾아보기 어려운 건설공사를 성공적으로 수행한 것도 한국의 건설업체다. 어디 그 뿐인가. 지난 반세기 동안 한국 건설업체들은 국내외 건설시장에서 공항, 항만, 교량을 비롯한 수많은 토목공사와 건축공사를 성공적으로 수행해 왔다. 적어도 시공분야 기술력만큼은 전세계 어느 나라 건설업체들에게도 뒤지지 않는 것으로 평가받고 있다. 2006년에는 시공분야만이 아니라 선진국 건설업체의 영역이라고 하는 건설사업관리(Construction Management: CM) 분야에서도 한국의 CM업체가 ENR(Engineering News Record)이 선정한 세계 18위를 차지하기도 했다.

건설 관련 법 · 제도는 어떤가? 「건설산업기본법」은 1996년에 제정되었지만, 1958년에 제정된 「건설업법」을 근간으로 하고 있다. 핵심적인 내용은 건설업 등록, 도급 및 하도급 계약, 건설공사의 시공 및 기술관리, 중소건설업자 지원, 건설업자 단체와 공제조합에 관한 규정으로 채워져 있고, 방대한 벌칙규정을 두고 있다. 「해외건설촉진법」도

1975년에 제정된 법률이고, 지금은 이름과 달리 해외건설산업을 촉진하는데 별다른 영향을 미치지 못하는 사문화(死文化)된 법률이나 다를 바 없다. 「국가를 당사자로 하는 계약에 관한 법률」도 1995년에 제정되었지만, 실상은 1951년에 재정된 「재정법」과 1961년에 제정된 「예산회계법」을 근간으로 한 법률이다. 여기에 1997년의 정부조달시장 개방을 앞두고, 정부조달협정(GPA)의 내용을 반영한 것이다.

이처럼 건설 관련 법 · 제도는 제정된 지 수 십년 동안 수 십 차례의 개정이 이루어졌지만, 대부분 제정 당시의 기본 틀을 유지하는 선상에서 시대적인 필요에 따라 추가적인 보완이 이루어졌을 뿐이다. 그러다 보니 법조문의 양과 부피는 계속 늘어나고 있다. 예컨대, 「건설산업기본법」만 보더라도 건설업 면허제가 등록제로 바뀌고, 도급한도액제도가 시공능력평가제도로 이름은 바뀌었지만, 본질적인 차이는 없다. 또한 전문건설업이 신설된 1975년 이후 30년이 넘도록 일반건설업과 전문건설업간 겸업제한에 기초한 건설생산체계를 유지해 왔다. 법령의 내용도 건설산업의 발전을 육성하고 지원하기 보다는 건설사업과정을 직접 규제하는데 초점을 두고 있다. 1980년대 이후에 신설된 법령도 대부분 부실방지, 품질 확보, 공정거래질서 확립 등을 명분으로 하는 규제 법령들이다.

앨빈 토플러가 지적했던 것처럼, 한국에서도 건설업체는 시속 100마일로 달리고 있는데, 건설 관련 법 · 제도는 시속 1마일로 기어 가고 있다고 본다. 경우에 따라서는 앞서 달리고 있는 건설업체나 건설산업이 더 달리지 못하도록 잡아 당기기도 한다. 만약 건설업체나 건설산업이 제 속도를 내도록 하려면, 정부는 무엇을 어떻게 해야 할 것인가?

무엇보다 먼저 건설업체나 건설산업이 제 속도를 내지 못하게 옭아매고 있는 규제의 사슬을 풀어 주어야 한다. 팔다리를 묶어 놓고 달리기 잘하라고 채찍질 한들 제대로 달릴 수가 없다. 아울러 더 가속도를 낼 수 있도록 하는 유인책도 필요하다. 이를 위해서는 최대 발주자이자 수요자인 정부가 조달권한(purchasing power)을 현명하게 잘 사용해야 한다. 시속 100마일로 달리는 건설업체를 원한다면, 시속 100마일 미만으로 달리는 건설업체는 정부조달시장에서 배제해야 한다. 물론 건설산업에는 아무리 다그쳐도 시속 50마일 밖에 달릴 수 없는 건설업체들이 있다. 이런 건설업체들은 이런 건설업체들끼리 경쟁하도록 하면서, 더 빨리 뛰도록 요구할 필요가 있다. 세계무대에서 뛰려면 최소한 시속 100마일은 되어야 한다는 사실을 알면서도, 정작 국내에는 시속 50

마일 밖에 못뛰는 건설업체들이 너무 많다는 이유로 시속 50마일 이상 뛰지 못하도록 하는 법 · 제도를 유지한다면, 한국의 건설산업은 영원히 세계무대에서 낙오자가 될 수 밖에 없다. 불행하게도 현재의 정부조달정책과 제도는 건설업체들이 시속 100마일은 커녕, 시속 50마일도 제대로 내지 못하게 만드는 시대착오적이거나, 반시장적인 규제가 만연해 있다고 본다.

건설산업을 1등산업으로 만들기 위한 정부의 역할은 한편에서는 과감한 규제개혁이다. 다른 한편에서는 최대 발주자이자 수요자인 정부의 조달시스템을 혁신해야 한다. 이들 두 가지 과제 중 규제개혁은 오랫동안 숱하게 논의되어 온 주제이며, 그 당위성에 대해서는 상당한 공감대가 형성되어 있다. 이 책에서는 정부조달시스템 혁신에 초점을 둘 것이다.

건설산업의 선진화를 위해서, 혹은 건설산업이 1등산업이 되기 위해서는 건설업체의 혁신이 필요하다는 것이 일반적인 생각이다. 부실이나 부패사범이 터질 때마다 건설업체는 자정(自淨)을 요구받았다. 최근에는 아파트 가격상승의 주범(主犯)으로 몰려 분양가 상한제는 물론이고, 분양원가 공개까지 요구받게 되었다. 물론 건설업계가 반성해야 할 요소도 많다. 이윤추구가 기업의 근본적인 존재이유라는 사실을 부정할 수 없지만, 정당한 수단과 방법으로 정당한 이윤을 추구해야 한다. 그렇지 못했다면 비난받아 마땅하고, 철저한 자기반성이 필요하며, 처벌을 받아도 할 말이 없다.

그런데, 국내에서 지탄의 대상이 되는 건설업체들이 해외건설시장에서는 왜 한국 브랜드의 위상을 높인 것으로 평가받을까? 왜 해외건설시장에서는 한국 건설업체들이 기념비적인 시설물을 숱하게 건설했는데, 국내에서는 지금도 부실공사를 우려하고 있을까? 해외건설시장의 그 건설업체는 똑같은 국내 건설시장의 그 건설업체인데, 이 같은 차이가 어디에서 비롯된 것일까?

똑같은 건설업체가 국내시장과 해외시장에서 다르게 행동하고, 다른 성과를 내는 것은 국내와 해외의 환경 및 발주자의 조달시스템이 다르기 때문이다. 만약 해외건설시장에서와 같은 성과를 원한다면, 해외건설시장과 같은 환경을 조성하고, 해외발주자와 같은 조달시스템을 갖추어야 할 필요가 있다. 하지만 너무도 오랫동안 우리나라에서는 사고만 터지면, 문제가 생기기만 하면, 공급자인 건설업체를 직접적인 개혁과 혁신의 대상으로 삼아 온갖 대책과 규제를 양산해 왔다.

건설산업의 혁신과 선진화를 위한 시각과 방법도 이제는 한번 바꾸어 보자. 따지고 보면 공급자인 건설업체는 "먹이사슬"의 제일 말단에 있다. 발주자는 갑(甲)이고 건설업체는 을(乙)이며, 계약상의 갑(甲)-을(乙) 관계는 어디까지나 주종관계(主從關係)다. 주(主)는 발주자고, 건설업체는 종(從)이다. 일반국민에게 주(主)인 발주자는 잘 보이지 않고, 직접 일반국민과 접촉하게 되는 종(從)인 건설업체는 눈에 잘 띈다. 사실 힘은 주(主)인 발주자가 갖고 있다.

왜 건설산업에서 발주자가 힘이 있는가? 발주자는 기본적으로 게임의 규칙을 제정하고 운영하며, 사업 추진에 필요한 돈을 가진 전주(錢主)다. 시설물은 발주자의 요구조건에 따라 만들어져야 하며, 그 과정에서 발주자는 공급자인 건설업체의 선정과 시설물의 생산과정에도 관여한다[7]. 발주자가 싼값에 공급해주기를 원한다면, 건설업체는 싼값에 공급할 수 밖에 없다. 발주자가 고품질의 시설물을 원한다면, 건설업체는 고품질의 시설물을 공급해야 한다. 다른 산업에서도 그렇지만, 특히 수주산업(受注産業)에서 고객인 발주자는 왕(王)이다. 그렇기 때문에 힘을 가진 발주자 혁신이 건설산업에서는 더 중요하다. 발주자인 정부는 조달시스템이란 틀 속에서 움직인다. 만약 발주자인 정부의 변화를 원한다면, 무엇보다 먼저 조달시스템의 혁신이 필요하다. 미국, 영국, 호주 등 한국보다 앞선 나라들에서도 발주자인 정부의 혁신운동은 조달시스템 혁신에서 출발했다. 정부가 일류 발주자가 되면서 건설산업의 혁신과 경쟁력 제고가 이루어졌다. 일류 발주자가 1등 건설산업을 만든 것이다.

7) 건설산업 혁신의 출발점을 발주자에 두고, 영국 사례 등을 상세하게 소개하면서 일류 발주자와 일류 조달시스템을 위한 제언을 하고 있는 가장 최근의 연구결과물로 김한수 · 한미파슨스(2006). 「발주자가 변하지 않고는 건설산업의 미래는 없다」. 보문당. 을 추천하고 싶다.

05 법 · 제도 개선을 포함한 시스템 혁신이 중요

발주제도 개선이건, 입찰계약제도 개선이건 간에, 오랫동안 우리가 추진해 왔던 정부조달 혁신은 "제도 개선"이란 이름 아래 법령을 개정하거나 제정하는 것이 주된 내용이었다. 이 책에서는 정부조달 혁신을 법 · 제도 개선에 국한하지 않을 것이다. 법 · 제도 개선은 물론 중요하다. 하지만 법조문(法條文) 몇 개 바꾼다고 해서 정부조달 혁신이 이루어지는 것은 아니다. 지금까지 정부공사 발주제도나 입낙찰제도를 숱하게 바꿔 왔음에도 불구하고, 기존의 문제를 해결하지 못한 채 새로운 문제만 잔뜩 양산하게 된 원인도 여기에 있다. 법조문(法條文)만 몇 개 바꾸는데 그쳤지, 제도 개선의 성과를 얻기 위한 제반 여건의 변화는 이루어지지 않았기 때문이다. 예컨대, 2001년부터 입낙찰제도의 글로벌 스탠다드를 도입한다는 명분으로 최저가 낙찰제를 도입했지만, 우리나라의 최저가 낙찰제는 최저가 낙찰제의 글로벌 스탠다드가 아니다. 몇 차례 법령 개정 작업을 거치더니, 지금은 "요행에 의한 저가 낙찰제도"로 전락했다. 설계-시공 일괄 및 대안입찰제도는 해마다 제도 개선이란 이름 아래 숱한 법령 개정이 이루어졌지만, 예나 지금이나 별반 차이가 없다는 평가가 지배적이다. 앞으로도 법조문(法條文) 몇 개 고치는 식의 제도 개선은 실효성을 거두기 어려울 것이다.

법 · 제도 개선의 실효성을 얻기 위해서는 직접적인 개선 대상이 되는 법 · 제도와 연관된 다른 법·제도는 물론, 조직과 행정절차, 담당공무원 및 문화 등과 같은 운영기반의 총체적인 변화가 필요하다. 다시 말한다면, 실효성 있는 정부조달 혁신을 위해서는 법·제도만이 아니라 정부조달과 연관된 요소를 모두 포함하는 "시스템(system)" 혁신이 이루어져야 한다.

정부조달 관련 법·제도 개선보다 정부조달시스템 혁신은 훨씬 더 어렵다. 그렇기 때문에 현실성이 없다고 고개를 내저을 수도 있다. 하지만 미국이나 영국 사례를 보라. 1993년에 시작된 미국 클린턴 정부의 「국가 성과 평가(National Performance Review: NPR)」나, 1994년에 설정된 「국가 건설 목표(National Construction Goal: NCG)」[8]는 정부조달이나 건설 관련 법·제도의 부분적인 개선이 아니라 전반적인 시스템 혁신에 초점을 둔 것이다. 영국 지방정부의 혁신프로그램이었던 「최고 가치(Best Value)」나 중앙정부 차원의 「수월성 달성(Achieving Excellence)」을 위한 프로그램도 단순한 법·제도 개선차원을 넘어서 정부조달시스템의 총체적인 혁신을 추구한 것이다[9]. 미국이나 영국에서와 같은 정부조달시스템의 총체적인 혁신이 한국에서는 불가능하다고 미리 단정해서는 안된다. 만약 "불가능하다"고 말한다면, 실제로 불가능하다기 보다는 시스템 혁신을 할 의지와 용기가 없다는 것을 뜻한다.

정부조달시스템의 혁신을 위한 접근방법은 정치경제학(political economy) 내지 법경제학(law and economics)적 접근방법이 필요하다. 발주자 입장에서 볼 때, 시설공사의 정부조달은 기본적으로 한정된 재원을 어떻게 배분할 것인가 하는 경제학적 문제로 생각해 볼 수 있다. 민간조달이라면 이 문제는 순수하게 효율성(efficiency)에 기초한 경제학 내지 경영학적 문제로 설명할 수 있다. 하지만 정부조달은 민간조달과 달리 법·제도에 기초하여 자원배분이 이루어진다[10]. 또한 정부조달은 효율성만 추구하는 것이 아니다. 방대한 조달권한(purchasing power)을 활용하여 특정 산업을 보호하기 위한 산업정책적 목적이나, 경기조절 및 고용촉진 등과 같은 거시경제적 목적 달성

---

8) 미국의 「국가건설목표(NCG)」와 관련해서는 김예상·한미파슨스(2003). 「미국 건설산업 왜 강한가?」. 보성각. 을 참고하라.

9) 영국 정부조달시스템 혁신과 관련해서는 김한수·한미파슨스(2003). 「영국 건설산업의 혁신전략과 성공사례」. 보성각. 및 김한수·한미파슨스(2006). 「발주자가 변하지 않고는 건설산업의 미래는 없다」. 보문당. 을 참고하라.

10) Peter Trepte(2004)는 다음과 같이 말하고 있다. "나는 불가피하게 법경제학적 접근방법을 택하지 않을 수 없었다. 나는 조달법령과 규제가 조달의 경제학과 분리될 수 없다고 확신한다(I have inevitably taken a'law and economics' approach. I am convinced that procurement law and regulation cannot be dissociated from the economics of procurement)." *Peter Trpte(2004). Regulating Procurement: : Understanding the Ends and Means of Public Procurement Regulation.* Oxford University Press.

을 위해 정부조달이 활용되기도 한다. 지역중소건설업체나 하도급자 보호, 혹은 여성과 소수민족 보호 같은 사회정책적 목적을 달성하기 위한 정부조달정책도 있다. 아울러 정부조달정책이나 제도는 이해관계 집단간의 정치적 역학관계에 따라 형성되고, 변화되어 왔다. 이렇게 본다면 정부조달은 한정된 자원의 배분을 둘러싼 정치적 과정으로 볼 수도 있다. 그렇기 때문에 정부조달시스템의 혁신도 정치경제학적 시각에서 접근할 필요가 있다[11].

11) 하지만 우리나라의 경우는 법 · 제도적 접근 내지 경제학적 접근이 대부분이었다고 본다. 법 · 제도적 접근은 주로 정부조달업무를 오랫동안 담당해 온 공무원이나 건설업체의 입찰계약 업무 담당자들이 발간한 자료들에서 흔히 볼 수 있다. 엄밀하게 말한다면, 이들의 접근방법은 법 · 제도적 접근이라기 보다는 국가계약법령에 대한 해설에 불과하다. 공공투자의 거시경제적 효과 등과 관련한 재정학 내지 경제학 전공자들의 연구결과는 경제학적 접근방법을 택하고 있다고 말할 수 있다. 이들의 연구에서는 정부조달 관련 법 · 제도의 형성 및 변화과정이나, 개별 행위자와 기업행동 등에 대한 미시적 분석을 찾아보기 어렵다. 이 책에서는 법경제학적 접근방법과 정치경제학적 접근방법을 혼용하여 정부조달시스템의 현황과 문제점 및 혁신방안을 제시하고자 한다.

06 정부조달시스템을 바꿔야 할 7가지 이유

민간건설시장에 대한 정부 개입이나 규제는 적을수록 좋다. 민간건설시장에서 계약은 법 · 제도가 아니라 당사자간 의사의 합치에 따라 이루어진다. 수의계약 관행도 보편적이다. 민간건설시장에서는 시장경제의 근간이라 할 수 있는 "사적 자치(私的 自治)"를 제약하는 법 · 제도나 규제를 최소화하는 것이 바람직하다.

공공건설시장의 경우는 정부가 최대 발주자이자 수요자다. 그런데 민간기업과 달리, 정부의 조달행정행위는 이른바 법치행정(法治行政) 원리에 따라 법령에 근거해야 한다. 또한 공익을 위한 정부조달은 민간부문에서처럼 효율성만 추구하기 어렵다[12]. 형평성, 공정성, 투명성과 같은 복합적인 목표를 동시에 추구할 수 밖에 없다. 정부조달시장은 규모가 너무나 크고, 국가경제와 건설산업 전반에 미치는 영향이 크다는 사실도 중요하다.

정부조달시스템 혁신을 조달 관련 법 · 제도 개선이란 의미로 국한해서는 안된다. 법 · 제도는 물론이거니와, 행정조직체계와 담당공무원을 비롯하여 연관된 요소를 모두 고치자는 뜻을 담고 있다. 영국이나 미국도 그런 관점에서 정부조달시스템의 혁신을 이루었다.

민간부문에서 정부조달시스템을 혁신하자고 하면, 특히 건설업계에서 그와 같은 요

12) 하지만 원칙과 예외를 혼동해서는 안된다. 원칙적으로 정부조달행정은 정부가 공권력의 주체로서 권력을 행사하는 행정행위가 아니라, 민간기업과 마찬가지로 정부의 목적 달성과 조직 운용을 위해 소요되는 물자나 용역 및 시설물을 조달하는 경제행위다. 다만, 정부조달사업의 주체가 "정부"이기 때문에 민간기업처럼 순수하게 이윤만 추구해서는 안되고, 중소기업이나 사회적 약자 보호를 비롯하여 정책적인 목적을 달성하기 위한 행위도 보완적으로 해야 한다.

구를 하면, 정부나 일반국민들은 건설업계의 이익을 위해서 그런 요구를 하는 것으로 평가절하할 수도 있다. 건설산업 발전과 건설업계의 이익 증진을 위해서 필요한 것은 사실이지만, 정부혁신을 위해서 조달시스템 혁신이 필요하다는 사실도 인식해야 한다.

정부혁신

정부조달시스템 혁신은 정부혁신 프로그램의 핵심이다. 달리 표현한다면, 정부혁신을 위한 핵심적인 수단이 정부조달시스템 혁신이라는 뜻이다. 미국이나 영국 사례만 봐도 그렇다[13].

미국의 정부혁신은 1993년에 클린턴(Clinton) 대통령의 취임과 더불어 부통령인 앨 고어(Al Gore)가 주도한 NPR(National Performance Review)을 중심으로 추진되었다. NPR의 모토는 "일은 더 잘하고, 비용은 더 적게 드는(Works Better & Costs Less)" 정부를 만들자는 것이다. 이를 위해서는 "정부를 재창조(Reinventing Government)" 해야 하고, "정부를 재창조"하는 방안으로 4가지 원칙과 실천방안이 제시되었다.

첫째, 관료적 형식주의를 제거해야 한다는 것이다(Cutting Red Tape).

이를 위해 NPR에서는 예산과정의 간소화, 인사권한의 분권화, 조달업무의 간소화, 감사담당관의 역할 재설정, 행정내부의 과잉규제 완화, 지방정부에 대한 권한 위임 등을 강조했다.

둘째, 고객우선주의 원칙을 확립했다(Putting Customers First).

NPR은 고객우선주의를 실천하기 위한 방안으로 고객에게 의사표시 및 선택의 기회를 부여할 것, 행정조직에 경쟁과 시장원리를 도입할 것, 행정기구의 개입보다는 시장기구를 통해 문제를 해결할 것을 제시하였다.

셋째, 성과산출을 위해 공무원의 권한을 강화해야 한다는 것이다(Empowering Employees to Get Results).

NPR이 제시한 실천방안은 의사결정권을 일선공무원에게 위임하고, 관리계층을 줄이면서, 위임받은 권한에 따라 업무를 수행할 수 있는 여건을 조성하고, 업무수행결과에 대해서는 책임을 지도록 하였다. 아울러 권한이 강화된 만큼 교육훈련을 통해 필요

13) 미국과 영국의 정부혁신에 대해서는 특별한 언급이 없는 한 총무처 직무분석단 편저(1997). 「신정부혁신론–OECD국가를 중심으로–」. 동명사. 에서 인용한 것이다.

한 지식과 기술을 제공받도록 하였다.

넷째, 기본원칙으로의 복귀를 요구했다(Cutting Back to Basics).

이는 정부가 무조건 일을 많이 하자는 것이 아니라, 국민에게 불편을 주지 않는 일은 하지 않음으로써 비용을 절감하자는 원칙이다. 실천방안은 수많은 행정조직과 위원회 및 기구를 정비하여 축소하는 것이었고, 불필요한 사업도 축소하거나 폐지하자는 것이었다.

이상과 같은 NPR의 4가지 원칙은 정부혁신의 원칙이기도 하고, 정부조달시스템 혁신에 적용되는 원칙이기도 하다. NPR은 이 같은 원칙과 실천방안이 실행에 옮겨질 경우, 5년간 1,080억불의 예산절감과 25만 2천명의 인력감축이 가능할 것이라고 장담했다.

영국에서도 정부조달시스템 혁신은 정부혁신의 핵심 프로그램이었다. 영국의 정부혁신은 대처(Thatcher)가 집권한 1979년부터 지속적으로 이루어졌다. 영국의 정부혁신은 행정의 능률성을 높여서 납세자의 세금에 상응하는 「투자가치(value for money)」를 창출하는 데 두었다. 영국의 정부혁신 방향은 정부기능의 재정립, 관리권한 위임, 시장원리와 성과관리 도입, 행정서비스의 질 향상 등이었다. 영국의 정부혁신은 보수당 정권에서 끝난 것이 아니라, 1997년에 집권한 토니 블레어(Tony Blaire)의 노동당 정권에서도 지속되었다. 특히 1997년 총선에서 집권한 노동당은 보수당 정부의 강제경쟁입찰제도(Compulsory Competitive Tendering: CCT)를 폐지하는 대신, 지방정부에 「최고가치(Best Value)」를 도입하기로 했다. 영국 정부는 「최고가치」를 "지자체가 지역주민에게 수용가능한 가격으로 품질서비스를 제공하는 책임(the duty that local authorities will owe to local people to provide quality services at an acceptible price)"으로 정의했고, 다음과 같은 12개의 원칙을 제시했다[14].

① 납세자이자 고객인 지역주민에 대한 법적 책임(accountability) 확보

② 절약과 효율 뿐만 아니라 효과와 품질 중시

③ 강제경쟁입찰제도(CCT) 보다 더 광범위한 서비스에 적용

④ 공공부문과 민간부문의 서비스 전달체계에 대한 선입견 배제

14) 영국의 지방정부의 「최고가치(Best Value)」 도입과정과 기본원칙 등은 Penny Badcoe(2003). "Best Value – A New Approach in the UK." Sue Arrowsmith & Martin Trybus(eds.). *Public Procurement: : The Continuing Revolution*. Kluwer Law International. The Hague/London/New York. 에서 인용하였다.

⑤ 주요 관리수단으로서 경쟁 유지

⑥ 서비스 제공을 위한 중앙정부의 기본 틀 유지

⑦ 국가적 목표에 대응한 지방적 목표의 설정 및 지자체간 비교를 위한 지표 설정

⑧ 효과적인 관리를 위해 성과 정보에 기반한 국가적 · 지방적 목표 설정

⑨ 성과 정보의 정확성과 비교 가능성을 확보할 수 있는 감사절차 확립

⑩ 감사기관의 최고가치 달성도 공개

⑪ 감사기관에 조언할 수 있는 근거 제공

⑫ 경쟁에 노출시키거나, 외부 관리 지원과 같은 적절한 개입 유지

우리나라에서는 영국의 「최고가치(Best Value)」가 최저가 낙찰제 대신 활용되는 낙찰제도의 한 유형으로 오해하는 사람들이 대단히 많다. 영국 지방정부의 「최고가치」는 낙찰제도나 조달제도에 국한된 것이 아니고, 지방정부조달시스템의 총체적인 혁신프로그램을 의미한다. 1997년 집권 후 10년간 영국 수상을 맡은 토니 블레어도 「최고가치」의 열렬한 옹호자다.

미국과 영국 사례를 보면, 공통적으로 정권교체와 더불어 국정의 최고 책임자인 대통령과 수상이 전면에 나서서 정부조달시스템 혁신을 근간으로 하는 정부혁신을 추구했고, 대단히 높은 성과를 거둔 것으로 평가되고 있다.

우리나라에서는 아직까지 정부조달시스템 혁신이 정부혁신의 핵심과제가 되어 본 적이 없다. 2003년에 출범한 참여정부는 특정 시민단체가 요구한 「최저가 낙찰제 확대」를 정권인수위원회가 선정한 국정과제로 수용하여 지금까지 꾸준히 확대해 나가고 있을 뿐이다[15]. “투자가치(value for money)”나 “최고가치(best value)”라는 개념은 아직까지 우리 정부조달시스템에 도입되지도 못했다.

우리도 방만한 공공부문을 대폭 축소하고, 정부기능을 재정립해야 한다. 미국 NPR의 모토처럼 “일은 더 잘하고, 비용은 더 적게 드는(Works Better & Costs Less)” 정부를 만들어야 한다. 그러기 위해서는 무엇보다 먼저 정부조달의 중요성을 인식해야 하고, 정부조달시스템의 혁신을 추진해야 한다.

15) 미국과 영국이 1990년대 중반 이후 투자가치(value for money)와 최고가치(best value) 달성을 추구했다는 것과 비교해 보면, 참여정부의 최저가 낙찰제 확대는 시대착오적이었다고 평가할 수 밖에 없다.

국가예산의 효율적 운용

공공건설예산의 규모는 대단히 크다. 민간투자사업을 제외한 2006년의 공공건설예산은 44.4조원이었고, 2007년에는 45.8조원에 달한다[16]. 2006년도 정부예산이 총 224.1조원이었기 때문에 공공건설예산 규모는 전체 예산의 19.8%를 차지했다. 이처럼 방대한 국가예산이 정부조달시스템의 틀 속에서 편성되고 집행되기 때문에 국가예산의 효율적인 운용을 위해 정부조달시스템 혁신이 필요한 것이다.

어떻게 하는 것이 정부공사 조달과 관련하여 국가예산을 효율적으로 운용하는 길인가? 이 문제와 관련해서 가장 쉽게 들을 수 있는 답은 “최저가 낙찰제 확대”가 아닐까 싶다. 일부에서는 정부공사 낙찰률(=정부예정가격 대비 낙찰금액)을 10%만 낮추어도 연간 4조원 이상의 예산절감이 가능하다는 식의 단순한 산술논리를 내세우기도 한다. 물론 정부공사 낙찰률을 낮춘다면 공사비 절감이 가능할 것이다. 하지만 공사품질이 부실해지거나, 유지관리비용이 절감된 공사비보다 더 크다면, 최저가 낙찰제 확대를 통해 공사비를 절감했다고 할 수 있겠는가? 오랫동안 최저가 낙찰제를 시행해 왔던 영국, 미국, 일본 등이 주목한 것이 바로 이 부분이다. 지금은 어느 나라에서도 최저가 낙찰제 확대를 통해 국가예산 절감을 추구하지 않는다. 오히려 유지관리비까지 포함한 총생애주기비용(whole life cycle costs)의 절감을 통해 투자가치(value for money)를 높이는 것이 더 국가예산을 효율적으로 사용하는 것으로 확신하고 있다. 예컨대, 영국에서는 다음과 같이 기술하고 있다[17].

> 조달절차의 선택에서 가장 중요한 고려사항은 서비스나 시설물의 전체 생애(whole life)에 걸친 총체적인 투자가치(overall value for money)를 획득하는 것이다. 여기에는 운영 및 유지관리도 포함된다. 설계, 시공과 유지관리는 따로 따로 취급해서는 안된다.
>
> 시설공사의 최저 가격 입찰자가 최고의 투자가치(best value for money)를 가져오는 일은 드물다. 전체 생애에 걸친 장기적인 비용과 품질(long-term costs and quality)이 투자

16) 흔히 공공건설시장의 크기를 일반건설업체의 수주액으로 표현하기도 한다. 2005년 일반건설업체의 공공공사 수주액은 31.8조원이었고, 2006년에는 31.3조원 정도로 예상하고 있다. 공공건설예산의 규모와 일반건설업체의 수주액이 이처럼 10조원 이상 차이가 나는 이유는 몇 가지가 있다. 전문건설업체나 설비건설업체, 전기 및 정보통신공사업체나 설계 및 감리업체 등의 공공공사 및 용역수주액이 제외되어 있기 때문이기도 하고, 수주액을 산정할 때에는 정부의 예산금액보다 훨씬 낮은 낙찰률(=예정가격 대비 낙찰금액)이 반영되기 때문이다.

17) OGC(http://www.ogc.gov.uk). *Achieving Excellence in Construction Procurement Guide 01: Initiative into action.*

가치의 진정한 지표(real indicators)다. 30년 수명의 오피스 빌딩은 일반적인 비용이 시공비가 1이라면 유지관리비는 5가 되고, 폐기 시점까지의 운영비용은 200이다. 따라서 초점은 언제나 총생애주기비용에 두어야 한다.

이처럼 영국이나 미국에서는 국가예산의 효율성에 대한 개념이 공공건설사업의 공사비 절감에서 총생애주기비용으로 바뀜에 따라 정부조달시스템도 큰 변화를 겪게 되었다. 우리나라에서는 아직도 총생애주기비용의 개념이나 투자가치 개념이 정부조달시스템에 반영되어 있지 않다. 진정으로 국가예산의 효율적 운용을 바란다면, 총생애주기비용이라는 새로운 비용개념에 입각하여 정부조달시스템을 혁신할 필요가 있다.

공공시설물의 품질 향상과 공기 단축

공공시설물의 품질과 공기를 결정하는 것도 정부조달시스템이다. 설계, 시공, 감리자는 모두 발주자인 정부가 원하는 수준의 품질을 제공해야 한다. 발주자는 입낙찰과정에서 원하는 수준의 품질이나 공기를 제공할 수 없는 입찰자를 배제해야 한다. 만약 발주자가 더 나은 품질을 원하거나, 공기를 더 단축하고자 한다면, 정부조달시스템의 변화가 필수적이다.

이제 더 이상 정부조달시스템이 지향해야 할 목표를 최저 가격(lowest price)의 획득에 두는 나라를 찾아보기 어렵다. 가격 외에 공사 품질이나 공기를 포함하여 발주자가 요구하는 「최고가치(best value)」 내지 「최고의 투자가치(best value for money)」 달성이 정부조달시스템의 목표로 확고하게 자리잡고 있다. 만약 품질이 더 좋다면, 더 나은 기술이 발휘되어 공사기간이 더 단축된다면, 그렇지 못한 최저 가격 입찰자보다 더 높은 가격을 제시한 입찰자를 낙찰자로 선정하는 것이 외국에서는 제도적으로 허용되어 있다. 나라마다 다른 이름으로 불리기도 하지만, 흔히 말하는 「최고가치 낙찰제도(best value selection)」가 바로 이런 시각에 기초한 낙찰제도다.

우리나라의 정부조달시스템은 더 나은 품질을 요구하거나, 공기 단축을 요구하는 일이 없다. 지금까지는 공사비를 절감하는데 초점을 두었다고 해도 과언이 아니다. 하지만 공공시설물에 대한 일반국민의 눈높이는 과거보다 훨씬 높아졌다. 행정중심 복합도시나 혁신도시, 기업도시 같은 대규모 개발사업을 추진하는데 있어서 공사비 절감만

능사가 아니다. 정부부터가 "품격있는" 도시건설을 필요로 한다. 또한 "공기=돈"이라는 인식도 높아졌다. 공기가 늘어나면 공사비도 증가하기 때문이다. 그렇기 때문에 외국에서는 가격과 공기를 함께 묶어서 입찰에 부치거나, 공기 단축을 위한 인센티브 제도를 운영하고 있다. 전세계적으로 설계 · 시공 일괄발주(Design Build)나 건설사업관리(Construction Management: CM) 발주가 늘어나고 있는 이유는 공사품질 향상과 공기 단축을 위한 것이라고 해도 과언이 아니다. 아무튼 공공시설물의 품질을 향상시키고자 하거나, 공기 단축을 원한다면, 정부조달시스템은 지금과 달라져야 한다.

건설기술 발전 유도

어느 나라를 막론하고 건설산업을 1등산업으로 육성하고자 한다면, 건설기술력이 세계적인 수준으로 올라가야 한다. 공사품질을 높이고, 공기를 단축하고자 해도 건설기술이 뒷받침되어야 가능해진다. 정부조달시스템은 건설기술의 발전과 밀접한 연계성이 있다. 정부조달시스템은 기본적으로 기술력 있는 업체와 기술력 없는 업체를 가려낼 수 있어야 한다. 그리고 기술력 있는 업체를 우대해 주어야 한다. 신기술이나 신공법의 적용도 정부조달시스템에서 허용되어야 한다.

그런데, 정부가 건설기술을 직접 "관리"함으로써 건설기술의 발전을 이룰 수 있을까? 달리 질문해 보면, 우리나라의 「건설기술관리법」에서처럼 ① 건설공사에 관한 계획, 조사, 설계, 설계감리, 시공, 안전점검 및 안전성 검토, ② 시설물의 검사, 안전점검, 정밀안전진단, 유지, 보수, 철거, 관리 및 운용, ③ 건설공사에 필요한 물자의 구매 및 조달, ④ 건설공사에 관한 시험, 평가, 자문 및 지도, ⑤ 건설공사의 감리, ⑥ 건설장비의 시운전, ⑦ 건설사업관리 등[18]에 시시콜콜 개입해서 규제하고 관리하면 건설기술이 발전될 것인가?

앨빈 토플러가 지적한 것을 다시 상기한다면, 시속 1마일 속도로 달리는 법률(法律)이 시속 100마일 속도로 달리는 민간기업의 기술을 규제하고 관리해서 기술발전을 달성하리라고 믿는 사람은 없을 것이다. 하지만 「건설기술관리법」은 연이은 부실사고 대책의 일환으로 1987년에 제정되었고, 20년이 지난 지금까지도 계속 법령의 두께만 더

18) 「건설기술관리법」 제2조에서 정의하고 있는 건설기술의 정의(定義)에 해당한다.

해가면서 건설기술의 발전을 가로막는 요인으로 작용하고 있다는 비판을 받고 있다.

많은 사람들은 우리나라의 건설기술 수준이 선진국의 70% 수준에 불과하다는 평가가 나온 원인을 연구개발(R&D)투자 부족 탓으로 돌리기도 한다. 물론 이것도 어느 정도는 사실이다. 건설기술 발전을 위해서는 R&D투자를 늘려야 한다. 하지만 그보다 더 본질적인 문제는, 건설기술 개발이 공사수주로 연결되거나, 개발한 신기술과 신공법이 실제로 건설현장에서 활용되어 건설사업의 성과를 높일 수 있어야 한다는 점이다. 실컷 개발한 신기술이나 신공법이 공사 수주와 무관하고, 건설현장에서 활용해 볼 수도 없다면, 건설기술 개발을 위해 노력할 필요가 없다. 정부조달시스템 혁신을 통한 건설기술 발전의 유도는 실용적인 연구개발(R&D)투자로 이어질 수 있다. 조달 관련 법 · 제도 혁신만으로도 연구개발(R&D)투자의 효율성을 높일 수 있다는 뜻이다.

만약 무조건 입찰가격이 낮은 업체만 선호하여 낙찰자로 선정하거나, 누가 정부 예정가격을 운 좋게 잘 맞추느냐에 따라 낙찰자가 결정된다면, 건설기술 발전은 기대할 수 없다. 건설업체들이 기술개발을 위해 R&D투자를 할 필요가 없다. 불행하게도 우리 정부조달시스템이 이런 지경이다. 시공부문만 그런게 아니다. 용역부문도 마찬가지다. 기술력 있는 업체를 선별하여 정당한 대가를 지불하고, 제대로 된 용역성과품과 공공시설물을 조달하고자 한다면, 정부조달시스템부터 바꾸어야 한다. 그래야 건설기술의 발전을 기대할 수 있다.

시대착오적이고 반시장적인 법 · 제도 혁신

우리나라의 정부조달 관련 법 · 제도에는 시대착오적이고 반시장적인 규제가 대단히 많다. "시대착오적"이란 국민소득 2만불, 세계 10대 경제대국으로 평가받고 있는 지금도 1960년대나 1970년대에 제정된 법 · 제도와 규제가 지속되고 있다는 의미다. 예컨대, 일반건설업과 전문건설업간의 겸업제한 문제를 보자. 1975년에 처음 전문건설업이 도입되었을 때에는 "일반건설업체=대기업=원도급자, 전문건설업체=중소기업=하도급자"라는 등식이 성립했다. 하지만 지금은 어떤가? 건설업 면허제의 등록제 전환과 등록기준의 지속적인 완화, 그리고 "요행에 의한 낙찰"이 이루어지는 적격심사제도의 구조적인 모순으로 인하여 일반건설업체는 급증했고, 그중 상당수는 등록요건조차 갖추지 못한 무자격 부실업체인 것으로 추정되고 있다. 하지만 오늘 등록한 일반건설업체나

무자격 부실업체도 제도적으로는 여전히 (전문건설업체에 비해) 대기업이나 원도급자로 간주되고 있다. 반면에 십 수 년 이상 존속해 온, 매출액이 수백억원 내지 천억원을 넘어서는 대형 전문건설업체도 제도적으로는 여전히 (일반건설업체에 비해) 중소기업이나 하도급자에 불과한 것으로 간주된다. 1988년의 건설업 면허개방과 더불어 수정했어야 할 규제가 지금까지도 존속되고 있는 것이다[19].

"시대착오적"이란 용어의 또 다른 의미는 건설시장의 환경변화에 적합한 새로운 제도가 제대로 도입되지 못하고 있다는 뜻이다. 예컨대, 발주방식으로서의 건설사업관리(CM at Risk)제도나, 최고가치 낙찰제도는 아직까지도 도입되지 않았다.[20] 공기단축형 입찰계약제도나 성능보장형 발주제도와 같은 다양한 공사발주 및 입찰계약제도 역시 도입되지 않았다.

"반시장적"인 규제도 대단히 많다. 정부가 우월적인 입장에서 건설생산과정에 너무 깊숙하게 개입한 탓도 있고, 부실공사 방지, 부패 방지, 중소건설업체 보호육성 등과 같은 명분 아래 각종 대책이 남발된 탓도 있다. 예컨대, 칸막이식 업역규제[21]는 모두가 반시장적이다. 특정사업에 진출할 것인가 말 것인가는 건설업체의 경영진이 결정할 일이다. 하지만 경영진이 결정해야 할 그 일을 우리나라에서는 법 · 제도가 대신하고 있다. 다른 한편, 발주자는 자신에게 유리한 발주방식을 선택할 권한이 있어야 하는데도 전기공사나 정보통신공사는 반드시 분리발주하도록 의무화하고 있다. 정부조달제도에서 공동도급을 강제하거나, 하도급 금액과 물량을 규제하는 것도 기본적으로는 반시장적인 규제다.

이처럼 정부조달제도에 시대착오적이고 반시장적인 규제가 많을수록 건설산업은 비효율적이 된다. 이런 건설산업에 의존한 공공시설물의 조달사업도 비효율적일 수 밖에 없다. 민간기업은 시대착오적이거나 비효율적일 경우 시장에서 퇴출될 가능성이 높다. 하지만 정부기관은 부도의 위험성이 거의 없고, 퇴출되는 일도 없다. 그렇기 때문에 시대착오적이고 반시장적인 규제를 이런 저런 명분으로 계속 유지하는 것이 가능하다. 정부조달사업의 효율성을 높이고, 건설산업의 선진화를 위해서는 정부조달 관련

19) 2007년 4월에 「건설산업기본법」이 개정되면서 2008년부터 일반건설업과 전문건설업간의 겸업제한 폐지가 이루어질 전망이다. 하지만 그렇다고 해서 일반건설업과 전문건설업의 구분 자체가 없어지는 것은 아니고, 겸업제한이 폐지되는 정도에 그칠 것으로 보인다.

20) 2007년 6월에 국가계약법 시행령 및 시행규칙 개정안이 입법예고된 것을 계기로 최고가치 낙찰제도의 도입과 관련된 제도적 논의가 비로소 본격화 되고 있다.

21) 일반건설업과 전문건설업간 겸업제한 금지나 건축설계업과 시공업간 사실상의 겸업금지가 여기에 해당된다.

법 · 제도에 산재해 있는 시대착오적이고 반시장적인 규제를 없애야 한다.

부정 · 부패 축소

시설공사의 정부조달업무는 다른 정부업무보다 부정 · 부패의 정도가 심한 것으로 인식되고 있다. 지자체장 및 공무원의 공사발주나 입찰 · 계약과 관련된 부정 · 부패 사례는 수시로 언론에 보도되어 왔다. 전자입찰 및 전자계약제도의 도입, 투명성 제고를 위한 입낙찰제도의 계량화와 객관화에 힘입어 최근 들어서는 공사발주 및 입낙찰과정의 부정 · 부패가 상당히 줄어 든 것으로 평가되고 있다. 하지만 아직도 건설공사 현장점검 등과 관련해서는 부정 · 부패가 여전한 것으로 나타나고 있다[22]. 부실공사 방지, 품질이나 안전 확보를 명분으로 한 수많은 규제의 양산과 잦은 현장점검이 부정 · 부패를 야기하고 있다는 것이다. 특히 공공연하게 정부조달에서 부정 · 부패가 심각한 영역으로 손꼽히고 있는 곳은 설계 · 시공 일괄 및 대안입찰공사의 설계심의과정이다. 설계심의와 같이, 객관적이고 명확한 기준이 없는 분야는 대체로 부정 · 부패에 취약하다.

정부조달과정에서 민간인간의 관계에 정부가 지나치게 개입하여 과도한 "규제의 덫"을 놓은 영역에서도 부정 · 부패가 심할 수 밖에 없다. 공동도급이나 하도급이 이런 영역에 해당한다. 현행과 같은 규제의 덫 속에서는 공동도급이나 하도급을 법대로 하고 싶어도 할 수 없는 경우가 많다. 그러다 보니 불법 · 탈법행위가 만연하기 마련이고, 그 결과는 부정 · 부패로 연결된다.

정부조달에서 부정 · 부패 문제는 한편에서는 자원배분 권한과 감독 권한을 가진 발주자와 공급자인 건설업체의 상호이익 추구 결과이기도 하지만, 다른 한편에서는 법 · 제도와 규제의 문제이기도 하다. 부정 · 부패를 방지한답시고 객관성과 투명성을 추구한 것이 정도를 넘어서 타당성을 상실한 제도 운영으로 귀결되기도 하고[23], 의도와 달리 부정 · 부패 여지를 더 크게 키운 경우도 있다[24].

---

22) 국가청렴위원회에서는 2005년과 2006년 연속으로 건설공사 현장점검 업무가 부패에 취약하다는 조사결과에 따라 이 분야의 부패방지 시책을 요구하고, 평가보고서를 발간하였다(국가청렴위원회, 2005, 2006).

23) 입찰참가자격사전심사(PQ)제도나 적격심사제도가 여기에 해당된다고 볼 수 있다. 평가항목과 기준의 객관화와 계량화가 부정 · 부패 방지에 도움이 되긴 하지만, 결과적으로 PQ나 적격심사제도의 변별력 떨어뜨려 "요행에 의한 낙찰제도" 내지 운(運)에 좌우되는 낙찰제도라는 의미의 "운찰제(運札制)"가 되는 결과를 초래했기 때문이다.

24) 설계 · 시공 일괄 및 대안입찰제도의 설계평가 제도가 여기에 해당한다고 볼 수 있다. 기술심의위원이나 평가위원이 될 수 있는 풀(pool)을 몇 천명으로 늘려 놓은 결과, 오히려 부정 · 부패의 전국적 확산을 가져오기도 했다.

부정 · 부패 방지를 위한 대책으로서 처벌 규정은 나날이 늘어나고 있다. 하지만 정작 실효성은 별로 없다. 「건설산업기본법」이나 국가계약법에서는 부패행위 업체에 대해 해당 건설업체에게는 사형(死刑) 선고와도 같은 영업정지 내지 부정당업자 제재와 같은 행정처분을 남발하고 있는데, 바로 그 때문에 영업정지나 부정당업자 제재를 하기 어려운 측면도 있다[25].

정부조달과정에서 부정 · 부패가 완전히 사라진 나라는 찾아보기 어렵다. 하지만 정도의 차이는 나라마다 대단히 크다. 부정 · 부패를 "척결"해서 완전히 없애는 것은 불가능하더라도, 노력 여하에 따라 줄일 수는 있을 것이다. 정부조달과정의 부정 · 부패도 시스템 혁신을 통해 근절되어야 한다.

건설업체의 국제경쟁력 제고

건설산업의 국제경쟁력은 건설업체의 국제경쟁력으로 표현할 수 있다. 세계시장에서 경쟁력을 가진 건설업체가 몇 개나 되는지, 이들 건설업체의 세계시장 점유비율이 얼마나 되는지가 건설산업의 국제경쟁력을 평가하는 척도라고 볼 수 있다. 이와 관련하여 ENR(Engineering News Record)에서는 매출액(revenue)을 기준으로 세계 225대 건설업체를 소개하고 있다.

ENR(December 2006)을 보면, 한국 건설업체 가운데 2005년 세계 건설시장에서 225대 건설업체에 포함된 업체는 7개에 불과하다. 미국이 52개로 1위를 차지하고 있지만, 놀라운 것은 중국이 46개로 2위, 터키만 해도 20개로 3위를 차지했다는 사실이다. 2005년 세계 건설시장 점유비율은 미국이 18.4%로 1위, 중국이 5.3%, 터키가 1.9%인데 반해, 한국은 1.3%에 불과했다. 이나마 시공업체는 좀 나은 편이다. 세계 200대 설계업체에는 미국이 87개나 포함되어 타의추종을 불허하는 1위를 차지하였고, 중국이 14개로 2위, 일본은 13개로 3위, 영국은 11개로 4위를 차지했다. 한국은 3개사에 불과했고, 이들은 모두 EC(Engineer-Contractor)업체이며, 설계전문회사나 엔지니어링 전문회사는 단 1개사도 세계 200대 설계업체에 이름을 올리지 못했다.

---

25) 예컨대, 연간 수주액이 몇 조원씩 되는 대형 건설업체의 특정 현장에서 부정 · 부패 사범이 발각되었다고 해서 몇 개월씩 입찰참가자격 정지나 영업정지를 부과하기는 쉽지 않다. 하지만 다른 시각에서 본다면, 이 문제도 정부의 부패척결 의지와 관련되어 있다. 정말 정부에서 부패척결을 할 의지가 있다면, "법대로" 처벌해 보라. 아마 건설시장의 분위기가 확 달라질 것이다. 결국 청와대, 국회, 정부가 부패척결을 위한 의지가 없기 때문에 부정 · 부패가 여전한 게 아닌가 하는 시각도 있다.

국가	업체 수
유럽	59
미국	52
중국	46
터키	20
일본	17
한국	7
캐나다	3
기타	21

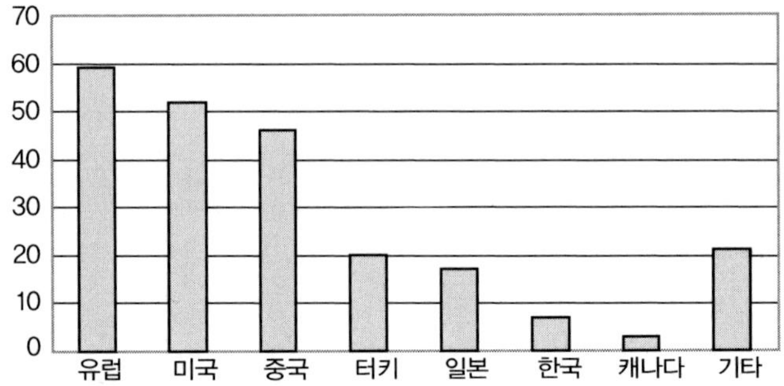

그림 1-3 세계 225대 건설업체의 국가별 분포

자료: ENR(December 2006). 2006 Global Construction Source Book.

건설업체의 국제경쟁력은 ENR에서처럼 매출액을 기준으로 평가할 수도 있지만, 건설기술력으로 평가할 수도 있다. 한국 건설업체의 건설기술력은 선진국을 100으로 했을 때, 70 수준에 불과하다는 평가는 지금까지도 지배적이다. 또한 세계 건설시장에서 국제경쟁력을 가진 것으로 평가하고 있는 플랜트부문도 담수 플랜트 기술만 세계 1위로 평가될 뿐, 가스처리, 정유공장, 기계설치, 발전소, 석유화학 등의 분야는 선진국 대비 80~90% 수준이라는 것이 해외건설협회(2004)의 설문조사 결과다.

건설업체의 국제경쟁력도 정부조달시스템과 직접적인 연관성이 있다. 지금처럼 기술력이 아니라 "운(運)"이나 "경력", 혹은 "과거 실적"을 기준으로 정부공사나 설계의 수주가 이루어지는 정부조달시스템에서는 건설업체의 국제경쟁력을 기대할 수 없다. 세계 건설시장에 몇 개 안되는 업체 이름이나마 올려 놓은 것은 우리 정부조달시스템이 그런대로 괜찮아서가 아니다. 성장과 생존을 위해 민간건설업체들이 발버둥친 결과로 보아야 한다.

건설업체가 국제경쟁력을 갖도록 하기 위해서는 정부조달시스템도 글로벌 스탠다드를 수용해야 한다. "운(運)"과 "경력(經歷)", "과거 실적"이나 "가격"보다는, "기술력"을 갖추고 발주자에게 "최고가치(best value)"를 제공해 줄 수 있는 건설업체가 정부조달시스템에서 우대받을 수 있도록 해야 한다. 너무나 당연하게 생각되는 이 같은 원칙이 정부조달시스템을 관통하는 기본원칙으로 자리를 잡아야 하는데도, 아직까지 전혀 그렇지 못하다. 그렇기 때문에 정부조달시스템 혁신이 필요한 것이다.

제 2 장

정부조달시장과 시스템 –
어떻게 구성되어 있고,
무슨 문제가 있나?

01 한국 경제와 정부조달시장

경제성장과정과 정부조달시장의 변화

1960년대 이후 1980년대 후반까지 한국은 정부주도 경제성장과정을 겪었다. 그 과정에서 가장 큰 기여를 한 것이 건설산업이었고, 가장 큰 성장을 한 것도 건설산업이었다. 그런데 1987년까지의 건설시장만 해도 공공부문 발주공사 수주실적이 민간공사 수주실적보다 더 많았다. 적어도 1987년까지는 정부조달시장이 민간건설시장보다 더 컸고, 그만큼 정부조달시장이 경제성장이나 건설산업에 미친 영향도 더 컸다고 볼 수 있다. 시기별로 좀더 상세하게 살펴보자.

제1차(1962~1966) 및 제2차(1967~1971) 경제개발 5개년 계획은 경제성장을 위해 전력, 용수, 수송 등 사회간접자본시설의 구축에 주력했다[26]. 그 결과 제1차 경제개발 5개년 계획기간 중 건설업은 연평균 17.4%의 성장률을 보였다. 특히 사회간접자본부문의 성장기여율은 59.9%에 달했다. 1962년의 주요 사회간접자본(전력, 수송, 통신, 상하수도 등) 투자액은 449억원(1970년 불변가격 기준)이었지만, 1971년에는 2,377억원에 달했다. 1 · 2차 경제개발 5개년 계획이 추진되던 10년간 주요 사회간접자본의 누

26) 한국경제의 성장과정과 건설산업의 역할 등에 관해서는 대한건설협회(1997). 「한국 건설 반세기 – 대한건설협회 50년사 –」를 참고하였다.

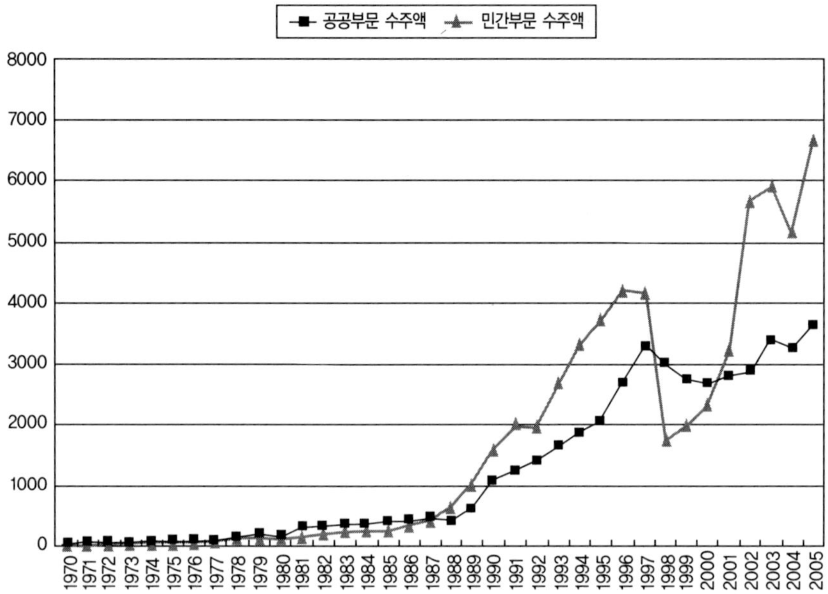

그림 2-1 일반건설업체의 공공부문 수주액과 민간부문 수주액 추이

자료: 대한건설협회.

적규모는 1조 3,650억원에 달했다. 총고정자본 형성액 중 주요 사회간접자본 투자액의 비중은 1971년에 31.7%나 되었다.

제3차(1972~1976) 경제개발 5개년 계획도 도로, 항만, 공단 등 산업기반시설 조성에 투자의 역점을 두었다. 제4차(1977~1981) 경제개발 5개년 계획에서는 주택 및 교육을 비롯한 사회개발분야와 도로, 철도, 해운, 항공 등 수송 수단간의 종합적인 체계를 구축하는데 역점을 두었다. 이에 따라 생산공장 및 설비건설이 급증했고, 도로를 비롯한 각종 사회간접자본시설의 확충이 기하급수적으로 이루어졌다.

1980년대에는 들어와서는 경제구조의 전반적인 변화와 더불어 건설산업의 성장세도 둔화되기 시작했다. 국내 건설시장의 구조만 해도, 1960년대와 1970년대에 걸쳐 전체 건설시장의 60~80%를 차지했던 정부조달시장의 비중이 50%대로 줄어 들었다. 주택 200만호 건설 등을 계기로 1988년에는 40.9%로 줄어 들었다. 이후 외환위기 사태를 맞이한 1998년과 1999년을 제외하고는 민간건설시장의 비중이 정부조달시장보다 더 큰 비중을 차지하고 있다.

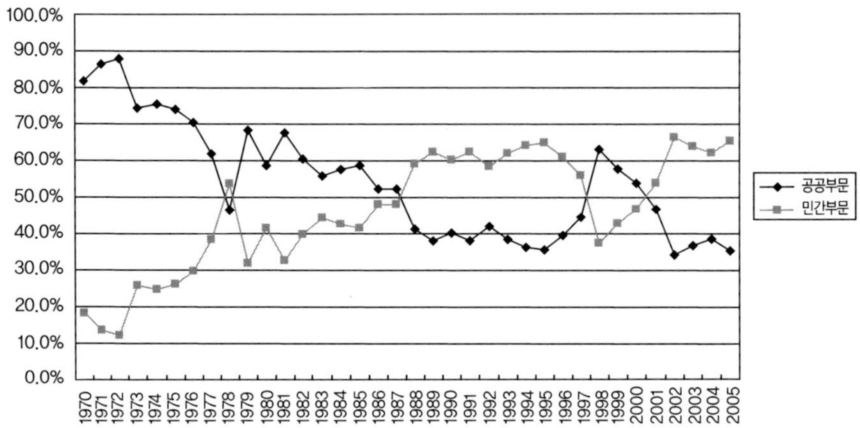

그림 2-2 일반건설업체의 공공 및 민간공사 수주비중 추이

자료: 대한건설협회.

비록 정부조달시장이 전체 건설시장에서 차지하는 비중은 줄어 들고 있지만, 절대 규모는 계속 증가세를 보여주고 있다. 특히 1990년대에는 도로, 항만 등 사회간접자본 시설 부족으로 인하여 막대한 사회경제적 손실이 발생했다. 이에 따라 정부의 사회간접

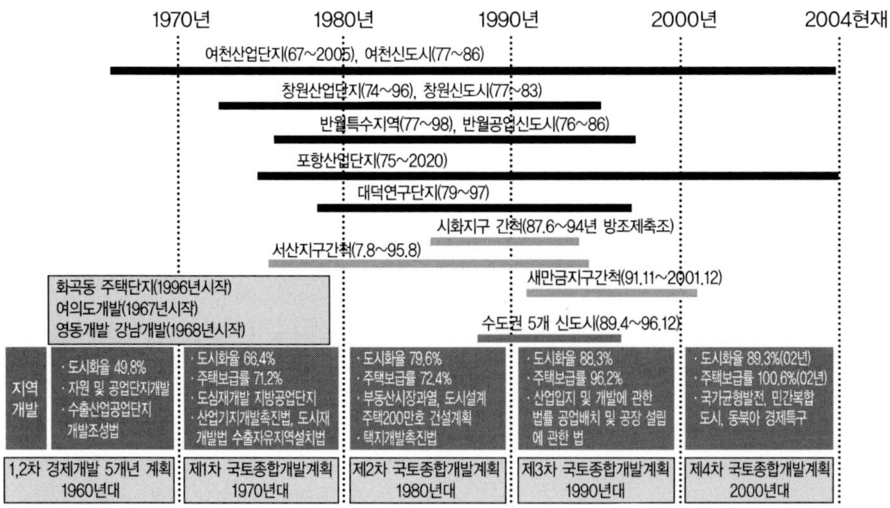

그림 2-3 한국경제의 성장을 지원한 주요 대형 국책사업(국토 및 지역개발 부문)

자료: 한국건설산업연구원(2005). 「Big Project 창출방안 연구」.

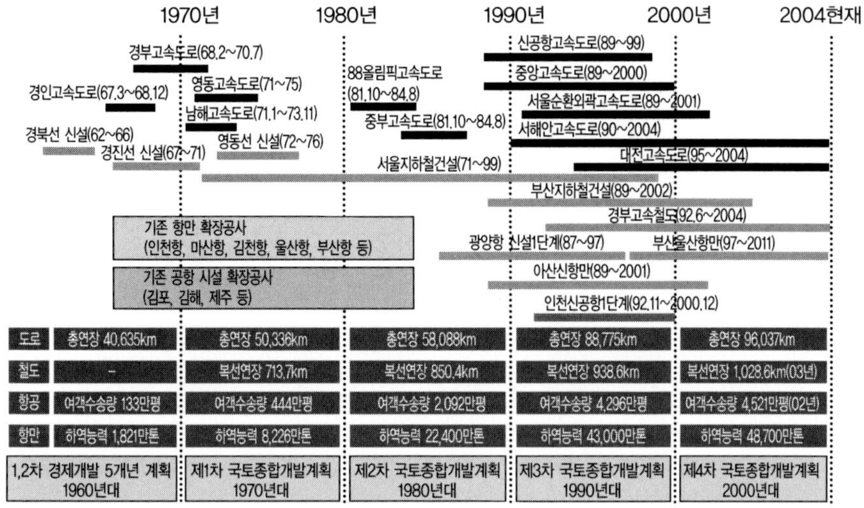

그림 2-4 한국경제의 성장을 지원한 주요 대형 국책사업(물류 인프라 부문)

자료: 한국건설산업연구원(2005). 「Big Project 창출방안 연구」.

자본시설에 대한 투자도 급증했다. 1990년에 국내총생산(GDP) 대비 2.9%에 불과했던 사회간접자본시설에 대한 투자비중은 1991년에는 4%, 1996년에는 5.5%에 달했다. 투자확대가 가장 두드러진 분야는 도로였고, 다음으로는 다목적 댐, 광역상수도 등 수자원분야였다. 특히 1990년대에는 "단군 이래 최대 국책사업"이라고 부르던 경부고속철도 사업과 더불어 인천 신공항 건설사업 등과 같은 대형 국책사업들이 동시에 추진되기도 했다. 국토 및 지역개발과 관련해서는 1960년대 후반의 여천산업단지를 시작으로 1970년대에는 창원산업단지, 포항산업단지, 대덕연구단지 등의 개발이 추진되었다. 공업단지를 중심으로 한 지역개발사업은 1990년대 중반에 거의 완료되었고, 1990년대 초반부터는 수도권을 중심으로 한 신도시 개발사업이 이루어졌다. 적어도 1990년대 중반까지는 정부조달사업이 우리나라의 경제성장과정에 결정적인 기여를 했던 것으로 평가할 수 있다.

1990년대 후반부터는 대형 국책사업이 눈에 띄게 줄어 들고 있다. 예컨대, 1998과 1999년을 정점으로 총사업비 규모가 2조원 이상인 대형 건설프로젝트는 점차 감소하고 있다. 2000년대에 들어와서는 민간주택시장의 호황으로 정부조달시장이 전체 건설

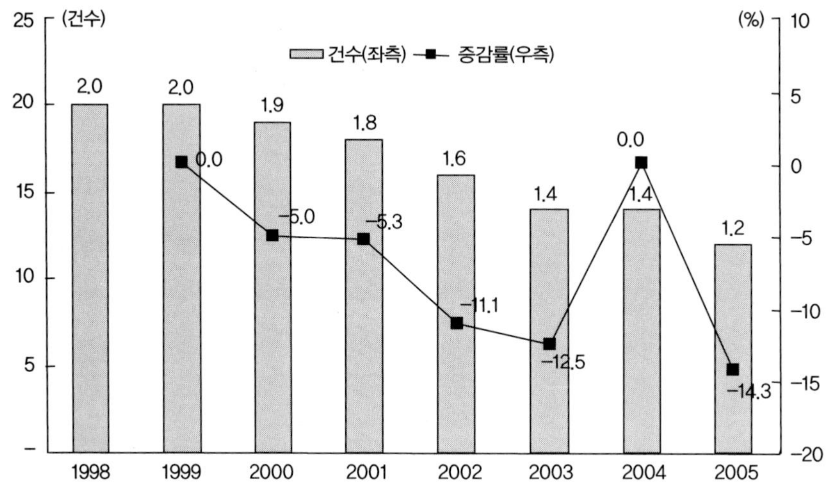

그림 2-5 **한국의 2조원 이상 대형 프로젝트 추이**

자료: 감사원.

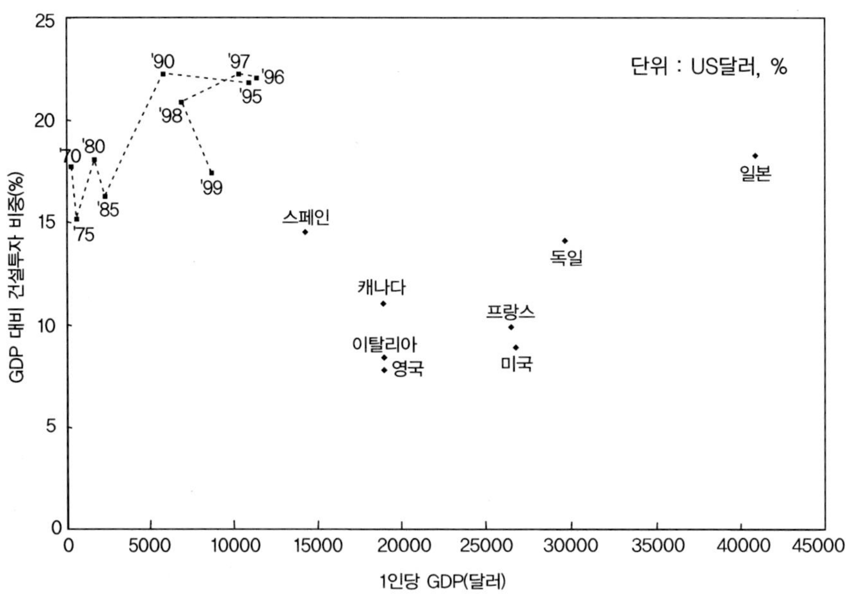

그림 2-6 **선진 8개국 대비 한국 건설산업의 GDP 대비 건설투자 추이(1970~99년)**

주: 선진국 통계는 1995년 기준임.
자료: 한국은행, http://www.bok.or.kr; 통계청, http://www.nso.go.kr; UN(United Nations), *National Accounts Statistics: Main Aggregates and Detailed Tables*, New York, various issues. 한국건설산업연구원(2001)에서 재인용.

시장에서 비중은 30% 수준으로까지 떨어졌다. 정부조달시장과 민간건설시장의 비중은 앞으로도 특별한 이변이 없는 한, 당분간 30 : 70의 비중을 유지할 것으로 보인다.

한국 경제의 성장과정이나 경제구조의 변화 추이를 볼 때, 국내총생산(GDP)에서 차지하는 건설투자 비중의 축소나 정부조달시장의 비중 축소는 선진국으로 가는 자연스런 현상이기도 하다. 하지만 선진국과 비교해 볼 때, 건설투자가 국내총생산에서 차지하는 비중(15%대)은 여전히 높다. 전체 건설시장에서 차지하는 정부조달시장의 비중이 30%대로 축소되었지만, 미국이나 유럽 등의 선진국(15~20% 내외)에 비하면 여전히 높다. 건설투자나 정부조달시장의 비중은 낮아졌지만, 절대금액은 지속적으로 증가하고 있다. 그렇기 때문에 아직도 우리나라는 건설산업과 정부조달시장의 중요성이 선진국보다 더 높다고 말할 수 있다.

정부조달시장의 변화와 관련하여 중요한 것 중 하나는 민간투자시장의 성장이다. 1994년 「사회간접자본 확충에 대한 민간자본유치촉진법」의 제정을 계기로 민간투자시장이 형성되기 시작했지만, 최근까지만 해도 그다지 그 비중이 높지 않았다. 하지만 2004년 이후부터 민간투자시장의 비중이 크게 증가하고 있다. 특히 임대형(BTL) 민간투자제도가 시행되기 시작한 2005년에는 전체 SOC 재정투자의 14.2%, 2006년에는 17.4%를 차지할 정도로 급증했다(기획예산처, 2007.3).

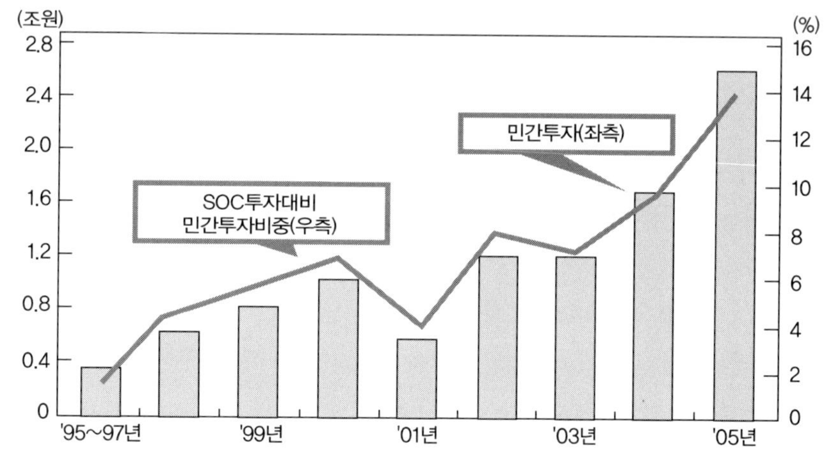

그림 2-7 **민간투자시장의 성장 추이**

자료: 기획예산처.

표 2-1 연도별 총민간투자 규모(집행기준) 전망

(단위 : 조원)

구분	2007	2008	2009	2010	2011	합계
BTO	4.0	4.7	5.0	4.7	4.6	23.1
BTL	3.5	6.1	7.4	8.0	9.1	34.1
합계	7.5	10.8	12.4	12.7	13.7	57.2

자료: 기획예산처(2007.3). 「2007~2011 국가재정운용계획 -민간투자분야-」.

민간투자시장의 성장 추세는 2007년 이후에도 지속될 전망이다. 기획예산처에서 발표한 자료에 따르면, 2007~2011년까지 집행기준으로 총 57.2조원(연간 7~13조원) 수준의 민간투자가 이루어질 전망이다.

민간투자시장의 급증은 정부재정을 통한 전통적인 정부조달시장의 축소 내지 정체를 초래하게 된다[27]. 민간투자제도의 도입취지는 사회간접자본시설의 건설 및 운영과정에서 민간의 창의성과 효율성을 활용하기 위한 것이라고 한다. 하지만, 실제로는 부족한 정부재정을 보완하고자 민간자본을 사회간접자본시설의 건설 및 운영과정에 동원하기 위한 것으로 보아야 할 것이다. 정부재정사업을 중심으로 하는 전통적인 정부조달시장의 범위에 민간투자시장도 포함해야 할 것인지에 대해서는 WTO에서도 논란이 있고, 한미 FTA체결과정에서도 논란이 되었다(이상호 · 박성민, 2006). 상이한 법적용체계, 상이한 조달절차 등을 이유로 아직까지 우리나라에서 민간투자시장을 정부조달시장의 한 영역으로 인정하고 있다고 보기는 어렵지만, 중장기적으로는 정부조달시장의 한 영역으로 포함하는 것이 불가피하다고 본다.

건설시장과 정부조달시장의 개방

1990년대에 우리나라 건설산업과 정부조달시장이 맞이하게 된 가장 큰 변화는 우루과이라운드(UR) 협상과 정부조달협정(Government Procurement Agreement: GPA) 타결에 따른 건설시장과 정부조달시장의 개방이었다. 우루과이라운드 협상은 1993년에 타결되었는데, 건설시장에 대한 개방 논의는 서비스 협상과 정부조달 협상으로 이원화되어 진행되었다.

27) 사회기반시설에 대한 민간투자액은 통계상 민간수주액으로 집계되며, 공공수주액으로 집계되지 않는다.

1994년 1월부터는 건축공사 등 일반건설 서비스 업종에 외국 건설회사의 100% 국내 단독투자가 허용되었다. 외국 건설회사의 지사 설립은 1996년부터 허용되었다. 전문건설 서비스는 일반건설 서비스보다 2년의 시차를 두어 개방했고, 1996년부터 외국 건설회사의 100% 단독출자가 허용되었다. 자회사 설립허가는 1998년에 이루어졌다. 1996년부터 한국 건축사와 공동계약에 의한 외국 건축사의 건축설계 서비스 시장진입도 허용되었다. 건설기계 및 장비임대 서비스는 1996년부터 개방하였고, 엔지니어링 서비스는 「건설기술관리법」에서 외국인의 활동에 대한 법령상의 제약이 없었기 때문에 우루과이라운드 서비스 협상에서 제약이 없는 분야로 양허되었다.

한국은 1994년 4월에 정부조달협정(GPA)에 가입한 24번째 회원국이 되었다. 신규 가입국인 한국은 1년의 유예를 받아 1997년 1월부터 정부조달시장을 개방하게 되었다. 건설공사의 경우, 1997년 1월부터 500만 SDR 이상의 중앙정부 발주공사, 1,500만 SDR 이상의 지자체 및 정부투자기관 발주공사가 개방대상이 되었다. 그런데, 일본과 우리나라를 제외한 대부분의 정부조달협정 가입국에서는 지자체와 정부투자기관 발주공사도 500만 SDR 이상인 공사를 개방대상으로 하고 있다. 이처럼 일본과 한국의 정부조달시장 개방대상 공사의 금액기준이 다른 협정 가입국보다 낮기 때문에 WTO 정부조달협상에서나 한미 FTA 협상과정에서 지자체 및 정부투자기관의 양허하한선을 500만 SDR로 낮춰 달라는 요구를 받기도 했다(이상호 · 박성민, 2006)[28].

표 2-2 한국의 정부조달시장 개방 주요 내용

구분	양허기관	양허범위
중앙정부	– 42개 중앙행정기관 · 안기부, 대통령비서실, 경호실, 비상계획위원회 등 4개 안보 관련기관 제외	– 물품: 13만 SDR 이상 – 용역: 13만 SDR 이상 – 건설: 500만 SDR 이상
지방정부	– 6개시 및 9개도 · 시/도 교육청 제외 · 기초자치단체 제외	– 물품: 20만 SDR 이상 – 용역: 20만 SDR 이상 – 건설: 1,500만 SDR 이상
기타기관	– 한전, 한국통신 등 23개 정부투자기관 · 한전: 전기품목 제외 · 한국통신: 통신망 장비 및 통신제품 제외	– 물품: 45만 SDR 이상 – 용역(미양허) – 건설: 1,500만 SDR 이상

자료: 대한건설협회(1994). 「시장개방과 건설산업」.

표 2-3 주요 정부조달협정 가입국의 양허내용

단위: 일만SDR*

국가명	중앙정부			지방정부			기타 공공기관		
	물품	서비스	건설	물품	서비스	건설	물품	서비스	건설
한국	13	13	500	20	20	1,500	45	–	1,500
미국	13	13	500	35.5	35.5	500	40	40	500
EC	13	13	500	20	20	500	40	40	500
일본**	13	13(45)	450	20	20	1,500	13	13(45)	1,500
캐나다	13	13	500	35.5	35.5	500	35.5	35.5	500
스위스	13	13	500	20	20	500	40	40	500
오스트리아	13	13	500	20	20	500	40	40	500
스웨덴	13	13	500	20	20	500	40	40	500
핀란드	13	13	500	20	20	500	40	40	500
노르웨이	13	13	500	20	20	500	40	40	500
홍콩	13	13	500	20	20	500	40	40	500
이스라엘	13	13	850	25	25	850	35.5	35.5	850

주: *) 1SDR은 약 1,100원(1994년 2월 현재)
**) 일본의 경우 서비스 중 건축설계, 엔지니어링서비스는 ( )안의 양허하한 적용
자료: 대한건설협회(1994). 「시장개방과 건설산업」.

정부조달시장 개방대상이 되는 공사규모(SDR이 아니라 원화 상당액)는 환율에 따라 달라진다. 재정경제부에서는 매 2년마다 정부조달시장 개방대상 공사의 원화 상당액을 공고하고 있다. 건설공사의 경우, 2007년부터 2년간 중앙정부는 74억원 이상, 지방정부와 기타 기관은 222억원 이상 공사가 개방대상이 된다.

우리나라의 정부조달시장 개방도가 어느 정도인지에 관해서는 정확한 통계를 구하기 어렵다. 여기서는 중앙조달기관인 조달청의 통계자료를 통해서 어느 정도 개방이 이루어져 있는지를 보자. 건설공사의 경우, 조달사업법에 따라 중앙정부에서 발주하는 30억원 이상 공사, 지방자치단체에서 발주하는 100억원 이상 PQ[29], 설계 · 시공 일괄 및 대안입찰공사는 조달청 발주가 의무화되어 있다. 정부조달협정상 중앙정부와 지자체 발주공사 가운데 500만 SDR 이상(84억원 이상)[30] 대형공사의 대부분은 조달청에

28) 한미FTA에서 양허하한선 인하 문제는 결국 공식적으로 거론된 의제가 되지 못했다. 그 이유는 미국의 주정부가 한미FTA 정부조달협상의 개방대상기관에서 배제되어 있었기 때문이다. 미국의 연방정부 조달시장만을 대상으로 한미FTA협상이 진행되다 보니 한국의 지자체나 정부투자기관도 미국 주정부와 마찬가지로 정부조달협상의 대상기관에서 배제되었다. 그러다 보니 한국의 지자체와 정부투자기관의 개방대상 공사금액기준(=1,500만 SDR)을 낮추자는 논의는 공식적으로 이루어질 수 없었다. 하지만 WTO 정부조달협상에서는 이 문제가 앞으로도 계속 제기될 것으로 예상된다.

29) 2005년부터는 200억원 이상 PQ 공사만 조달청 위임발주대상이다.

30) 2007년부터 500만 SDR은 그동안의 환율 변동을 반영하여 74억원으로 하향조정되었다.

표 2-4 정부조달시장 개방대상 공사의 범위(2007.1)

양허기관	양허대상 및 규모	원화 상당액
중앙정부	- 공사: 500만 SDR 이상 - 물품 · 용역: 13만 SDR 이상	- 74억원 이상 - 1.9억원 이상
지방정부	- 공사: 1,500만 SDR 이상 - 물품 · 용역: 20만 SDR 이상	- 222억원 이상 - 3.0억원 이상
기타 기관	- 공사: 1,500만 SDR 이상 - 물품: 45만 SDR 이상	- 222억원 이상 - 6.7억원 이상

주: 1SDR=1,479.71원.
자료: 재정경제부.

서 발주된다고 해도 과언이 아니다.

2006년도 조달청의 조달시장 개방현황을 보면, 내자구매 총계약금액인 11조 6,822억원 중 2조 5,139억원(21.5%)가 시장개방 대상이었지만 실제로 외국업체와 계약한 실적은 전혀 없다. 외자구매는 100% 시장개방 대상이었고, 외국업체와 6,711억원을 계약하여 89.3%의 개방실적을 보였다. 시설공사계약은 총 10조 6,614억원 중 시장개방 대상은 5조 2,730억원(49.5%)이나 되었지만, 외국업체와의 계약실적은 전무하여 시장개방 효과가 전혀 없었다. 2006년에만 그랬던 것이 아니라, 정부조달시장 개방에도 불구하고 지금까지 정부발주공사를 외국 건설업체가 수주한 사례는 단 1건도 없었다.

1997년의 건설시장 개방을 계기로 한국에 진출한 외국 건설업체들이 대부분 일반건

표 2-5 정부조달시장 개방 현황(조달청 집행분, 2006년도)

(단위: 억원)

구분	총계약금액(a)	시장개방대상		외국업체계약	
		금액(b)	%(b/a)	금액(c)	%(c/a)
계	230,947	85,380	37.0	6,711	2.9
내자구매1)	116,822	25,139	21.5	-	-
외자구매	7,511	7,511	100.0	6,711	89.3
시설공사2)	106,614	52,730	49.5	-	-

주 1): 내자는 계약금액 기준
2): 시설공사는 신규공사 총부기금액 기준
자료: 조달청.

설업 등록을 반납하고 한국 건설시장에서 빠져 나갔다는 사실을 눈여겨 볼 필요가 있다. 2006년 5월 현재까지 일반건설업 등록을 한 외국 건설업체 현황을 보자. 일본 3개, 미국 6개, 중국 2개, 싱가포르 · 프랑스 · 홍콩 각 1개 등 총 14개 업체가 등록하였

표 2-6 일반건설업 등록 외국업체 현황(2006. 5. 9)

등록번호	상호	대표자	국적	등록일
토건2067	(주)후 지 타	이토우신이치 아미모토가쯔야 나카히가시코우	일본	96.10.14
토건2068	벡텔인터내셔널 인코퍼레이티드	이상백 에이자카리아	미국	96.10.14 (01.12.4반납)
토건2069	후루워대니엘 이스턴잉크	로버트플래쳐	미국	96.10.14 (01.8.11반납)
토건2070	보비스 아시아 퍼시픽 리미티드	앤드류제임스	미국	96.10.14 (97.4.11반납)
토건2071	중국건축공정총공사	손문걸 정명섭	중국	96.10.14
토목010442 산업98	도요엔지니어링 코리아(주)	스가야나오키	일본	96.10.14
토건010141	타이세이건설(주)	요꼬야마 하야마칸지 히라시마 우시오다	일본	00.12.11
토건010143	이콘코퍼레이션(주)	조셉신캄최	싱가포르	00.12.13 (03.8.6반납)
토건010145	코스모폴리탄(주)	김세웅	미국	00.12.19 (04.9.15말소)
건축010930	베스텍엔지니어링(주)	정주화	미국	01.07.19 (03.6.11말소)
토목010445	뷔그트라보 퓌블리끄	장루이뤼까	프랑스	03.11.07
토건010256	피비콘스트락터스 아시아 리미티드	김찬중 톤육룬폴	홍콩	04.02.24
토건010319	켈로그브라운앤드 루트서비시즈인크	로버트조엘딥슨 쥬니어	미국	05.11.17
토목010409 건축011512	한국일림건설(주)	이한열 이발달	중국	02.10.29

자료: 대한건설협회.

다. 그중 6개 업체가 등록을 말소하거나 반납한 결과, 2006년 5월 현재는 8개 업체만 등록되어 있다. 이중 미국 업체는 6개가 등록하였다가 3개업체는 등록을 반납하였고, 2개 업체는 등록을 말소하였으며, 2005년 11월에 「켈로그브라운앤드 루트서비시즈인크」라는 회사 1개만 등록한 상황이다.

건설시장 및 정부조달시장의 개방을 전후하여 거의 유일하게 외국 건설업체가 진출한 영역이 있다면, 건설사업관리(Construction Management: CM) 부문일 것이다. 예컨대, 우리나라의 경부고속철도와 인천신공항 건설사업관리업무는 미국의 Bechtel사와 Parsons사가 맡았다.

만약 우리나라 지자체나 정부투자기관에서 시장개방 대상공사 금액기준을 현행 1,500만 SDR에서 500만 SDR로 낮추면, 외국 건설업체들의 국내 정부조달시장 진출이 늘어날까? 그럴 가능성은 거의 없다고 본다. 소규모 공공공사의 시공권을 획득하기 위해 한국 건설시장에 진출할 외국 업체들은 없을 것이다. 그렇다면 왜 우리 정부는 과감하게 지자체와 정부투자기관의 시장개방 대상공사 금액기준을 낮추지 못하고 있는가? 국내 중소건설업체 보호제도 때문이다. 대표적인 예로, 지자체 발주공사의 지역의무공동도급제도 적용대상은 시장개방 대상공사 금액기준 이하로 설정되어 있다. 따라서 만약 1,500만 SDR을 500만 SDR로 낮춘다면, 지역의무공동도급제도의 적용영역도 500만 SDR 미만으로 축소되어야 한다. 이 경우 지역중소건설업체의 보호 필요성이나 반발 등을 감안하여 양허하한선 인하를 수용해서는 안된다는 것이다(김명수, 2005.9).

국내 지역중소건설업체의 보호를 위해서 양허하한선을 낮추지 말아야 한다는 주장은 분명 지역중소건설업체의 입장에서는 절박한 과제일 것이다. 하지만 정부조달시장을 개방해야 하는 이유는 그 같은 보호장벽이 존재하기 때문이기도 하다. 다시 말한다면, 국내의 보호장벽은 정상적인 상황에서 무너뜨리기 어렵기 때문에 한미FTA나 정부조달협정(GPA)과 같은 것을 빌미로 정부조달제도의 글로벌 스탠다드를 도입하자는 것이다.

이런 시각에서 본다면, 시장개방 폭을 확대해서 안된다는 이유야말로 시장개방 폭을 확대해야 하는 이유가 된다[31]. 중요한 것은 양허하한선을 얼마로 하느냐, 혹은 지역중소건설업체의 수주기회가 어느 정도 줄어 드느냐는 문제가 아니라고 본다. 과연 지역

표 2-7 정부조달시장 개방대상 금액기준과 국내 중소건설업체 보호제도

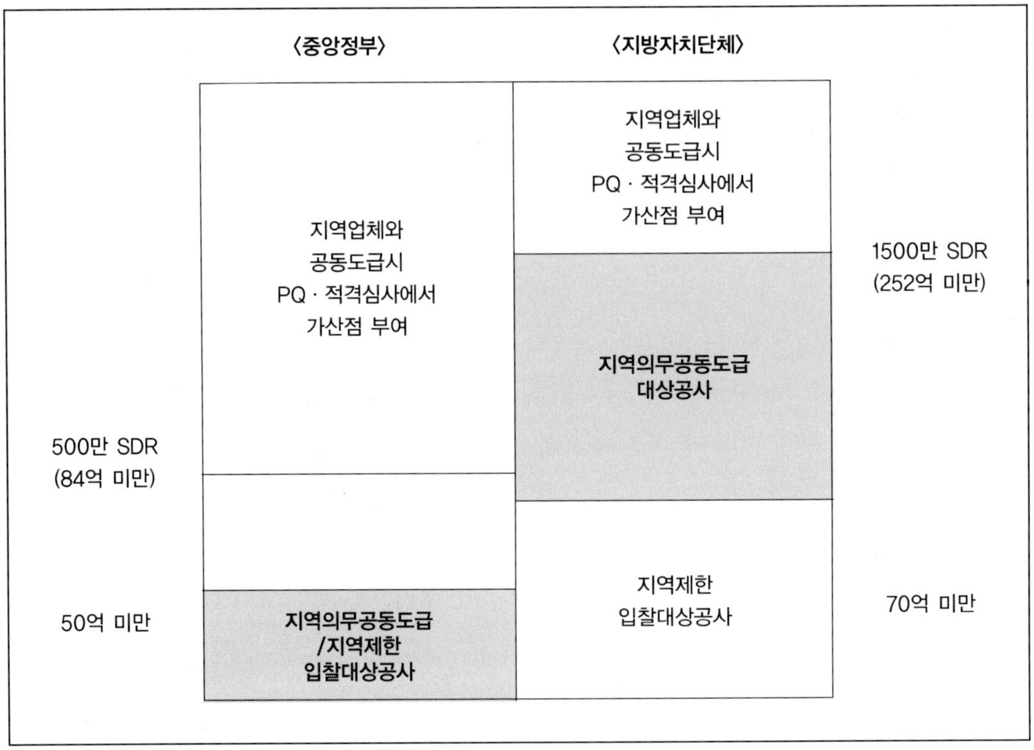

자료: 김명수(2005.9). 「WTO정부조달협정 건설서비스 양허하한선 인하의 타당성 및 잠정 인하수준 검토」. 외교통상부.

의무공동도급제도가 왜 필요하며, 어떤 가치를 지닌 것인지에 대한 객관적이고 공정한 평가부터 시작해야 할 것이다. 불행하게도 우리나라에서는 그런 논의 자체를 해본 일이 별로 없었다. 지역중소건설업체 보호제도는 무조건 "선(善)"이고, 그런 제도를 축소하자는 주장은 "악(惡)"이며, 대기업 옹호론자들의 논리라는 이분법이 지배하고 있을 뿐이다. "지역중소건설업체 보호육성을 위해 지역중소건설업체 보호제도를 확대해야 한다"는 식의 동어반복(同語反覆)만 난무하고 있다.

1997년 이후 건설시장과 정부조달시장 개방에도 불구하고 외국 건설업체들의 한국

31) 중국이 WTO에 가입한 이유도 여기에 있다고 한다. 토마스 L. 프리드만(2005)은 자신의 저서 「세계는 평평하다」에서 다음과 같이 기술하고 있다.

> 이제 중국이 WTO에 가입함으로써 정부의 보호를 받던 비효율적인 경제부분은 극심한 경쟁에 직면하게 되었다. 중국 정부가 WTO 가입을 국민투표에 부쳤더라면 절대로 통과하지 못했을 것이라고 미-중 비즈니스협회 베이징 사무소장 팻 파워스(Pat Powers)는 단언한다. 중국 지도부가 WTO 가입을 결정한 가장 중요한 이유는 억지로라도 중국의 관료조직을 근대화하고, 국내 규제를 타파할 방법을 찾아야 했기 때문이다.

시장 진출이 저조한 이유도 눈여겨 볼 필요가 있다. 스웨덴, 프랑스, 독일, 스페인 등의 글로벌 건설업체 CEO들이 2006년말 ENR과 행한 인터뷰 자료를 보면(ENR, December 2006), 왜 한국 · 일본 · 중국과 같은 거대 건설시장이 있는 "극동(Far East)" 시장에 실망했는지를 잘 알 수 있다. 그들은 이렇게 말했다.

우리는 극동지역에 대해 실망했다. 특히 중국 건설시장은 거대하기는 하지만 글로벌 건설업체들에게는 별다른 매력이 없고, 세계의 다른 시장과 비교해 보더라도 무의미(insignificant)하다. 극동지역은 건설업체에 부과되는 규제(regulation)가 너무 많다. 법률과 규제는 명확하지 않고, 건설업 면허(contractor's license)부터가 진입장벽이다. 일부 지역은 부패(corruption) 문제도 심각하다. 그래서 우리는 여전히 유럽과 미국시장에 집중하고 있다. 정치적 · 경제적 안정성(political and economic stability), 명확한 조달규칙(clear procurement rules), 투명한 법률체계(transparent legal framework)가 갖추어진 시장이 아니면 관심없다.

요컨대, 부패(corruption)와 불투명한 법 · 제도 및 과도한 규제(regulation)가 글로벌 건설업체들이 한국 · 일본 · 중국과 같은 극동(Far East)지역 건설시장에 진입하기를 꺼리는 원인이라는 것이다. 그런데, 우리나라 공무원 중에는 복잡한 조달법령과 과도한 규제가 외국 건설업체의 국내 정부조달시장 진입을 가로막아 국내 건설업체를 보호하는데 기여하고 있다고 자랑하는 사람이 있다. 그런 사람들은, 이 책의 서두에서 지적했던 것처럼, 왜 한국 축구와 야구가 세계 4강이 될 수 있었는지를 다시 한번 생각해 주었으면 한다. 「쇄국정책(鎖國政策)」은 19세기에 조선(朝鮮)이 망하는 원인이 되었고, 오늘날 외국과의 교류를 단절시킨 채 "우리 식대로 살자"는 북한 공산주의 체제의 붕괴 원인이 될 것이다. 마찬가지로 정부조달시장의 폐쇄성은 건설산업의 선진화를 가로막고, 건설업체의 국제경쟁력을 저하시키면서 건설산업의 미래를 기대할 수 없게 만드는 원인이 되리라고 본다. 복잡한 조달법령과 과도한 규제 때문에 외국 건설업체가 한국의 정부조달시장에 진입하지 못한다면, 그것은 부끄러워해야 할 일이지 결코 자랑할 일이 아니다.

02 정부조달정책과 제도 변화

조달청의 발족과 정부조달행정의 체계화

정부수립 이후 조달제도는 일제시대의 「회계법」과 미군정의 회계제도를 원용해 오다가, 1951년에 제정된 「국가재정법」에서 구체화되었다. 이 법률이 1961년에는 「예산회계법」으로 승계되었다. 정부조달시장 개방을 목전에 둔 1995년에는 「예산회계법」 "제6장 계약" 편을 분리하여 정부조달협정(GPA)을 반영한 별도의 「국가를 당사자로 하는 계약에 관한 법률」을 제정하여 지금까지 운용하고 있다.

정부수립 이후 특히 6.25전쟁으로 파괴된 국토를 복원하기 위하여 수많은 정부공사가 발주되었지만, 조달청 발족 이전에는 개별 발주기관들이 입찰, 계약, 시공감독 등 일체의 공사관리를 담당했다. 그 과정에서 부패, 예산낭비 등과 같은 문제점도 숱하게 야기되었다.

체계적인 정부조달행정은 1948년에 체결된 한국과 미국간의 원조협정에 따라 조달청의 전신인 「임시외자총국」 설치와 더불어 이루어졌다. 그 기능은 외국의 원조물자를 받아 배분하고, 판매대금을 징수하여 정부재정에 충당하는 것이었다.

실질적인 정부조달정책과 제도는 1961년 중앙조달기관인 조달청의 발족과 더불어 체계적으로 정비되기 시작했다[32]. 1960년대 들어 정부의 경제개발계획이 추진되면서 경제개발에 필요한 막대한 물자를 차질없이 조달하고, 한정된 국가재정을 효율적으로 집행하기 위한 필요성이 중앙조달기관인 조달청의 직접적인 발족 계기가 되었다.

조달청 발족 후 1962년 1월부터 300만원 이상의 정부시설공사 계약업무를 대행하였지만, 조달청의 업무 범위는 공사입찰 · 계약 체결업무의 대행에 국한되었다. 1966년 2월에는 「정부조달규정」을 개정하여, 조달청의 시설공사 위임한도액을 500만원으로 상향조정하였다. 1972년부터는 계약방법 결정도 조달청 권한으로 일원화하였으며, 1973년에는 공사예정가격조사도 조달청에서 담당하도록 했다. 1975년에는 2,000만원 이상 정부투자기관의 공사계약사무도 조달청이 담당하게 되면서 명실상부한 중앙조달기관으로서 위상을 갖게 되었다.

1961년에 설립된 조달청의 권한이 지속적으로 확대된 것은 당시 전반적인 정부조직과 기능의 중앙집권화 추세와 무관하지 않다. 하지만 1980년대 이후부터는 "자율과 개방"이 핵심적인 경제정책의 패러다임으로 부상하였고(경제기획원, 1994), 정부권한의 분권화도 이루어지기 시작했다.

중앙조달기능의 분권화는 정부투자기관에서부터 시작되었다. 1983년에 「정부투자기관관리기본법」이 제정되었지만, 1984년에는 조달청에 물품구매와 시설공사계약을 의뢰해 왔던 정부투자기관이 합리적이고 능률적인 경영을 위하여 직접 필요한 물자조달과 공사발주를 할 수 있도록 이 법률을 개정하였다. 1983년만 해도 정부투자기관의 조달청 위임조달 물량은 조달청 전체 조달실적의 44%를 차지했기 때문에 조달청으로서는 엄청난 조직의 생존문제에 부닥쳤다. 하지만 이를 계기로 조달청의 조달행정에도 '고객'과 '서비스' 개념이 도입되기 시작했다. 아울러 수요기관 전담관제, 정부물품 상설순회 정비반 운용, 도입외자의 door-to-door서비스, 시설공사 일괄대행제도와 같은 새로운 조달제도들이 속속 도입되었다. 그 결과 1984년부터 1986년까지는 조달청의 조달실적이 급감했지만, 1987년부터는 다시 증가하는 추세를 보여주었다(조달청, 1999). 이처럼 전체적인 중앙조달실적이 증가하긴 했지만, 정부투자기관의 조달청 위

32) 한국의 정부조달정책과 제도의 역사는 중앙조달기관인 조달청의 역사와 직결된다. 중앙조달의 범위는 시대마다 달랐지만, 조달청의 정책과 제도가 공공발주기관의 표준(Standard)이었다는 사실은 분명하다. 정부조달정책과 제도의 변화에 관한 논의는 주로 조달청(1999). 「조달청 50년사」.에서 인용하였다.

표 2-8 조달청의 수요기관별 시설공사 계약실적 추이

(단위: 백만원)

구분	국가기관	지자체	정부투자기관	기타기관	합계
1974	47,011	67	2,125	65	49,877
1980	270,482	20,169	145,269	15,874	451,794
1983	468,601	309,620	401,617	43,712	1,223,550
1984	369,801	751,270	342,055	115,974	1,579,100
1985	577,646	694,97	98,785	27,794	1,399,222
1986	636,079	386,010	124,309	61,728	1,208,126
1987	644,358	543,773	116,668	61,462	1,366,261
1990	1,400,323	1,072,500	28,343	199,730	2,700,896
1995	2,524,000	1,390,700	3,900	507,300	4,425,900
1998	4,959,394	2,720,578	95,117	1,190,741	8,965,830
2001	7,711,275	2,602,595	45,016	1,447,171	11,806,057
2002	7,225,620	2,962,600	43,900	1,284,700	11,547,400
2003	7,460,100	3,280,500	135,500	1,478,000	12,354,100
2004	5,136,500	4,718,500	110,808	2,069,592	12,035,400
2005	5,545,200	4,871,100	90,800	1,571,600	12,078,700

자료: 조달청(1999). 「조달청 50년사」 및 조달청(2006). 「2005 조달연보」.

탁실적은 급감했다.

실제로 1987년의 정부투자기관 위탁 공사계약실적은 1,167억원(51건)이었지만 1995년에는 39억원(5건)으로 줄어들었다. 2005년에는 908억원(6건)으로 조달청 전체 시설공사 계약실적의 0.8%에 불과했다. 정부투자기관에서는 사실상 거의 모든 공사계약을 자체적으로 집행하고 있다는 것을 알 수 있다. 그것이 가능했던 이유는 정부투자기관 스스로가 독자적으로 시설공사 조달사업을 추진할 수 있는 법적 · 제도적 기반은 물론, 필요한 인력과 전문성 등 시스템을 갖추고 있기 때문이다.

1995년에는 전면적인 지방자치제가 시행되었고, 정부조달시장의 개방이 눈앞에 다가오면서 중앙조달제도의 존폐 문제까지도 논의되기 시작했다(이상호, 1996). 이후 지방자치제 실시에 따른 중앙행정기능의 분권화와 건설시장 개방 추세 등을 반영하여 의무적인 중앙조달범위는 계속 축소되어 왔다.

2004년 12월에는 지방재정의 자율성 확대 및 지방조달 자율화 추진 시책에 부응한다는 명목으로 지자체의 단계적인 조달청 위탁계약 범위 축소방안을 담은 조달사업법

표 2-9 조달청 위임발주공사의 범위 축소 추이

기관 구분		'94.6.30이전	'94.6.30이후	'95.1.1이후	'98.7.9이후
국가기관		2억원 이상	20억원 이상	20억원 이상	30억원 이상
지방자치단체	- 서울시	15억원 이상	50억원 이상	입찰참가자격 사전심사(PQ)공사, 대안, 일괄입찰공사	입찰참가자격 사전심사(PQ) 공사, 대안, 일괄입찰공사
	- 광역시	〃	입찰참가자격 사전심사(PQ)공사, 대안, 일괄입찰공사	〃	〃
	- 도 · 시, 군	〃	〃	〃	〃

자료: 조달청.

시행령 개정이 이루어졌다. 이 개정안에 따르면, 2010년에는 지자체가 설계 · 시공 일괄 및 대안입찰공사까지도 자체 발주하는 것으로 되어 있다. 정부투자기관에 이어 지자체도 2010년에는 전면 자체발주가 가능하도록 결정된 것이다.

지자체의 조달청 위탁계약 범위를 단계적으로 축소하면서도 대형공사 발주 및 입찰계약 경험이 일천한 현실을 감안하여, 재정적 안전장치 확보와 재정 효율화 차원에서 100억원 이상 공사 계약시 조달청이 공사원가를 사전에 검토하도록 했다. 이에 따라 조달청은 향후 지자체 공사발주 및 계약기능을 전면 지자체에 이관하고, 공사원가의 적정성에 대한 검토 기능을 수행하게 될 것이다.

2010년에 지자체의 전면 자체발주가 가능하다면, 정부투자기관 사례에서처럼 지자체의 조달청 위탁계약도 줄어 들 것인가? 현재까지의 추세를 보면 정반대 상황이다. 조달청의 수요기관별 시설공사 계약실적에서도 보았듯이, 1995년 이후 제도적으로 지자

표 2-10 지자체의 단계적인 조달청 위탁계약 범위 축소계획

현 행	조달사업법 시행령 개정안(2004.12.10)
■ 지자체의 조달청 위탁계약 대상 - PQ대상 공사(100억원 이상) - 일괄, 대안입찰	■ 위탁대상계약의 단계적 축소 · 폐지 - 2005.1: 200억 미만 PQ대상공사 제외 - 2007.1: 500억 미만 PQ대상공사 제외 - 2008.1: PQ대상공사 전부 제외 - 2010.1: 일괄, 대안입찰 공사 제외

자료: 재정경제부.

체의 자체 발주범위가 확대되어 왔음에도 불구하고, 지자체의 조달청 시설공사 위탁계약실적은 갈수록 증가하고 있다. 그 이유는 복합적이다. 시설공사 계약에 수반되는 부패문제나 감사문제를 우려하여 조달청 위탁계약을 선호하는 경우도 있고, 전문성을 갖춘 조달인력이 없기 때문에 조달청 위탁계약을 할 수 밖에 없는 경우도 있다. 정부투자기관과 달리, 지자체의 경우는 자체적인 시설공사 계약업무를 수행할 수 있는 시스템을 갖추지 못한 경우가 대부분이다.

우리나라 건설산업의 선진화를 위해서는 중앙집중조달제도 대신 수요기관에서 직접 조달하는 분산조달제도의 도입이 필요하다는 주장은 오래 전부터 제기되어 왔다. 실제로 법 · 제도 역시 분산조달제도를 지향해 왔다. 그럼에도 불구하고 조달청의 조달실적은 계속 증가했다. 그 이유는 한편에서는 조달청의 혁신 노력에 기인한 바도 있겠지만, 다른 한편에서는 지자체의 경우와 같이 자체적인 조달업무 수행능력과 의지 부족 및 시스템 미비가 더 큰 원인이다.

단순히 조달사업법과 같은 중앙정부의 법 · 제도만 분산발주제도로 바꾼다고 해서 실제로 분산조달이 이루어지지 않는다. 법 · 제도 개선만이 아니라 지자체의 조달시스템 혁신이 필요한 이유도 여기에 있다. 분산조달제도가 현실적으로 운용되기 위해서는 개별 수요기관의 인력과 전문성을 비롯한 조달시스템 보완이 수반되어야 한다. 그러지 않는다면, 분산조달제도 확립이란 구호는 공염불(空念佛)에 그칠 것이다.

공사발주 및 입찰계약제도 정비

정부공사의 발주 및 입찰계약제도를 규정한 법률은 재정법(1951), 예산회계법(1961) 및 국가계약법(1995)의 순으로 바뀌어 왔다. 정부투자기관은 1983년에 제정된 「정부투자기관관리기본법」이 적용되었고, 지자체는 오랫동안 「지방재정법」을 따르다가 2005년에 새로 「지방자치단체를 당사자로 하는 계약에 관한 법률(지방계약법)」을 제정하였다. 법체계나 제도상으로는 정부투자기관과 지방자치단체가 각각 국가계약법과 구분되는 독자적인 법률을 갖고 있는 것처럼 보인다. 하지만 대부분의 경우 여전히 국가계약법을 준용하고 있기 때문에 수요기관별 공사발주 및 입찰계약제도의 차이는 별로 없다.

정부공사 발주 및 입찰계약제도 가운데 가장 첨예한 이해관계 대립이 있었고, 잦은 변화가 이루어진 영역은 낙찰제도였다. "수주산업(受注産業)"이라는 건설산업의 특성상 공사수주를 좌우하는 낙찰제도야 말로 모든 건설업체의 관심사가 아닐 수 없다.

정부공사 낙찰제도는 1995년 7월에 적격심사제도를 도입하기 이전까지 최저가 낙찰제를 근간으로 삼아 왔다. 평균가 낙찰제나 제한적 최저가 낙찰제는 보완적으로 활용되었다. 최저가 낙찰제를 시행하다가 공사비의 직접비 수준에도 미치지 못하는 저가투찰(덤핑)이 일반화되고 부실공사에 대한 우려가 높아지면 평균가 낙찰제나 제한적 최저가 낙찰방식이 도입되곤 했다. 평균가 낙찰제나 제한적 최저가 낙찰제는 덤핑방지의 효

표 2-11 정부공사 낙찰제도의 변천사

구분	기 간	낙찰제도
재정법	′51.9 ~ ′60.7	●최저가 낙찰제
	′60.7 ~ ′61.3	●부찰제(3가지 중 택일제) – 제한적 최저가 낙찰제(예가의 80% 이상) – 제한적 평균가 낙찰제(예가의 60% 이상) – 평균가 낙찰제(예가 이하 평균)
	′61.3 ~ ′61.12	●최저가 낙찰제
예산 회계법	′62.1 ~ ′71.12	●최저가 낙찰제
	′72.1 ~ ′77.3	●제한적 평균가 낙찰제(예가의 80% 이상)
	′77.4 ~ ′81.2	●최저가 낙찰제
	′81.3 ~ ′83.6	●제한적 평균가 낙찰제(예가의 85% 이상)
	′83.7 ~ ′84.3	●저가심의제(단, 예가 30억원 미만은 제한적 평균가)
	′84.4 ~ ′85.3	● 〃 (단, 예가 20억원 〃)
	′85.4 ~ ′90.3	● 〃 (단, 예가 10억원 〃)
	′90.4 ~ ′93.2	● 〃 (완전 저가심의제)
	′93.2 ~ ′93.9	●최저가 낙찰제(단, 예가 20억원 미만은 제한적 최저가 낙찰제 적용 : 85% 기준)
	′93.9 ~ ′95.7	● 〃 (단, 예가 100억원 미만은 제한적 최저가 낙찰제 적용 : 85% 기준)
국가 계약법	′95.7.6 ~ ′96.12	●적격심사제(단, 추정가격 100억원 미만은 제한적 최저가 낙찰제 적용 : 88% 기준)
	′97.1 ~ ′99.2	● 〃 (단, 추정가격 58.3억원 미만은 제한적 최저가 낙찰제 적용 : 90% 기준)
	′99.2 ~ ′99.9	● 〃 (단, 추정가격 30억원 미만은 제한적 최저가 낙찰제 적용 : 90% 기준)
	′99.9 ~ ′00.12	●모든 공사에 적격심사제 전면실시
	′01.1 ~ ′03.12	●최저가 낙찰제(1,000억원 이상 PQ공사), 적격심사제(그외 모든 공사)
	′03.12 ~ ′06.5	●최저가 낙찰제(500억 이상 PQ공사), 적격심사제(그외 모든 공사)
	′06.5 ~ 현재	●최저가 낙찰제(300억원 이상 공사), 적격심사제(그외 모든 공사)

과는 있었지만, 건설업체의 기술개발 노력이나 원가절감 노력을 촉진하지 못했다. 게다가 예산절감에도 기여할 수 없는 상태에서 "요행에 따른 낙찰"이 이루어진다는 문제점을 안고 있었다. 이 같은 문제점이 크게 부각되면 또다시 경쟁원리를 내세워 최저가 낙찰제로 회귀하는 악순환이 지난 50여년간 반복되어 왔다. 이처럼 우리나라 정부공사 낙찰제도의 역사는 최저가 낙찰제와 "요행에 의한 낙찰제"(평균가 낙찰제, 제한적 최저가 낙찰제, 적격심사제도) 사이를 방황해 온 역사로 볼 수 있다(이상호, 2000).

낙찰제도 외에도 중요한 제도는 많다. 입찰자의 가격평가 및 정부예산 절감 여부와 직결된 표준품셈에 근거한 예정가격제도는 1960년대부터 지금까지 운용되고 있다. 표준품셈이란 정부공사의 원가계산시 비목별 가격결정의 기초자료로 삼기 위해 단위공정별로 대표적이고 표준적이며 보편적인 공종, 공법을 기준으로 하여 소요되는 재료량, 노무량 및 기계경비 등을 수치로 제시한 것을 말한다. 1962년에 제정된 이래 지금까지 정부공사 원가계산의 근간을 차지하고 있다. 하지만 표준품셈은 기계화시공 등의 영역에서 현실을 제대로 반영해주지 못한 탓에 예정가격을 과다하게 계상하고 있다는 비판이 많았고, 신기술 · 신공법의 반영도 어렵다는 등의 비판을 받게 되었다(조달청, 2001.7). 경실련과 같은 시민단체에서는 표준품셈에 근거한 예정가격이 부풀려져 있어 예산낭비를 초래하고 있으니, 표준품셈을 폐기하는 대신 실적공사비 적산제도를 도입하자는 주장을 해 왔다. 마침내 정부도 시민단체 등의 주장을 수용하여 2004년부터 표준품셈 관리기관을 사업자단체에서 국책연구기관으로 이관하였고, 단계적으로 실적공사비 적산제도를 도입하여 확대적용해 오고 있다. 2006년에는 전체 공종의 약 50% 이상에 실적공사비가 적용되었다. 하지만 새로 도입된 실적공사비 적산제도 역시 제대로 된 실적공사비는 아니며(최석인 외, 2006)[33], 건설업체들은 예정가격을 삭감하여 정부공사의 수익성을 떨어뜨리는 제도로 인식하고 있다[34].

건설업 면허업체간의 공사물량 배분과 관련된 제도 역시 대기업과 지역중소기업간에 첨예한 이해관계 대립을 유발시켰고, 많은 변화를 겪었다. 1974년에 최초로 도입한 제도는 「한도비례 공평지명제도」였다. 이 제도는 전국의 건설업체를 4개 그룹(=군)으

33) 우리나라의 실적공사비는 이름 그대로 "실제로 투입된 공사비"를 의미하는 것이 아니라, 적격심사공사의 입찰내역서를 근간으로 하는 계약단가를 가공한 금액이라는 점에서 근본적인 결함을 안고 있다.

34) 건설교통부는 실적공사비 적용을 전체 공종의 50% 수준으로 확대할 경우, 신규공종을 포함한 정부예정가격이 기존의 품셈방식에 비해 약 87% 수준으로 낮아질 것으로 전망하고 있다(최석인 외, 2006).

로 나누고, 그룹별 공사배정 물량은 전국 건설업체의 도급한도액 총액 중 해당그룹의 한도액이 차지하는 비율에 따라 정하며, 동일 그룹 내에서 지명방법은 공사발주 순서에 따라 상위업체로부터 15개씩 순차적으로 지명하는 순차회전일련지명제(順次回轉一連指名制)에 의하도록 하였다. 「한도비례 공평지명제도」는 이름과 달리, 대기업인 1군 건설업체 38개사가 총수주액의 67%를 차지하는 등 대기업 편중지명으로 불공평하게 운영된다는 비판을 받았고, 이후 군제한(群制限)경쟁제도로 명칭이 바뀌었다. 이 제도는 "등급별 유자격자 명부에 의한 경쟁입찰제도"라는 명칭으로 지금까지도 그 명맥을 유지하고 있다. 1975년부터 건설업 신규면허 발급이 동결되었다는 사실과 1974년에 「한도비례 공평지명제도」의 도입이 이루어졌다는 사실을 결부시켜 생각해보면, 건설업 면허개방이 이루어지던 1988년까지 오랫동안 건설시장에 진입한 업체들에게 정부가 업체 규모별로 일종의 "정부공사 배급제(配給制)"를 시행했다고 볼 수 있다.

제1차 및 제2차 경제개발 5개년 계획이 성공적으로 추진되면서 정부시설공사 계약실적은 천문학적으로 늘어났고, 공사규모도 대형화되었다. 이에 따라 1970년대와 1980년대에 걸쳐 새로운 공사발주 및 입찰계약제도가 지속적으로 도입되었다. 제한경쟁입찰제도(1977), 설계 · 시공 일괄입찰제도(1977), 장기계속공사계약제도(1977), 지역제한경쟁제도(1980), 최저가 낙찰제 공사의 저가심의제도(1983), 수의계약평점사유제도(1985), 시설공사 일괄대행제도(1986) 등을 예로 들 수 있다. 1987년에는 장기계속계약제도의 의무화가 이루어지기도 했다.

공동도급계약제도는 1983년에 도입되었지만, 1986년까지만 해도 의무화된 제도가 아니라 예외적으로 중앙관서의 장이 필요하다고 인정할 때만 허용되었기 때문에 실제 활용사례는 미미했다. 그러다가 1986년에 조달청이 정부시설공사 공동도급계약제도 활성화 추진대책을 발표했다. 특히 30억원 이상의 대형 신규공사는 특별한 사유가 없는 한 공사현장소재지의 중소건설업체와 공동도급방식으로 계약을 요청하도록 조치함으로써(=지역의무공동도급계약제도 도입) 정부시설공사에서 공동도급계약제도가 획기적으로 활성화되었다. 하지만 공동도급제도는 계약내용대로 이행되지 못하는 등 많은 문제가 있다는 이유로 한때 재무부에서 폐지를 요구하기도 했다. 이런 우여곡절을 겪는 와중에 지역의무공동도급제도는 정부조달시장 개방 이전인 1996년말까지만 한시적으로 운영하기로 했다가 정부조달시장 개방 이후 지금까지도 존속되고 있다. 규제개혁위

표 2-12 **조달청 발주공사의 공동계약 현황**

(단위: 건, 억원)

구 분	2003년		2004년		2005년		2006년 10월	
	건수	금액	건수	금액	건수	금액	건수	금액
총 계약	4,514	105,949	4,555	96,761	4,876	114,891	4,466	101,489
공동계약	2,188 (49%)	90,864 (86%)	2,160 (47%)	81,737 (85%)	2,106 (43%)	97,773 (85%)	1,610 (36%)	84,659 (83%)

자료: 조달청.

원회의 결정 등에 따라 2006년말까지만 해도 50억원 미만 공사에 적용되다가, 2006년말에는 다시 지역중소건설업체 보호차원에서 84억원(2007년부터는 74억원)[35] 미만 공사로 적용대상이 확대되었다.

정부조달시장 개방으로 지역의무공동도급 대상이 축소되자, 이를 보완하기 위한 방안으로 조달청은 1997년에 PQ심사에서 지역중소건설업체와 공동도급시 가점을 주는 제도를 도입하여 사실상 정부시설공사에서 공동도급계약을 의무화했다. 지역의무공동도급 및 PQ심사시 가산점 부과 등을 통한 공동계약 장려정책에 따라 조달청 전체 계약금액 중 공동계약이 차지하는 비중은 약 85% 내외를 차지하고 있다.

이같은 (지역) 공동도급계약제도의 역사를 보노라면, 제도라는 게 한번 만들기가 어려워서 그렇지, 만들어 놓기만 얼마나 끈질긴 생명력을 갖고 있는지에 대해 경탄하지 않을 수 없다.

정부조달제도의 국제화와 부실공사 방지제도

1988년은 건설정책이나 정부조달정책 측면에서 대단히 큰 의미가 있는 한 해였다. 1975년부터 건설업자 난립을 방지하기 위해 건설업 신규 면허발급을 동결했다가, 1988년에 비로소 건설업 면허개방이 이루어졌기 때문이다. 우루과이라운드(UR) 협상의 타결이 임박했고, 이에 따라 건설시장이 개방될 경우 국내 건설업 면허개방이 불가피했기 때문이다. 또한 1988년은 정부공사 계약실적보다 민간공사 계약실적이 더 많았던 해였다.

사실 1988년부터 국내 건설시장의 개방과 함께, "정부주도 시장"에서 "민간주도 시

35) 정부조달시장 개방대상이 아닌 500만 SDR 미만 공사에 적용한다는 것을 의미한다.

장"으로 전환되는데 따른 건설정책 및 정부조달정책과 제도의 개편이 이루어졌어야 했다. 일반건설업과 전문건설업간 겸업제한에 기초한 건설생산체계도 건설업 면허개방이 이루어진 1988년부터 개선작업을 추진했어야 했다. 하지만 1980년대 후반 이후 건설정책과 정부조달정책의 초점은 두 가지로 집약되었다. 하나는 1980년대 중반부터 잦은 부실공사로 인한 대형 참사를 겪게 되면서 부실공사 방지대책을 수립하는 것이었다. 다른 하나는 건설시장과 정부조달시장 개방에 대비하여 건설 및 정부조달제도를 국제화하는 것이었다.

부실공사 문제는 오래 전부터 있었지만, 특히 1980년대 후반부터 유달리 부실공사로 인한 대형 참사가 자주 발생했다. 1990년대만 해도 팔당대교 붕괴(1991), 신행주대교 교각 붕괴(1992), 청주 우암아파트 상가 붕괴(1993), 구포열차 사고(1993), 성수대교 붕괴(1994), 대구 지하철 공사장 폭발(1995), 삼풍백화점 붕괴(1995) 등과 같은 사고가 연달아 발생했다. 이런 상황에서 부실방지 대책이 양산되는 것은 당연하다고 볼 수 있다. 범정부 차원의 「부실공사 방지대책(1987)」이 수립되었다. 「건설기술관리법(1987)」의 제정도 이루어졌고, 입찰참가자격사전심사제도(PQ) 도입도 이루어졌다(1993). 「시설물의 안전관리에 관한 특별법(1995)」도 제정되었다.

1990년대에 들어서는 부실방지 대책과 더불어 건설 및 정부조달시장개방에 대비하기 위한 조달 관련 법 · 제도와 건설제도의 대대적인 개편이 이루어졌다. 예컨대,「국가를 당사자로 하는 계약에 관한 법률(국가계약법)」(1995)과 「건설산업기본법」(1996)이 제정되었다. 국가계약법은 제정 배경부터가 건설시장 개방을 전제로 한 것이었기 때문에 국제입찰의 범위, 내국민 대우 및 무차별 원칙[36], 낙찰자 선정기준 등을 정부조달협정과 국제규범에 부합되는 방향으로 규정하고 있다. 형식적으로만 본다면, 국제입찰 대상공사에 대해서는 1995년의 국가계약법 제정을 계기로 국제기준이 적용된 셈이다.

국가계약법 제정과 더불어 가장 크게 바뀐 제도 중 하나는 입낙찰제도였다. 부실공사로 인한 대형 참사를 겪으면서 부실공사 방지 및 안전확보에 대한 요구가 크게 증가하였기 때문에 건설공사 입낙찰단계에서부터 부실요인을 없애고 품질을 확보하기 위하

36) 내국민 대우(National Treatment)는 외국 물품 및 공급자에 대해 국내 물품 및 공급자와 동일한 대우를 해야 하고, 무차별 원칙(Non-Discrimination)은 외국 물품이나 공급자에 대해 여타 회원국의 물품이나 공급자와 차별을 두지 않으면서 특정 공급자에 대해 특별한 우대조치를 하지 말아야 한다는 것을 의미한다.

여 여러 가지 제도를 도입하였던 것이다. 예컨대, 100억원 이상의 대형공사에 대해서는 가격 위주에서 기술능력 위주로 낙찰자를 선정하기 위한 취지의 적격심사낙찰제도 도입[37], 입찰참가자격 사전심사(PQ)대상 공사의 범위 확대, 제한적 최저가 낙찰금액기준의 상향조정, 시중노임 전액 반영, 연대보증인 자격요건 강화 등이 이루어졌다.

1958년에 제정된 이후 1995년까지 15차례에 걸쳐 개정된 「건설업법」은 시장개방을 앞두고 건설산업의 경쟁력 강화와 부실방지를 위하여 1996년에 「건설산업기본법」으로 재편되었다. 「건설산업기본법」에서는 일반건설업, 전문건설업 및 특수건설업으로 구분되어 있던 면허체계를 일반건설업과 전문건설업으로 단순화하고, 매년 1회에 한하여 발급하던 건설업 면허를 수시발급으로 전환하였다. 철강재공사업 등 일부 전문건설업종은 일반건설업과의 겸업을 허용하고, 전문건설업종간의 겸업도 5개 업종까지 허용하였다. 기존의 도급한도액제도를 폐지하는 대신 시공능력공시 및 평가제도를 도입하였고, 대규모 복합공사의 효율적인 수행을 위하여 발주자의 건설사업관리 업무 전부 또는 일부를 건설사업관리자(CM)에게 위탁할 수 있도록 하는 제도적 근거도 만들었다. 건설협회 가입 의무제도를 폐지하였고, 공제조합 출자의무도 단계적으로 축소하면서 일반건설업자에 대해서는 2000년 7월부터, 전문건설업자에 대해서는 2001년 7월부터 폐지하도록 하였다.

설계 · 시공 일괄 및 대안입찰제도 활성화

1990년대에 발표된 대책 가운데 특히 정부조달시장에 큰 영향을 준 것은 「턴키 활성화대책(1996.11)」이다. 우리나라에 처음으로 '턴키'(=설계 · 시공 일괄입찰)제도가 도입된 시기는 「대형공사계약에 관한 예산회계법 시행령 특례규정」이 제정된 1975년이었다. 1970년대에 국내 건설업체들이 중동 산유국에 대거 진출하면서 턴키방식을 접하게 된 시대적 상황을 배경으로, 국내에서도 대형공사나 기술집약적 공사에 턴키방식을 적용하여 국제경쟁력을 향상시키고자 했던 것이 제도 도입의 취지였다. 하지만 1977년부터 1994년까지 17년간 실제로 집행된 설계 · 시공 일괄공사는 109건에 불과

37) 1995년까지만 해도 제한적 최저가 낙찰제가 100억원 미만 공사에 적용되었는데, 일정한 제한기준 금액에 입찰하느냐의 여부에 따라 낙찰이 좌우되는 "사행성(射倖性)"으로 인하여 대상공사 규모가 점차 축소되다가 1999년 9월부터 전면 폐지되면서 모든 공공공사에 적격심사낙찰제가 적용되었다.

하였고, 100억원 이상 정부 대형공사 발주건수 대비 비중은 연간 10% 내외에 불과한 실정이었다(건설교통부, 1996.11). 이처럼 설계 · 시공 일괄입찰제도의 활용실적이 저조한 상태에서 정부는 "경쟁력 10% 이상 높이기"의 일환으로 「턴키공사 활성화 대책」을 발표하였던 것이다. 설계/시공 분리발주방식과 비교해 볼 때 일괄방식은 기술인력이 부족한 발주자를 대신하여 효율적인 건설사업의 수행이 가능하고, 공사기간이 단축되며, 설계와 시공의 통합을 통한 기술력 제고 효과를 기대할 수 있기 때문에 몇 가지 제도보완책과 함께 1997년에는 100억원 이상 공사 건수의 25%, 1998년에는 40% 수준까지 확대하기로 한 것이 「턴키 활성화 대책」의 핵심적인 내용이었다. 이에 따라 1997년에는 중앙정부와 지자체 및 정부투자기관에서 발주하는 100억원 이상 대형공사 총 493건 중에서 대형공사 입찰방법 심의를 통해 127건(25.8%)을 일괄 및 대안입찰공사로 분류하였다(이상호, 1998).

시행초기의 의욕적인 활성화 방침과 달리, 1998년 이후로는 제도의 미비와 설계심의상의 문제 등을 이유로 일괄 및 대안입찰제도가 그다지 활성화되지 못했다. 하지만 2001년 이후부터는 상황이 달라졌다. 갑작스럽게 대안입찰공사의 비중이 증가하기 시

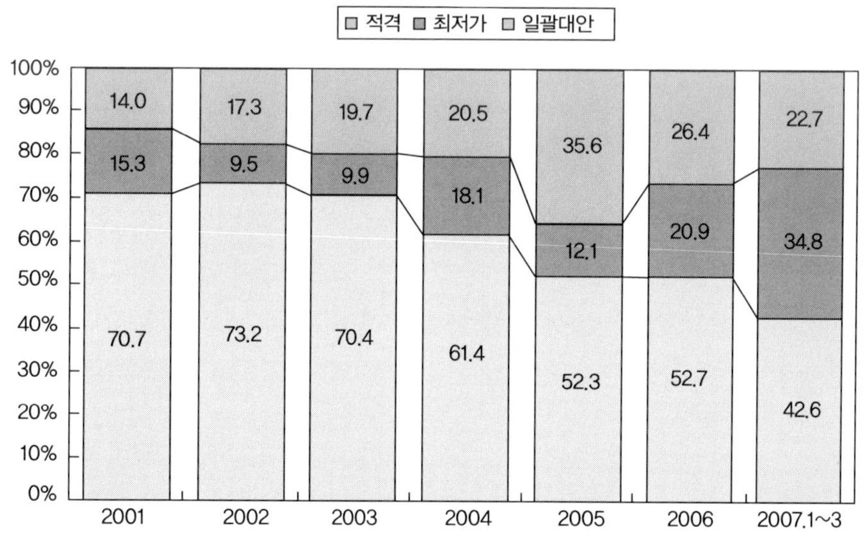

그림 2-8 정부공사 발주 및 입낙찰제도 유형별 수주비중 추이

자료: 한국건설산업연구원.

작했다. 그 이유는 2001년부터 최저가 낙찰제가 도입되어 확대됨에 따라 수요기관에서 최저가 낙찰제를 회피하는 대신 대안입찰공사의 발주를 늘린 것과 연관된다. 특히 2005년에는 일괄 · 대안입찰공사의 발주가 급증하여 전체 정부공사 수주실적의 35.6%(약 11조원)를 차지했다.

설계, 엔지니어링, 감리, 건설사업관리(CM) 등 건설용역 조달제도

정부조달제도를 논의할 때에는 건설공사에만 초점을 둘 것이 아니라 설계와 엔지니어링, 감리 및 건설사업관리(Construction Management: CM)와 같은 건설용역[38] 조달제도에 대해서도 관심을 기울여야 한다. 하지만 우리나라에서는 아직도 건설용역 조달제도에 대해서는 상대적으로 무관심한 편이다. 가장 큰 이유 중 하나는 규모가 작기 때문일 것이다. 설계비와 공사비를 합한 금액을 100이라고 할 때, 설계비는 대체로 공사비의 2~3% 수준에 불과하다.

우리나라에서 건축설계 및 감리업은 1963년에 제정된 건설교통부 소관의 「건축사법」이 규제하고 있고, 엔지니어링업에 대해서는 1973년에 제정된 과학기술부 소관의 「기술용역육성법」을 1992년에 「엔지니어링기술진흥법」으로 이름을 바꾸어 규제하고 있다. 시공업체들이 엔지니어링업[39]은 겸업할 수 있지만, 「건축사법」의 규제로 인하여 건축설계업만큼은 사실상 겸업하기 어렵게 되어 있다[40].

1963년에 처음으로 민간공사 감리제도가 도입된 후, 정부공사에 대한 시공감리제도는 1990년에 도입되었고, 1994년 1월에는 책임감리제도가 도입되었다. 그외 「건설기술관리법」에서는 설계감리와 검측감리제도가 명시되어 있다. 민간 건축물 중 건축허가 대상인 일반건축물에 대한 감리와 20세대 이상 공동주택에 대한 감리는 각각 건축법 및 주택건설촉진법에 의해 수행하고 있다. 부대설비(전기 · 소방 · 통신 등) 감리는 전력

38) "건설용역"이란 건설공사에 관한 조사, 설계, 감리, 사업관리, 유지관리 등 건설공사와 관련된 용역을 의미한다(「건설산업기본법」 제2조).

39) 「엔지니어링기술진흥법」 제2조에서는 "엔지니어링활동"을 "과학기술의 지식을 응용하여 사업 및 시설물에 관한 연구, 기획, 타당성조사, 설계, 분석, 구매, 조달, 시험, 감리, 시운전, 평가, 자문, 지도 기타 대통령령이 정하는 활동과 그 활동에 대한 사업관리"를 말한다고 광범위하게 정의하고 있다.

40) 「건축사법」에서는 건축사를 대표이사로 하는 "건축사 사무소"만의 건축사만이 건축설계를 할 수 있도록 규제하고 있다. 이 같은 규제조항에 따라 시공업체가 건축설계를 하고자 한다면, 대표이사를 건축사로 바꾸고, 회사명칭에도 "건축사 사무소"를 붙여야 한다(규제개혁기획단, 2005.11). 규제개혁기획단에서도 이 같은 규제의 불합리성을 지정하면서 개정을 요구했지만, 아직까지도 관련 이익집단의 반발로 개정 여부 자체가 오리무중이다.

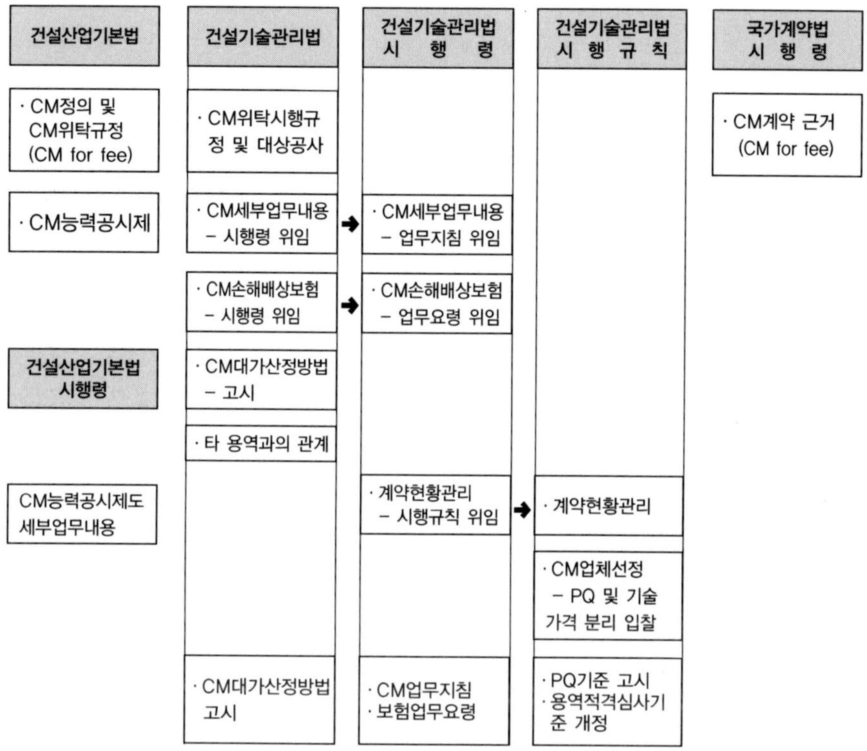

그림 2-9 **건설사업관리(CM) 관련 법령 및 주요 내용**

자료: 건설교통부(2006.3). 「건설경제 업무편람」.

기술관리법, 소방법 및 정보통신공사업법 등에 의해 개별적으로 수행되고 있다.

건설용역 가운데 최근 10년간 가장 많은 관심을 끌었던 것은 건설사업관리(Construction Management: CM)였다. 건설사업관리(CM)는 1996년의 「건설산업기본법」 제정 및 1997년의 「건설기술관리법」 개정을 계기로 제도화가 이루어졌다. 건설사업관리는 발주자에게 전문적인 서비스를 제공하는 「용역형 CM(CM for Fee)」과 시공 이전 단계에서는 용역에 해당하는 서비스를 제공하지만 시공단계에서는 시공자의 역할을 겸하는 「책임형CM(CM at Risk)」의 형태로 크게 구분된다. 우리나라에서는 아직까지 「용역형 CM」만 도입되어 있을 뿐이다[41]. 그밖에 「건설기술관리법」, 「엔지니어링기술진흥법」, 국가계약법 등에도 건설사업관리와 관련된 규정이 산재해 있다.

IMF 외환위기 이후의 정부조달정책과 제도

1997년말에 맞이한 IMF 외환위기 상황은 건설산업과 정부조달시장에도 큰 충격을 주었다. 1998년에는 일시적으로 정부조달실적이 민간건설실적을 능가하는 양상을 보여 주기도 했다. 외환위기 이후 정부조달제도나 건설정책의 변화 가운데 특히 중요한 것은 과감한 건설규제개혁(1998)과 「공공사업 효율화 종합대책(1999)」의 추진 및 최저가 낙찰제 도입을 핵심으로 하는 「건설산업 구조개편 방안(2000)」 등 세 가지를 꼽을 수 있다.

건설규제개혁과 관련해서는 1998년이 획기적인 한해였다. 김대중 정부가 출범한 1998년 한 해 동안 정부규제의 50%(건수 기준)가 폐지되었다. 공공부문의 경우도 상당한 정도의 규제완화가 이루어졌지만, 특히 1998년 이후부터는 민간 주택 및 부동산시장에 대한 규제완화가 눈에 띠게 큰 성과를 거두었다. 이에 따라 한편에서는 건설경기 활성화를 통해 IMF 구제금융체제를 탈피하는데 기여를 한 반면, 다른 한편에서는 주택·부동산 경기 과열로 인한 집값 상승 등의 부작용을 초래하였다. 최근 민간 주택 및 부동산시장에 대한 규제는 다시 강화되는 추세를 보이고 있다. 뿐만 아니라 건설업 등록기준도 다시 강화되고 있다.

외환위기 직후 정부는 재정운용의 효율화를 위하여 연간 약 40조원에 달하는 공공건설사업비의 20% 절감(약 8조원)을 목표로 한 「공공사업 효율화 종합대책(1999)」을 수립하여 추진했다. 이 대책은 기획-설계-시공-보상-유지관리 등 공공건설사업의 생애주기(life cycle) 전체에 걸친 효율화 방안을 제시하였고, 실제로 대책방안의 대부분이 제도화 되었다. 한편, 공공사업 효율화 대책을 수립하기 직전인 1998년 8월에는 "건설업체들간의 입찰담합을 막아서 건설공사 예산을 20% 이상 절감하라"는 대통령의 지시에 따라 강력한 담합방지 대책이 수립되어 시행되었다. 그 결과, 건설업계에서 "자율조정"이란 이름으로 오랜 관행이 되어 왔던 입찰담합 구조도 일시에 무너지게 되었다.

외환위기 여파로 인한 건설경기 침체에도 불구하고, 건설업 등록기준 완화, "요행에 의한 복권당첨식 낙찰제도"로 전락한 적격심사제도의 구조적 문제 등으로 인하여 무자

---

41) 「건설산업기본법」 제2조에서는 "건설사업관리라 함은 건설공사에 관한 기획, 타당성조사, 분석, 설계, 조달, 계약, 시공관리, 감리, 평가, 사후관리 등에 관한 관리업무의 전부 또는 일부를 수행하는 것을 말한다"고 규정하고 있는데, 정의상 "시공"이 포함되어 있지 않기 때문에("시공관리"만 포함) 「책임형 CM」이 도입되지 않은 것으로 간주하고 있다.

격 부실건설업체가 대거 양산되었다. 게다가 워크아웃 · 법정관리 · 화의업체 숫자는 급격하게 증가했다. 이런 상황을 배경으로 정부는 「건설산업 구조개편 방안(2000)」을 수립하여 추진했다. 여기서 최저가 낙찰제의 단계적 도입이 결정되었고, 적격심사공사의 낙찰하한율 상향조정 등 입찰제도 개선과 건설업역 및 생산체계의 전반적인 개편방안이 제시되었다. 이중 최저가 낙찰제 도입과 적격심사공사의 낙찰하한율 상향조정은 시행되었지만, 건설업역 및 생산체계 개편은 아직까지 이루어지지 못했다.

2007년 4월에는 한미FTA 협정이 타결되었지만, 당장 정부조달시장에 큰 영향을 미치기는 어려울 것으로 보인다. 민간투자시장이 개방대상에 포함되었다고 하지만, 이미 우리나라 민간투자법에서는 외국법인의 민간투자시장 참여를 전면 개방해 놓고 있다[42]. 중앙정부만 개방대상이기 때문에 지자체나 정부투자기관은 논의대상이 되지도 않았다. 입찰자의 실적평가시 자국 내 실적만 요구할 수 없도록 하였지만, 미국과 우리나라 공공공사의 실적평가 방식이나 내용이 너무나 큰 차이가 있기 때문에[43] 이 조치만으로 양국 건설업체의 상대국 정부조달시장 진출이 활성화될 가능성은 없다. 비록 단기적인 영향은 크지 않겠지만, 한미FTA, 한-유럽FTA 등의 체결이 이루어질 경우, 중장기적으로 우리나라 정부조달정책이나 제도는 글로벌 스탠다드를 수용하지 않을 수 없을 것이다.

민자유치제도의 도입과 활성화

전통적으로 사회간접자본시설의 구축은 정부재정으로 추진하는 것을 당연시 해왔다. 하지만 정부재정의 한계와 공공부문의 비효율성을 극복하기 위한 대안으로 유럽 등 선진외국에서는 오래 전부터 민간투자제도가 도입되어 활성화되었다. 우리도 1990년대 들어 폭증하는 공공투자 수요를 충족시키기에는 정부재정이 충분하지 못했다. 이에 따라 노태우 정부는 청와대에 사회간접자본투자기획단을 구성하여 민간자본 활용방안을 강구하였다. 1991년에는 「민자유치특례법(안)」을 만들기도 했으나, 특혜 의혹 등으로 여론의 지지를 받지 못한 채 백지화되었다. 이후 김영삼 정부에서 다시 민간투자방

42) 현행 민간투자법 제2조에서는 "민간부문이라 함은 공공부문 이외의 법인(외국법인과 제12호의 규정에 의한 민관합동법인을 포함한다"고 규정하고 있다.

43) 미국과 우리나라의 실적평가 방식과 내용의 차이를 사례로 설명한 자료는 이상호(2000) 참조.

안을 강구하여 마침내 1994년에 「민자유치촉진법」을 제정하게 되었다. 하지만 이 법률에서는 민자사업의 특성이 제대로 반영되지 못했고, 투자자 유치에 필요한 정부지원체계의 미비, 특혜시비를 우려한 주무관청의 소극적인 태도, 사업추진 경험의 부족, 부적절한 대상사업 선정, 정부정책에 대한 민간투자자의 불신, 금융시장 미성숙 등으로 인하여 1998년말까지 착공된 사업이 5개, 사업자가 선정된 사업이 5개라는 초라한 성과를 거두는데 거쳤다(송병록, 2003).

민간투자 활성화를 위해 정부는 1998년에 「민자유치 종합대책」을 수립하고, 이에 기초하여 「민자유치촉진법」을 「민간투자법」으로 대폭 개정(1998.12)하였다. 「민간투자법」에서는 민간투자 대상시설의 구분 폐지, 사업추진방식의 다양화, 민간제안방식의 구체화, 민간의 창의와 효율에 대한 인센티브 제공, 일몰제 도입, 산업기반신용보증제도의 개선, 사회간접자본투융자회사의 설립과 운영, 매수청구권 인정 등이 이루어졌다. 정부의 이 같은 제도적 지원에 힘입어 민간투자사업은 2004년 12월말 고시기준으로 총 157개 사업(총사업비 36조 7,000억원)으로 급증했다(왕세종 외, 2006).

2005년에는 「민간투자법」의 원래 명칭인 「사회간접자본시설에 대한 민간투자법」을 「사회기반시설에 대한 민간투자법」으로 바꾸고, 민간투자 대상사업의 범주를 도로, 철도, 항만 등과 같은 사회간접자본시설에서 학교, 병원 등과 같은 사회기반시설로 확대하였다. 사업추진방식도 다양화하여, 정부고시사업에 한해서 임대형(BTL: Build-Transfer-Lease) 방식을 도입했다. 특히 2005년부터 새로 도입된 임대형(BTL) 민간투자시장이 급속하게 팽창하는 추세를 보였다. 하지만 임대형(BTL) 민간투자사업은 지방중소건설업체의 주된 수주영역이었던 소규모 학교시설공사 등을 대상으로 하다 보니, 자금력과 신용도가 취약한 지방 중소건설업체의 수주기회를 원천적으로 제약하는 결과를 초래함으로써 많은 논란을 야기하고 있다.

여기서 민간투자시장과 제도 자체를 깊이 있게 다룰 생각은 없다. 하지만 현재의 민간투자시장은 기존의 정부조달시장이다. 중장기적으로 재정사업은 축소하되, 민간투자사업은 활성화될 전망이다[44)]. 따라서 정부조달사업을 정부재정으로 추진하느냐 민간투자로 추진하느냐는 문제는 정부조달정책과 제도를 논의할 때 피할 수 없는 주제가 되었다. 이미 한미FTA 정부조달협상에서는 민간투자시장까지 정부조달의 범위에 포함시켰고, WTO에서도 민간투자시장을 정부조달에 포함시키고자 하는 논의가 진행되고 있다

(이상호 · 박성민, 2006). 머지 않아 우리나라의 정부조달시장과 조달정책을 논의할 때, 민간투자시장과 관련 정책 및 제도를 함께 논의해야 할 것이다.

44) 2005년 4월 국무위원 재원배분회의에서 결정한 「재원배분 12대 원칙」에서 정부재정은 국가의 역할과 지원이 필요한 계층에 역량을 집중하고, 시장이 수행할 수 있는 부분은 시장에 맡기기로 했으며, 민간자본을 활용하여 필요한 공공서비스를 조기에 공급하기로 했다. 2007년 예산안 편성지침도 「재원배분 12대 원칙」에 따라 시장에서 공급가능한 경우 재정사업은 축소 · 폐지하되, 수익이 발생하는 사업은 수익형(BTO) 민자사업 추진이나 공기업 자체자금을 활용한 투자가능성을 우선 검토하고(예: 고속국도, 화물터미널 등 SOC사업), 수익성이 없더라도 민간의 효율성 제고를 통해 편익증진 및 비용절감이 가능한 경우는 임대형(BTL) 민자사업방식으로 추진하도록 했다. 중장기적으로도 이 같은 원칙하게 예산배분이 이루어질 전망이다.

03 정부조달시장 규모와 현황

정부조달시장 및 공공건설예산 규모

해마다 우리나라 정부조달시장의 규모가 얼마나 되는지에 관한 정확한 자료는 찾아보기 어렵다. 심지어 조달청만 해도, 우리 정부의 시설공사 조달실적을 대한건설협회에서 집계하는 일반건설업체의 공공공사 수주실적과 동일시하는 오류를 종종 범하기도 한다. 일반건설업체의 수주실적이 전체 건설공사 수주실적에서 차지하는 비중이 가장 큰 것은 사실이지만, 전체 건설시장의 규모와 동일시 할 수는 없다. 또한 일반건설업체의 공공공사 시공실적만 시설공사 정부조달 실적으로 볼 것이 아니라, 설계 · 감리 · 엔지니어링 등과 같은 건설용역시장도 정부조달시장의 한 부분이라는 사실을 인식하고 있어야 한다.

우리나라 정부조달시장의 규모를 보여주는 조달청 자료에 따르면, 2002년의 정부조달시장 규모는 68조원이었고, 국내총생산(GDP)의 11.0%를 차지하였다고 한다. 이 중 조달청 조달실적은 20조원으로 전체 정부조달실적의 29.1%를 차지했다. 중앙집중조달제도를 유지하고 있긴 하지만, 조달청을 통한 조달실적은 전체 정부조달실적의 약 30% 수준에 불과한 셈이다.

시설공사 정부조달시장의 규모는 매년 편성되는 공공건설예산의 규모를 통해서 알

<table>
<tr><td colspan="8">2005년 전체 건설시장(계약액 161.7조원)</td></tr>
<tr><td colspan="7">광의의 국내 건설시장(148.2조원)</td><td>해외시장
(13.5조원)</td></tr>
<tr><td colspan="6">협의의 국내 건설시장(141.0조원)</td><td>건설서비스업
(7.1조원)</td><td>해외시장
(13.5조원)</td></tr>
<tr><td rowspan="6">일반건설업
(56.3조원)</td><td rowspan="3">일반–전문
(42.1조원)</td><td rowspan="3">전문건설업
(15.8조원)</td><td rowspan="6">전기공사업
(10.1조원)</td><td rowspan="6">통신공사업
(6.7조원)</td><td rowspan="6">기타건설업
(1.9조원)</td><td rowspan="2">설계
(2조원)</td><td rowspan="6">해외수주
(108.6억 달러)
(13.5조원)</td></tr>
<tr></tr>
<tr><td rowspan="2">감리
(1조원)</td></tr>
<tr><td rowspan="3">일반–설비
(4.7조원)</td><td rowspan="3">설비건설업
(3.4조원)</td></tr>
<tr><td rowspan="2">엔지니어링
(4.1조원)</td></tr>
<tr></tr>
<tr><td>일반건설업
직접시공</td><td>하도급자</td><td>원도급자</td><td colspan="4">원도급자 · 하도급자</td><td>해건협</td></tr>
<tr><td colspan="2" rowspan="2">일반건설업 원도급
(103.2조원)</td><td></td><td></td><td></td><td></td><td></td><td></td></tr>
<tr><td></td><td></td><td></td><td></td><td></td><td></td></tr>
</table>

그림 2-10 **2005년 한국 건설업체의 수주실적**

자료: 한국건설산업연구원.

수 있다. 하지만 공공건설예산 규모는 발주금액 기준이지, 실제 건설업체와의 계약금액은 아니다. 예컨대, 정부예정가격이 100억원인 공공공사의 실제 낙찰률(=낙찰금액/예정가격)이 80%라면, 이 공사의 계약금액은 80억원이다. 따라서 실제 시설공사 정부조달실

공공조달 구매 실적(2002년 기준)		
(a)	GDP	684조원
(b)	재정규모	187조원
(c)	공공부문 실적	68조원
(d)	조달청 실적	20조원
(e)	(c)/(a)	11.0%
(f)	(d)/(a)	3.0%
(g)	(d)/(c)	29.1%

그림 2-11 **한국의 정부조달시장 규모(2002)**

자료: 조달청(2004). 「조달행정 환경변화 예측 및 중장기 조달행정 운용방향」.

표 2-13 공공부문 건설예산('06~'07)

(조원)

	'06년	'07(안)	비 고
〈합계〉	48.7	52.3	7%대 증가(추경 제외시 8%대)
· 재정투자	44.4	45.8	공기업 및 국고보조 지방비 매칭분 포함
· 민간투자	4.3	6.5	BTO[1], BTL[2] 등

주: 1) BTO규모(집행기준, 조원) : ('05) 2.6 → ('06) 2.8 → ('07안) 3.0
2) BTL규모(집행기준, 조원) : ('05) 0.1 → ('06) 1.5 → ('07안) 3.5
자료: 기획예산처.

적과 건설업체의 계약실적을 파악하기 위해서는 정부예산자료만 보아서는 안된다.

여기서는 먼저 정부의 공공건설예산부터 보자. 2007년도 전체 공공건설예산안은 52.3조원이었다. 2006년의 48.7조원에 비해 공공건설투자 증가율은 경상성장률을 상회하는 7% 수준으로 늘었다. 하지만 여기에는 민간투자금액도 포함되어 있다. 재정투자금액으로만 본다면, 연간 약 45조원 규모의 시설공사 정부조달이 이루어지고 있는 셈이다. 낙찰률을 감안한다면, 실제 정부조달실적은 45조원 미만이 될 수 밖에 없다.

건설용역 조달시장 규모

정부조달시장에서 건설용역 조달실적이 얼마인지에 대한 정확한 통계는 찾아보기 어렵다. 건설용역 수주실적은 한국건설엔지니어링협회, 건축사협회, 한국건설감리협회, 한국CM협회 등에서 집계하고 있긴 하지만, 정확성이나 신뢰도가 상당히 미흡하다. 건설용역과 관련해서는 전문적인 연구기관도 찾아보기 어렵다. 그렇더라도 이들 협회의 자료 외에는 딱히 활용할 수 있는 자료도 없기 때문에 개략적인 시장규모를 알기 위해 일부만 발췌해 보았다.

한국엔지니어링진흥협회(2006)에서 집계한 「2006 엔지니어링 통계편람」에 따르면, 2005년말 현재 엔지니어링 업체 수는 총 3,037개사였고, 엔지니어링 수주액은 2003년에 3.3조원, 2004년에 3.1조원으로 일반건설업체 전체 공공공사 수주액의 약 10% 수준이었다[45]. 이 실적에 포함되는 엔지니어링업무는 기본계획, 타당성조사, 기본설계, 상세설계, 평가/분석/자문, 구매/조달, 시험/조사, 감리, 시운전, 지도, 유지보수,

45) 전체 엔지니어링 수주실적에서 차지하는 건설엔지니어링 수주실적의 비중은, 2004년의 경우 68.7%였다.

사업관리 등이며, 가장 큰 비중을 차지하고 있는 것은 기본설계 및 상세설계였다. 2004년의 경우, 엔지니어링 업무범위별 수주비중에서 차지하는 기본설계 및 상세설계 부문의 비중은 약 60%에 달했다.

감리시장은 1994년 책임감리제도 도입 당시 2천 8백억원 규모에서 매년 증가하여 1998년에는 1조 5천억원에 육박하기도 했다. 그러나 외환위기 이후 국내 건설시장의 축소와 책임감리제도의 적용대상 축소 등으로 인하여 감소세를 보이다가 2004년에야 1조원 규모로 다시 회복세를 보였다. 2004년 책임감리(전면책임감리, 부분책임감리 포함) 건수는 전체 감리실적의 72%를 차지하였고, 시공감리 실적은 전체의 1% 수준에 불과했다. 그 원인은 22개 공종공사에 의무적으로 적용되는 책임감리와 달리, 시공감리와 검측감리는 발주자가 선택할 수 있고, 세부운영기준(대가기준, 업무량 등)이 마련되어 있지 않아 활용 실적이 미흡했던 것이다.

정부조달시장에서도 최근 들어 건설사업관리(CM) 실적이 증가하고 있다. 한국CM협회에 따르면(2007.4), 1996년에 처음으로 건설사업관리제도가 도입된 이래 2006년 12월말까지 70개사가 692건(총 5,794억원)의 건설사업관리 용역을 수주하였다. 이중 공공부문의 CM 실적은 2,290억원(186건)으로 전체 실적의 약 40%를 차지하였다. 정부 발주자 중에서는 지방자치단체의 CM 활용도가 높은 편이다. 공사발주를 주된 업무로 하는 정부기관에 비해 전문성이 취약한 지방자치단체가 건설공사의 사업기획, 원가산정, 계약금액 조정, 기술능력 검토 및 감독, 하자관리 등의 업무를 민간전문기관에 더 많이 위탁하고 있다는 것이다.

2005년 계약실적을 기준으로 건설용역시장의 규모를 정리해 보면, 엔지니어링시장은 2조 9,329억원, 감리시장은 1조 3,247억원, 건설사업관리(CM)시장은 1,786억원으로 총 4조 4,362억원 규모였다[46].

조달청의 조달실적

우리나라 정부조달시장에서는 중앙집중 조달기관인 조달청의 역할과 기능에 대한 이해가 대단히 중요하다. 3만개가 넘는 정부 각 수요기관의 조달실적에 대한 종합적이고

46) 한국엔지니어링진흥협회, 한국건설감리협회, 한국CM협회의 자료를 집계한 것이다. 건축설계용역은 금액으로 된 자료가 없기 때문에 제외되어 있다. 국내 건설용역시장의 규모는 건설기성액의 3.9% 수준이다.

표 2-14 최근 5년간 조달청 조달실적 추이

(단위: 억원)

연도	내자	외자	시설공사	비축물자 구매 · 방출	계	전년대비 (%)
2002	74,012	5,587	119,638	5,805	205,042	101.3
2003	81,867	5,519	127,118	5,353	219,857	107.2
2004	91,100	6,435	133,592	10,550	241,677	109.9
2005	96,876	6,875	169,509	12,130	285,390	118.1
2006	107,608	7,511	250,151	12,572	377,842	132.4

주: 내자는 공급실적 기준, 시설공사는 공사계약 · 기술용역 · 시공감리 · 총사업비 검토 · 지자체 원가검토 실적의 합, 비축물자는 신규비축 · 방출 · 선물 · 옵션 합으로 구성되어 있음.
자료: 조달청.

정확한 통계는 찾아보기 어렵지만, 조달청의 조달실적은 상대적으로 잘 정리되어 있다.

조달청의 조달실적은 2006년의 경우 총 37.8조원 규모였고, 이중 시설공사 조달실적이 전체 조달실적의 66.1%에 달하는 25조원에 달했다. 최근 5년간의 조달청 조달실적은 증가 추세이며, 2006년에는 특히 시설공사 조달실적이 2005년에 비해 8조원 이상 증가했다.

04 정부조달시스템 구성 요소

1 6가지 요소

정부조달시스템을 구성하는 요소는 크게 ① 법 · 제도 및 규제, ② 조달행정조직, ③ 조달공무원, ④ 공급자인 건설업체, ⑤ 건설사업자단체 및 유관기관, ⑥ 정치 · 경제 · 사회 · 문화적 환경 등 6가지 요소로 구분해 볼 수 있다.

정부조달 관련 법 · 제도 및 규제는 정부조달시스템 운용의 근간이라고 볼 수 있다. 법 · 제도에 근거하여 조달행정조직이 구성되고, 조달행정의 목표와 수단 및 사업추진 절차가 규정되어 있다. 법 · 제도와 규제권한에 기초하여 공무원이 조달행정업무를 수행한다.

정부기관 중에는 조달청과 같이 조달업무를 담당하는 중앙부처도 있고, 개별 정부기관이나 지자체마다 조달업무를 담당하는 부서도 있다. 대한주택공사 · 한국토지공사 · 한국도로공사 · 한국수자원공사 등과 같은 정부투자기관 또한 중요한 조달행정기관이다. 조달행정 수행을 주업무로 하는 것은 아니지만, 예산이나 감사 및 시장의 공정거래질서 확립 등과 같은 업무를 수행하는 과정에서 조달행정조직과 공무원 및 공급자인 건설업체에게 직접적인 영향을 미치는 기관도 있다. 감사원 · 기획예산처 · 공정거래위원회 등을 대표적으로 꼽을 수 있다. 그외에 사실상 정부기관 거의 모두가 직접, 혹은 간접적으로 조달행정과의 연관성을 갖고 있다.

정부조달은 수요자인 정부기관 내부에만 국한시켜서 볼 것이 아니다. 공급자인 건설업체와 건설업체를 회원사로 하는 협회나 단체와도 직접적인 연계성이 있다.

정부조달은 청와대나 국회 등 정치조직이나 언론 및 시민단체 · 환경단체 등으로부터 직접적인 영향을 받기도 한다. 아울러 거시경제적 여건(예: 경제성장률, 실업률 등)이나 사회 · 문화의 전반적인 여건(부패 정도, 신뢰성과 도덕성 및 전문성 수준)도 정부조달에 영향을 미치는 중요한 변수다.

이처럼 정부조달시스템을 구성하는 요소들이 다양하고 복잡하다는 사실을 인식하게 되면, 왜 그동안 숱하게 많은 법 · 제도 개정이 이루어졌음에도 불구하고 정부조달 혁신이 이루어지지 않았는지를 짐작하게 된다. 법 · 제도 개정에 치중했지, 법 · 제도의 운영기반이 되는 인적, 조직적, 환경적 요소 등과 같은 연관 요소의 개선에는 소홀했거나 아무런 변화가 없었기 때문이다. 게다가 개정된 법 · 제도의 내용 자체부터 부실하거나 잘못된 경우도 많았다.

2 법 · 제도 및 규제

정부조달 관련 법령의 5가지 유형

우리나라의 정부조달 관련 법령은 대단히 많다. 건설 관련 법률이 약 300개를 넘기 때문에(이상호 · 한미파슨스, 2003), 정부조달 관련 법률도 약 300개를 넘는다고 추정해 볼 수 있다. 정부조달제도나 규제는 조달법령에 근거를 두고 있다. 외국에서 일반적으로 가이드라인(guideline)이나 매뉴얼(manual)의 형식에 담고 있는 기술적인 사항도 우리나라에서는 법령에 명시하고 있다. 심지어 우리나라에서는 「공사계약일반조건」과 같은 법령이 정부조달공사의 계약문서이기도 하다[47].

정부조달 관련 법령은 크게 5가지 유형으로 구분할 수 있다.

첫 번째 유형은 가장 좁은 범위의 정부조달법령인데, 정부공사 발주 및 입찰 · 계약 업무에 관한 사항을 정하고 있는 법률과 시행령, 시행규칙 등이다. 국가기관에 적용되

47) 예컨대, 회계예규인 「공사계약 일반조건」 제3조(계약문서)에서는 "계약서, 설계서, 유의서, 공사계약일반조건, 공사계약특수조건 및 산출내역서"를 모두 계약문서로 규정하고 있다.

는 「국가를 당사자로 하는 계약에 관한 법률(국가계약법)」, 지방자치단체에 적용되는 「지방자치단체를 당사자로 하는 계약에 관한 법률(지방계약법)」, 정부투자기관에 적용되는 「공공기관의 운영에 관한 법률(2007.1.19 제정, 구 「정부투자기관관리기본법」)」이 여기에 해당한다. 주요 조달사업의 조달청 위임조달을 명시하고, 입찰 및 계약체결 과정에서 구체적인 정책집행에 관한 사항을 정하고 있는 「조달사업에 관한 법률(조달사업법)」도 이 범주에 속한다. 정부공사 관련 예산편성 및 지출에 관한 사항을 정하고 있는, 이전의 예산회계법을 대체한 「국가재정법(2006.12.30 제정)」도 핵심적인 정부조달 관련 법률의 하나다. 또한 정부조달에 관한 국내 법률도 「정부조달협정(GPA)」을 준수해야 하기 때문에 정부조달에 관한한, 「정부조달협정」은 헌법보다 우위에 있는 규범으로 보아야 한다. 최근 정부재정으로 추진하던 사업 중 상당수가 민간자본으로 추진되면서, 정부조달의 범주에 민간투자사업을 포함하는 경우가 많다. 따라서 「사회기반시설에 대한 민간투자법」도 정부조달 관련 법률에 포함시켜야 할 것이다.

두 번째 유형은 건설교통부 소관의 「건설산업기본법」처럼 건설(시공)업이나 건설용역업의 등록 및 관리에 관한 사항을 정하고, 정부공사 조달업무를 수행하는 과정에서 설계 · 시공 · 감리 · 하도급 · 기술관리 및 안전관리 등에 관한 사항을 정하고 있는 법령들이다. 건설교통부 소관의 「건설기술관리법」, 「건축사법」 및 「시설물의 안전관리에 관한 특별법」이나 과학기술부 소관의 「엔지니어링기술진흥법」 등도 여기에 속한다.

세 번째 유형은 「건설산업기본법」에서 규정하고 있는 건설업(일반건설업과 전문건설업)과 건설용역업(엔지니어링, 건축설계 · 감리, 감리전문업)은 아니지만, 다른 부처 소관의 다른 법률에서 규정하고 있는 건설업이 있다. 산업자원부 소관의 「전기공사업법」, 정보통신부 소관의 「정보통신공사업법」, 행정자치부 소관의 「소방법」, 문화관광부 소관의 「문화재보호법」, 환경부 소관[48]의 「환경정책기본법」과 「다중이용시설 등의 실내공기질 관리법」, 「폐기물 관리법」, 「소음 · 진동규제법」, 「오수 · 분뇨 및 축산폐수의 처리에 관한 법률」 등과 같은 각 개별 법률들이 여기에 속한다. 이들 법률도 정부조달시장의 공급자인 소관 분야별 설계 · 시공업자의 등록과 관리에 관한 사항 외에 관련 시

48) 환경부 소관 법률의 직접적인 관할 대상이 되는 건설업은 일반폐기물 처리시설 설계 · 시공업, 오수정화시설 설계 · 시공업, 분뇨처리시설 설계 · 시공업, 축산폐수 정화시설 설계 · 시공업, 소음 · 진동 방지시설 설계 · 시공업, 수질오염 방지시설 설계 · 시공업, 대기오염 방지시설 설계 · 시공업 등 7가지가 있다.

설물의 조달사업 기준이나 절차를 규제하고 있다. 특히 「전기공사업법」과 「정보통신공사업법」은 전기나 정보통신공사를 토목 · 건축공사와 분리발주하도록 의무화하고 있는 등 정부공사 발주제도까지 규제하고 있다[49].

네 번째 유형은 노동부, 중소기업청, 공정거래위원회 소관 법률과 같이 주된 업무가 건설산업이나 정부조달 관련 행정은 아니지만, 소관 업무를 수행하는 과정에서 직접 건설산업이나 정부조달시장에 영향을 주는 법률들이 있다. 노동부 소관의 「건설근로자의 고용개선 등에 관한 법률」이나 「산업안전보건법」, 중소기업청의 「중소기업기본법」이나 「중소기업진흥 및 제품구매촉진에 관한 법률」, 공정거래위원회 소관의 「독점규제 및 공정거래에 관한 법률(공정거래법)」과 「하도급거래 공정화에 관한 법(하도급법)」, 과학기술부 소관의 「기술사법」 등을 들 수 있다.

다섯 번째 유형은 국가정책적인 차원에서 국토개발이나 균형발전을 추구하기 위해 제정된 법령 가운데 건설산업 및 정부조달과 직접적인 연관성을 갖게 된 법령들이다. 건설교통부 소관의 국토 · 도시 · 주택 · 건축 · 토지 · 교통 · 수자원 등과 관련된 수많은 법률들이나 「행정중심복합도시건설특별법」 및 「혁신도시건설지원특별법」, 기획예산처 소관의 「국가균형발전특별법」 등이 여기에 속한다.

49) 국가계약법 시행령 제68조에서는 원칙적으로 공사의 분할계약을 금지하고 있지만, 전기나 정보통신공사의 경우는 예외적으로 허용하고 있다. 전기나 정보통신공사의 발주에 관한한, 「전기공사업법」과 「정보통신공사업법」이 국가계약법의 특별법으로서 우선 적용되고 있는 것이다.

표 2-15 정부조달 관련 주요 법률의 유형과 예시

유형	주요 법률
1. 정부공사 발주 및 입찰·계약업무 규정 (계약·예산·회계관련 법률)	- 정부조달협정(GPA) - 국가를 당사자로 하는 계약에 관한 법률 - 지방자치단체를 당사자로 하는 계약에 관한 법률 - 공공기관의 운영에 관한 법률(구 정부투자기관 관리기본법) - 조달사업에 관한 법률 - 국가재정법(구 예산회계법) - 사회기반시설에 대한 민간투자법 등
2. 「건설산업기본법」에서 정한 건설산업 범위에 해당하는 건설업체 관리 및 정부조달과정의 기술적 사항 규정	- 건설산업기본법 - 건설기술관리법 - 엔지니어링기술진흥법 - 건축사법 - 시설물의 안전관리에 관한 특별법 - 건설기계관리법 등
3. 「건설산업기본법」외 다른 법률에서 정하고 있는 건설업 관련 법률	- 전기공사업법(산업자원부) - 정보통신공사업법(정보통신부) - 소방법(행정자치부) - 문화재 보호법(문화관광부) - 환경정책기본법외 폐기물 관리법, 소음진동규제법 등 환경부 소관 분야별 관련 법령 등
4. 건설교통부외 타부처 소관 법률 중 건설산업 및 정부조달 관련 사항 규정	- 노동부: 건설근로자의 고용개선 등에 관한 법률, 산업안전보건법 등 - 중소기업청: 중소기업기본법, 중소기업진흥 및 제품구매촉진에 관한 법률 - 공정거래위원회: 독점규제 및 공정거래에 관한 법률, 하도급거래 공정화에 관한 법률 - 과학기술부: 기술사법 등
5. 국토개발 및 건설관련 법률과 국가정책 차원의 국토균형발전 관련 법률 등	- 건설교통부 소관의 국토·도시·주택·토지·건축·교통·수자원 등과 관련된 법률(국토기본법, 국토의 계획 및 이용에 관한 법률, 지역균형개발 및 지방중소기업 육성에 관한 법률, 도시개발법, 주택법, 건축법, 도로법 등) - 행정중심복합도시건설특별법, 혁신도시건설지원특별법, 기업도시개발특별법, 국가균형발전특별법 등

정부조달 법령에는 국회에서 제정되는 "법률"만 있는 것이 아니다. 시행령과 시행규칙도 있고, 각 부처에서 제정하는 각종 훈령, 예규, 고시, 지침 등도 많다. 형식적인 법령간 효력의 위계(位階)는 "헌법→법률→명령→규칙"순이라고 하지만, 실질적인 영향력은 "규칙→명령→법률→헌법"순일 것이다. 하위법령일수록 구체적이고 기술적인 사항을 규정하고 있는 반면, 상위법령일수록 추상적이고 원칙적인 사항을 규정하고 있기

때문이다. 정부조달관련 법령을 이해하기 위해서는 법률보다도 시행령, 시행규칙은 물론, 재정경제부 및 행정자치부 회계예규와 조달청 등과 같은 발주기관의 세부운용기준에 대한 이해가 실무적으로 더 중요하다.

정부조달 법령은 “계약법령”에 국한되는 것이 아니다. 정부공사 발주나 입찰 및 계약 관련사항은 「건설산업기본법」이나 「전기공사업법」과 같이 건설업종별 등록 및 관리에 관한 사항을 규정하고 있는 법률에도 산재해 있다. 설계 · 감리 용역 발주 및 시공과정의 기술관리 등과 관련한 「건설기술관리법」도 정부조달과 직접적인 연관성이 있다. PQ심사기준의 신인도 평가항목(예: 우수건설업자 지정, 협력관계 평가, 건설재해율 평

표 2-16 정부조달 관련 회계예규 및 세부운용기준 예시

<table>
<tr><th rowspan="2">구분</th><th colspan="2">국가기관</th><th rowspan="2">지방자치단체
(행자부 회계예규)</th></tr>
<tr><th>재경부 회계예규 및 통첩</th><th>조달청 세부운용기준</th></tr>
<tr><td rowspan="7">공사입찰</td><td>○ 정부입찰 · 계약 집행기준</td><td>· 경쟁촉진을 위한 공사의 수의계약사유 평가기준</td><td>○ 지방자치단체 입찰 및 계약집행기준</td></tr>
<tr><td rowspan="2">○ 공사입찰유의서</td><td>· 공사입찰 특별유의서</td><td rowspan="2">○ 지방자치단체 공사입찰 유의서</td></tr>
<tr><td>· 일괄대안공사 입찰특별유의서</td></tr>
<tr><td>○ 공동계약 운영요령</td><td></td><td>○ 지방자치단체 공동도급계약 운용요령</td></tr>
<tr><td rowspan="2">○ 예정가격 작성기준</td><td>· 기초단가 적용기준</td><td rowspan="2">○ 지방자치단체 원가계산 및 예정가격 작성요령</td></tr>
<tr><td>· 공사원가 제비율 적용기준</td></tr>
<tr><td>(최저가 낙찰제의 입찰금액 적정성 심사기준)</td><td>· 토목공사 단가설명서 작성 기준</td><td>○ 지방자치단체 지수조정율 산출요령</td></tr>
<tr><td rowspan="3">입찰참가자격</td><td rowspan="2">○ 입찰참가자격 사전심사 요령</td><td>· 입찰참가자격 사전심사 세부기준</td><td rowspan="3">○ 입찰참가자격 사전심사기준</td></tr>
<tr><td>· 공종별 유자격자 명부 등록 및 운용기준</td></tr>
<tr><td></td><td>· 등급별 유자격자 명부 등록 및 운용기준</td></tr>
<tr><td rowspan="3">낙찰자 선정 및 계약체결</td><td>○ 적격심사기준</td><td>· 최저가 낙찰제 입찰금액 적정성 심사 세부기준</td><td rowspan="3">○ 지방자치단체 공사계약 일반조건</td></tr>
<tr><td>○ 최저가 낙찰제의 입찰 금액 적정성 심사기준</td><td>· 공사계약특수조건</td></tr>
<tr><td>○ 공사계약 일반조건</td><td>· 일괄대안공사계약특수조건</td></tr>
</table>

표 2-16 정부조달 관련 회계예규 및 세부운용기준 예시(계속)

구분	국가기관		지방자치단체 (행자부 회계예규)
	재경부 회계예규 및 통첩	조달청 세부운용기준	
기술용역	○ 용역입찰유의서	· 기술용역입찰 특별유의서	○ 지방자치단체 기술용역입찰유의서
		· 설계등 용역업자 사업 수행능력 세부평가기준	○ 지방자치단체 기술용역 적격심사 세부기준
		· 감리전문회사 사업수행능력 세부평가기준	
		· 건설사업관리자 사업수행능력 세부평가기준	
		· 일반용역 적격심사세부 기준	
	○ 용역계약일반조건	· 기술(설계)용역계약 특수조건	○ 지방자치단체 기술용역계약 일반조건
		· 건설기술용역(공사감리 및 건설사업관리)계약 특수 조건	
기타	○ 종합계약집행요령		
	○ 국제계약분쟁조정위원회에 대한 조정청구절차		
	○ 국가계약업무의 전자적 처리를 위한 회계통첩		
	○ 교통세법시행령 개정에 따른 계약금액조정 관련 회계통첩		
	○ 법정근로시간단축(주5일 근무제시행)에 따른 계약기간 연장 등에 관한 회계통첩		

자료: 조달청(2007.3). 「시설공사 · 기술용역 업무 편람」.

가 및 표준안전관리비 사용의무 위반, 환경관련 법령 위반 평가 등)은 「건설산업기본법」, 「건설기술관리법」, 「산업안전보건법」, 환경관련 법률 등에 근거한 것이다. 따라서 국가계약법 외에 연관 법률 전체에 대한 포괄적인 이해가 정부조달시스템을 이해하는 데에도 중요하다.

앞서 예를 든 것과 같은 회계예규, 세부운용기준, 훈련, 지침, 고시 등이 정부조달 관련 부처별로, 300여개를 상회하는 건설 관련 법률별로 다 존재하고 있다고 생각해

표 2-17 건설산업기본법 및 건설기술관리법과 관련 훈령, 고시, 지침 등 예시

법률	주요 훈령, 고시 및 지침
건설산업기본법	- 건설업 등록업무 처리지침 - 공동도급공사에 대한 제재처분시 업무요령 - 건설공사 발주자의 현장점검, 조치요령 - 건설산업기본법 제29조 제1항의 규정에 의한 계획, 관리 및 조정에 관한 지침 - 건설하도급 심사기준 - 공동도급 운영기준 - 건설업자간 상호협력에 관한 권장사항 및 평가기준 - 공사현장 단속, 점검실명제 세부시행지침 - 건축물의 시공자제한 업무처리요령 - 시공능력평가 업무처리지침 - 건설업 관리지침
건설기술관리법	- 건설기술개발 및 관리 등에 관한 운영규정 - 건설기술인력의 경력인정 방법 및 절차기준 - 건설기술인력 교육훈련 운영지침 - 제재사무 처리지침 - 신기술의 평가기준 및 평가절차 등에 관한 규정 - 설계 · 감리 등 용역 손해보험 또는 공제 업무요령 - 설계 등 용역업자의 사업수행능력 세부평가기준 - 용역적격심사 및 협상에 의한 낙찰자 결정기준 - 감리전문회사 사업수행능력 세부평가기준 - 건설사업관리자 사업수행능력 세부평가기준 - 건축설계 경기운영지침 - 공공건축설계자 선정 및 사업수행능력 세부평가기준 - 기본설계 등에 관한 세부시행기준 - 설계의 경제성 등 검토에 관한 시행지침 - 건설공사 사후평가 시행지침 - 건설사업관리 업무지침 - 건설사업관리대가 산정기준 - 품질시험비용 산출시 공공요금 및 인건비의 산출단위량 기준 - 레디믹스 콘크리트 현장배치 플랜트설치 및 관리에 관한 지침 - 레미콘 품질관리지침 - 공장인증 세부기준 - 건설공사 안전점검지침 - 건설폐기물처리용역 적격심사 세부기준 - 건설공사 감리원 배치기준 - 감리업무 수행지침서 - 건설공사감독자 업무지침 - 우수건설 및 용역업자지정 전문분야 분류기준

보라. 실제로 정부조달 관련 법령이나 건설산업에 대한 규제 법령이 정확하게 몇 개인지는 헤아리기조차 어렵다[50].

정부조달제도와 규제

정부조달제도와 규제는 조달 법령에 근거하고 있다. 그리고 하나의 정부조달제도나 규제는 한 개의 법령에만 근거규정을 두고 있는 것이 아니다. 예컨대, 낙찰자 선정제도 중 하나인 적격심사제도는 국가계약법, 지방계약법은 물론 재정경제부 회계예규인 「적격심사기준」이나 조달청의 세부집행기준인 「조달청 시설공사 적격심사세부기준」 등 다수의 법령을 통해서 전체적인 내용을 파악할 수 있다. 또한 법령과 제도의 명확한 구분은 어렵기도 하고, 특별한 실익도 없기 때문에 일반적으로 법령과 제도를 합해서 법·제도 내지 법제(法制)라고 부르고 있기도 하다.

법·제도에 포함된 구체적인 내용의 대부분은 규제라고 볼 수 있다. 정부조달과 관련한 규제는 규제의 대상을 기준으로 크게 두 가지로 나눌 수 있다.

첫째는 개별 발주기관의 행위를 제한하는 이른바 "행정내부규제"다. 조달청 위임발주를 의무화한 조달사업법령의 규정이나, 전기 및 정보통신공사의 분리발주를 의무화하고 있는 전기공사업법 및 정보통신공사업법의 규정 등이 여기에 해당한다. 넓게 보면, 국가기관이나 지방자치단체 등이 정부조달업무를 수행하는데 있어서 따라야 할 절차나 조건을 규정하고 있는 국가계약법과 지방계약법은 모두 행정내부규제로 볼 수 있다.

둘째는 공급자인 건설업체의 행위를 제한하는 규제다. 예컨대, 지역의무공동도급제도와 같이 지역중소건설업체와의 공동도급을 강제하는 규제나, 하도급 물량 및 금액의 적정성에 대한 평가와 같은 사항이 여기에 해당한다. 원칙적으로 공동도급이나 하도급은 민간건설업체간의 사적 계약관계지만, 정부가 중소기업 보호 등을 위한 정책적 목적을 달성하기 위해 규제하고 있다.

"건설" 관련 법령에 근거해서 시설공사 정부조달 관련 규제가 생성되어 있다고 가정한다면, 건설 관련 법령이 1,133개나 되기 때문에 여기에 담긴 규제의 전수(全數) 파악

50) 법제처 홈페이지(http://www.moleg.go.kr)에 들어가서 "건설"이란 주제어로 검색을 해보면, 2007년 1월 현재 관련 법령은 총 1,133건이 있다. "조달"이란 주제어로 검색해 보면, 총 667건의 관련 법령이 있다. 이처럼 방대한 "건설" 내지 "조달" 관련 법령을 유형별로 정확하게 구분해서 분류하는 작업도 앞으로 필요한 연구과제가 될 수 있다.

도 사실상 불가능에 가깝다. 규제개혁위원회에 등록된 규제는 어디까지나 "소관부처별"로, "법률"에 명시된 규제사항을 중심으로 구성되어 있다는 한계를 내포하고 있다. 이 같은 한계를 전제로 하되, 현실적으로 활용가능한 공식적인 자료상의 한계 때문에 규제개혁위원회에 등록된 규제를 중심으로 건설규제를 논의하고자 한다.

규제개혁위원회에 최초('98.08.31)로 등록된 규제 수는 10,717건이었지만, 2006년 11월 현재 등록 규제건수는 8,083건으로 무려 2,634건이나 줄어들었다. 시설공사 정부조달과 관련하여 가장 많은 규제가 있을 것으로 예상되는 건설교통부 소관 규제는 900건('98)에서 867건('06.11)으로 33건이 줄어들었다. 하지만, 전체 등록 규제건수에서 건설교통부 소관 규제가 차지하는 비중은 8.4%('98)에서 10.7%('06.11)로 늘어났다. 이 같은 사실은 상대적으로 건설교통부 소관 법령의 규제완화가 다른 부처보다 덜 이루어졌다는 것을 의미한다.

표 2-18 규제개혁위원회 등록 건설교통부 소관 규제건수 추이

소관 부처	최초 ('98.8.31) 등록규제수	규제수 변경					증감 소계	현재('06.11) 등록규제수
		증가			감소			
		신설	누락등록	기타	폐지	기타		
총계	10,717건	2,480건	891건	1,124건	5,157건	1,972건	−2,643건	8,083건
건교부	900건	252건	158건	26건	415건	54건	−33건	867건

자료: 규제개혁위원회(http://rrc.go.kr).

규제개혁위원회에 등록된 부문별 규제건수의 변화추이를 보면, 거의 모든 부문에서 등록규제건수가 감소했음에도 불구하고, 국토 · 도시개발/건설/노동부문 등의 규제건수는 1998년보다 더 늘어났다. 이 중 국토 · 도시개발이나 건설부문의 규제는 폐지된 규제건수 만큼 새로 신설된 모습을 보여주고 있다. 정부에서 "규제완화"를 외친 지가 10년이 넘었지만, 10년간의 규제완화 성과는 미약했다.

정부조달정책의 목표와 수단

우리나라 정부조달정책의 목표는 대단히 복합적이고 다양하다[51]. 복합적인 정부조

표 2-19 주요 부문별 규제개혁위원회 등록 규제건수 추이

부문	최초('98.8.31) 등록	규제수 변경					증감 소계	현재('06.11) 등록
		증가			감소			
		신설	누락등록	기타	폐지	기타		
총계	10,717건	2,480건	891건	1,124건	5,157건	1,972건	-2,643건	8,083건
지방행정	198건	12건	2건	45건	84건	40건	-65건	133건
과학/기술	454건	70건	19건	8건	241건	66건	-210건	244건
재정/경제	225건	85건	40건	19건	114건	56건	-26건	199건
농지/농정	354건	127건	7건	36건	203건	48건	-81건	273건
산림	254건	24건	10건	58건	118건	85건	-111건	143건
에너지	396건	73건	20건	26건	201건	29건	-111건	285건
주택/건축	249건	38건	51건	0건	102건	8건	-21건	228건
국토/도시개발	104건	76건	19건	9건	76건	19건	9건	113건
건설	144건	68건	39건	2건	73건	3건	33건	177건
수자원	121건	44건	7건	12건	59건	20건	-16건	261건
환경	756건	231건	49건	59건	262건	141건	-64건	692건
노동	359건	157건	95건	18건	210건	52건	8건	367건
운송/물류	295건	8건	15건	5건	138건	8건	-118건	177건

자료: 규제개혁위원회(http://rrc.go.kr).

달정책의 목표를 달성하기 위한 제도적 수단 또한 대단히 많다. 그런데 정부조달정책의 목표간에는 상충되는 경우가 종종 발생한다. 예컨대, 한편에서는 경쟁력을 높이자면서, 다른 한편에서는 중소기업 보호를 강조한다. 어떤 정책목표를 우선시 할 것인지에 대한

51) 정부조달과 민간조달의 차이점은 조달목표, 자금의 원천, 조달과정, 위험부담 등 4가지로 구분해 볼 수 있다(추욱호 · 박명섭 외, 2004). 첫째, 민간조달의 목표는 효율성과 경제성이지만, 정부조달 목표는 예산집행의 효율성, 전문성, 투명 · 공정성, 합법성, 책임성, 경제정책 지원, 마케리딩 등 여러 가지가 있다. 둘째, 민간조달의 자금 원천은 사적 자금이지만, 정부조달은 국민의 세금이다. 셋째, 민간조달과정은 통상 비공개로 진행되지만, 정부조달과정은 공개적이어야 한다. 넷째, 민간조달의 위험부담 주체는 개별 주체에 국한되지만, 정부조달의 위험은 불특정 국민에게 미친다.

표 2-20 정부조달정책의 목표와 제도적 수단

조달정책의 목표	제도적 수단
경기조절, 고용안정, 지역 및 국토균형개발 등 거시경제적 목표	- (추경편성 등을 통한) SOC투자 확대 - 지역 및 국토균형개발계획 수립과 추진 - 중앙조달기관인 조달청 등을 통한 조기발주 - 선금지급 비율 확대 등
예산집행 효율성 제고 (=예산절감)	- 총사업비 관리제도(총사업비 증액 억제 목적) - VE(Value Engineering)제도 - 최저가 낙찰제 확대 - 예정가격제도
건설기술수준 제고	- 국가기술자격제도 - 건설부문 연구개발(R&D) 예산투자 확대 - 기술개발투자비율 높은 업체에 대한 PQ제도상의 우대제도
건설업역 및 업체의 전문화	- 건설업역규제(예: 일반/전문간, 건축설계/시공업간 겸업제한) - 전기/통신/소방/설비 등 분리발주제도
건설사업관리 효율화	- 건설사업관리(CM)제도 도입
부실공사 방지 및 품질확보	- 입찰참가자격 사전심사(PQ)제도 - 저가 낙찰 방지제도(예: 저가심의제도, 적격심사제도 등) - 책임감리제도 - 설계, 시공, 감리과정에 대한 규제강화
건설기업 경쟁력 강화	- 설계 · 시공 일괄입찰 및 대안입찰제도
입찰계약의 투명성 · 공개성 제고	- 전자조달제도 도입과 확산 - 조달절차 및 기준과 제도의 객관성 확보(예: 복수예정가격제도, 수의계약 평점제도)
지역 · 중소업체 보호 · 육성	- 중소기업제품의 법정 의무구매비율 설정(물품/공사/용역별) - 지역제한제도 - 지역의무공동도급제도 - 공동도급제도 - 유자격자 명부에 의한 등급제한 입찰제도 - 협력업체 평가 및 우대제도 - 소규모 공사의 수익성 보장(예: 상대적으로 높은 낙찰하한율)
하도급 투명성 제고와 하도급자 보호	- 하도급 규제(의무하도급, 재하도급 및 일반업자간 하도급 금지) - 하도급 저가심사제도와 입찰시 우대제도 - 하도급법 위반시 처벌
사회적 약자기업 보호	- 여성/장애인 기업 우대
부패방지	- 뇌물수수자에 대한 처벌 - 당해 기업도 영업정지 처분(2005.8.27)
국제규범의 수용	- 국제입찰 대상에 대해서는 정부조달협정 적용 등

원칙적인 논의는 많지 않았다. 그때 그때 필요에 따라 이런 저런 정책목적과 제도적 수단이 강구되면서, 규제가 양산되어 왔다.

정부조달사업의 시행절차

우리나라의 정부조달사업 시행절차도 법 · 제도에 근간을 두고 있다. 개별 발주기관의 정부공사 조달사업 시행절차는 「건설기술관리법」 시행령(제38조의 4~19)에서 상세하게 기술하고 있는데[52], 그 절차는 「① 기본구상→ ② 타당성조사→ ③ 기본계획 수립 → ④ 공사수행방식 결정(기술공모방식, 일괄/대안입찰방식, 기타 등)→ ⑤ 기본설계→ ⑥ 실시설계→ ⑦ 시공상태의 점검 · 관리→ ⑧ 준공→ ⑨ 공사참여자의 실명관리→ ⑩ 사후평가→ ⑪ 유지관리」 등으로 이루어져 있다.

기획예산처에서는 장기대형공사의 총사업비 관리를 위해 1994년부터 「총사업비 관리지침」을 운용하고 있다. 총사업비 증가를 억제하기 위한 목적에서 시행하고 있는 지침인데, 국가 직접시행사업, 국가위탁사업, 국가의 예산 또는 기금의 보조 · 지원을 받는 지자체 및 민간기관(투자 · 출연 · 보조기관 등)의 사업 중 사업기간이 2년 이상으로서, 총사업비가 500억원 이상인 토목사업과 총사업비가 200억원 이상인 건축사업(전기 · 기계 · 설비 등 부대공사비도 포함한다) 등을 대상으로 한다. 「총사업비 관리지침」에서는 이들 장기대형사업이 「① 예비타당성조사[53]→ ② 기본계획 또는 타당성조사→ ③ 기본설계→ ④ 실시설계→ ⑤ 발주 및 계약→ ⑥ 시공」 단계를 따라 추진되도록 하고, 각 단계별로 총사업비 관리를 위한 지침을 제공하고 있다.

여러가지 법 · 제도에 기초한 정부조달사업의 종합적인 시행절차는 크게 「① 기획단계→ ② 설계단계→ ③ 계약단계→ ④ 시공단계→ ⑤ 윤영관리단계」 등의 5가지 단계로 구분해 볼 수 있다(조달청, 2007.3). 이들 5가지 단계 가운데 가장 많은 관심을 끌어 왔던 영역은 계약 및 시공단계였다. 규모가 큰 시설공사의 수주나 물량배분의 적정화가 건설업체나 발주자에게 가장 중요한 과제였기 때문이다. 하지만 최근 들어서는 기획이나 설계 및 운영관리단계의 중요성에 대한 인식이 높아지고 있다. 사실, 건설산업

52) 원칙적으로 총공사비가 100억원 이상인 건설공사에 적용되며, 100억원 미만인 공사는 일부 과정을 조정하여 시행할 수 있도록 하고 있다.

53) 추정 총사업비가 500억원 이상인 사업, 그리고 지자체가 시행주체인 사업은 총사업비 중 국고지원이 300억원 이상인 사업에 대해서 적용된다.

표 2-21 정부조달사업의 일반적인 시행절차

사업집행단계	업무처리내용	주요 관련법령	비용
1. 기획단계	· 사업구상 및 기초조사(예비타당성조사) · 타당성조사: 재원조달, 연차별 시행, 환경보전, 교통영향평가계획 등 · 사업기본계획 작성 · 사업추진 세부계획 수립 등	ㅇ국토의계획및이용에관한법률 ㅇ도시개발법 ㅇ도로법 ㅇ도시철도법 ㅇ하천법 ㅇ국가재정법 ㅇ건축법 ㅇ측량법 ㅇ엔지니어링기술진흥법 등	ㅇ예비타당성조사 및 타당성조사 ㅇ환경, 교통영향평가 ㅇ용지보상 등
2. 설계단계	· 설계용역 발주 · 측량 및 지반조사 · 계획설계 및 기본설계 · 실시설계 및 시공도서 작성, 설계의 경제성 검토 등		ㅇ설계용역발주 ㅇ설계용역
3. 계약단계	· 입찰공고(계약방법 검토) · 입찰참가자격심사(PQ심사, 실적심사 등) · 입찰집행 · 낙찰자 결정(저가심사, 적격심사) · 계약체결 등	ㅇ국가계약법 ㅇ지방계약법 ㅇ건설산업기본법 ㅇ전기,정보통신, 소방시설공사업법 ㅇ문화재관리법 ㅇ공정거래법 등	ㅇ공사발주비
4. 시공단계	· 공사착공 · 공사관리(공정, 안전, 품질관리, 현장민원처리 등) · 공사감리(설계변경, 계약내용 변경승인, 하도급관리 등) · 기성 및 준공(시운전, 공사대금 지급 등) · 시공평가 등	ㅇ건설기술관리법 ㅇ건설산업기본법 ㅇ전기,정보통신,소방시설공사업법 ㅇ문화재보호법 등	ㅇ공사 ㅇ공사감리 ㅇ시공평가
5. 운영관리단계	· 시설물 사용 및 안전성 평가 · 시설물 하자 및 유지관리 · 정기안전점검, 정밀안전진단 등	ㅇ시설물의안전관리에관한특별법	ㅇ유지보수

자료: 조달청(2007.3).「시설공사 · 기술용역 업무 편람」.

의 국제경쟁력과 관련해서는 기획이나 설계와 같은 시공 이전(pre-construction) 단계의 발전이 절대적으로 중요하다. 그럼에도 불구하고, 시공 이전 단계는(시공 이후 단계도 마찬가지이지만) 그다지 많은 주목을 받지 못했다. 시공부문의 법 · 제도 역시 후진적이지만, 상대적으로 관심과 주목을 끌지 못했던 시공 이전이나 이후 단계의 법 · 제도와 관련 시장은 더 후진적이라고 느껴질 때가 많다.

3 조달행정조직

조달행정조직이라고 하면, 우리는 흔히 조달청을 꼽게 된다. 조달청이 우리나라에서 가장 크고 중요한 조달행정조직이긴 하지만, 조달청만이 조달행정조직은 아니다. 거의 모든 정부부처나 부서가 조달 관련 업무를 수행하고 있다고 해도 과언이 아니다. 중앙정부만 보더라도 조달청 외에 건설교통부, 재정경제부, 공정거래위원회, 과학기술부, 행정자치부, 소방방재청, 해양수산부, 노동부, 환경부, 기획예산처, 문화재청, 산업자원부, 중소기업청, 정보통신부 등이 모두가 조달정책의 수립 및 집행업무를 수행하고 있다.

우리나라 정부조달기관 수가 얼마나 되는지는 조달청의 수요기관 수를 통해서 추정해 볼 수 있다. 2006년말 현재 조달청의 수요기관은 조달청 위임계약이 의무화되어 있는 기관(당연기관)과 정부투자기관처럼 자체 조달이 가능한 기관(임의기관)을 모두 합하여 총 33,847개에 달하고 있다.

표 2-22 정부조달 관련 주요 기관의 기능과 역할 예시

부처명	기능과 역할: 정부조직법상의 기능	기능과 역할: 정부조달 관련 기능과 역할	근거법률
건설교통부	● 국토종합계획의 수립 · 조정, 국토 및 수자원의 보전, 이용 및 개발, 도시 · 도로 및 주택의 건설, 해안 · 하천 및 간척, 육운, 철도 및 항공에 관한 사무 관장	● 건설공사의 적정한 시공과 건설산업의 건전한 발전 도모	건설산업기본법
		● 건설기술수준의 향상과 건설공사 시행의 적정을 기하고, 건설공사의 품질과 안전 확보	건설기술관리법
		● 건축물의 대지 · 구조 및 설비의 기준과 건축물의 용도 등을 정하여 건축물의 안전 · 환경 · 기능 및 미관 향상(건축인허가, 건축설계, 건축물의 공사감리 등)	건축법
		● 시설물의 안전점검과 적정한 유지관리를 통하여 재해 및 재난을 예방하고, 시설물의 효용 증진	시설물안전관리에 관한특별법
재정경제부	● 경제정책의 수립 · 총괄 · 조정, 화폐 · 금융 · 국고 · 정부회계 · 내국세제 · 관세 · 외국환 · 경제협력 및 국유재산에 관한 사무 관장	● 정부조달에 관한 정책결정 ● 정부공사 입찰계약에 관한 기준제정 및 계약분쟁 조정 ● 공사발주자 질의사항에 대한 유권해석	국가를당사자로하는계약에관한법률

표 2-22 정부조달 관련 주요 기관의 기능과 역할 예시(계속)

<table>
<tr><th rowspan="2">부처명</th><th colspan="2">기능과 역할</th><th rowspan="2">근거법률</th></tr>
<tr><th>정부조직법상의 기능</th><th>정부조달 관련 기능과 역할</th></tr>
<tr><td>조달청</td><td>● 정부물자의 구매 · 공급 및 관리, 정부 주요 시설공사 계약에 관한 사무 관장</td><td>● 정부 주요 시설공사 입찰 및 계약체결, 계약관리
● 입찰 및 계약체결에 관한 세부운용기준 제정</td><td>조달사업에관한법률</td></tr>
<tr><td rowspan="2">공정거래위원회</td><td rowspan="2">● 독점규제 및 공정거래에 관한 법률에 규정된 주요사항과 이 법에 위반되는 사항에 대한 결정과 처분에 앞선 심의와 의결에 관한 사무 관장</td><td>● 부당한 공동행위 및 불공정거래행위를 규제하여 공정하고 자유로운 경쟁을 촉진함으로써 창의적인 기업활동을 조장하고 소비자 보호 및 국민경제의 균형발전 도모
- 입찰담합시 과징금 부과 및 고발</td><td>독점규제및공정거래에관한법률</td></tr>
<tr><td>● 공정한 하도급거래질서를 확립하여 원사업자와 수급사업자가 대등한 지위에서 상호보완적으로 균형있게 발전할 수 있도록 함으로써 국민경제의 건전한 발전에 기여
- 불공정 건설하도급 거래 규제 및 분쟁해결</td><td>하도급거래공정화에관한법률</td></tr>
<tr><td rowspan="2">과학기술부</td><td rowspan="2">● 과학기술혁신정책의 수립 · 총괄 · 조정 · 평가, 원자력 및 과학기술협력 그밖의 과학기술진흥에 관한 사무 관장</td><td>● 기술사 육성 · 지원</td><td>기술사법</td></tr>
<tr><td>● 엔지니어링진흥, 엔지니어링활동주체 및 관련단체의 육성 · 지원</td><td>엔지니어링기술진흥법</td></tr>
<tr><td>행정자치부</td><td>● 공무원의 복무 및 연금관리, 상훈, 정부조직과 정원관리, 정부혁신, 행정능률, 전자정부, 정부청사 관리, 지방자치제도, 지방자치단체 사무지원 · 재정 · 세제, 지방자치단체간 분쟁조정, 선거, 국민투표, 민방위 · 재난관리제도에 관한 사무 관장</td><td>● 지방자치단체의 공공조달에 관한 정책결정
● 지방자치단체 발주공사 입찰 · 계약에 관한 기준 제정 · 유권해석 및 계약분쟁 조정
● 지방교부세 배정 · 운용지도</td><td>지방자치단체를대상으로하는계약에관한법률</td></tr>
<tr><td>소방방재청</td><td>● 소방, 방재, 민방위의 운영 및 안전관리에 관한 사무 관장</td><td>● 소방시설업 등록 및 소방시설설계 · 소방시설공사 · 소방공사감리 등에 관한 규제와 관리 · 감독</td><td>소방시설공사업법</td></tr>
<tr><td>해양수산부</td><td>● 수산, 해운, 항만, 해양환경보전, 해양조사, 해양자원개발, 해양과학기술연구 · 개발 및 해양안전심판에 관한 사무 관장</td><td>● 항만 및 어항시설공사 발주</td><td>항만법</td></tr>
</table>

표 2-22 **정부조달 관련 주요 기관의 기능과 역할 예시(계속)**

부처명	기능과 역할		근거법률
	정부조직법상의 기능	정부조달 관련 기능과 역할	
노동부	● 근로조건의 기준, 직업안정, 직업훈련, 실업대책, 고용보험, 산업재해보상보험, 근로자의 복지후생, 노사관계 조정, 기타 노동에 관한 사무 관장	● 근로자의 업무상 재해예방 및 근로자 복지증진을 위해 산재보험, 고용보험, 근로자 복지문제 등의 규제와 관리 · 감독	산업재해보상보험법 등
환경부	● 자연환경 및 생활환경의 보전과 환경오염방지에 관한 사무 관장	● 폐수처리업자의 등록 및 감독 ● 수질환경 보전, 오폐수처리, 소음 및 진동 등의 규제와 관리 · 감독	수질환경보전법 등
		● 건설폐기물처리업에 대한 등록 및 감독 ● 건설폐기물의 재활용 및 분리발주에 관한 규제와 관리 · 감독	건설폐기물의 재활용촉진에 관한 법률
기획예산처	● 예산정책, 예산의 편성 및 집행의 관리와 재정개혁에 관한 사무 관장	● 분야별 재원배분계획 및 투자방향 등에 관한 재정운용계획 수립 ● 정부사업 예산의 편성 ● 건설공사 사업예산의 배정	국가재정법
문화재청	● 문화재에 관한 사무 관장	● 문화재수리업체 등록 및 문화재설계 · 공사 등에 대한 규제와 관리 · 감독	문화재보호법
		● 건설공사 시행 중 매장문화재 발굴에 관한 규제	
산업자원부	● 상업 · 무역 및 무역진흥 · 공업 · 에너지 및 지하자원에 관한 사무 관장	● 전기공사업체 등록 및 전기공사 설계 · 시공 · 감리 등에 관한 규제와 관리 · 감독	
중소기업청	● 중소기업에 관한 사무 관장	● 중소제조업체 보호를 위해 주요 건설자재 분리발주	중소기업진흥및제품구매촉진에관한법률
정보통신부	● 정보통신 · 전파관리 · 우편 · 우편환 및 우편대체에 관한 사무 관장	● 정보통신공사업체 등록 및 정보통신공사 설계 · 시공 · 감리 등에 관한 규제와 관리 · 감독	정보통신공사업법

자료: 조달청(2007.3). 「시설공사 · 기술용역 업무 편람」.

조달사업법에 따라 국가기관은 30억원 이상 공사, 지자체는 200억원 이상 PQ공사, 일괄 · 대안입찰공사의 발주 및 입찰 · 계약을 중앙조달기관인 조달청에 요청해야 한다.

중앙조달기관인 조달청에서는 공사계약만 하는 것이 아니라 용역계약, 시공감리,

표 2-23 조달청 수요기관 수(2006.12)

구 분	합 계	당 연 기 관			임 의 기 관	
		국가기관	지방자치단체	교육위원회	투자기관	기 타
기관수	33,847	4,671	6,328	10,102	785	11,961
비율(%)	100	13.8	18.7	29.8	2.3	35.4

자료: 조달청.

원가검토, 총사업비검토 등과 같은 기능도 수행하고 있다. 또한 정책적으로 중소기업 및 여성기업을 위한 지원기능도 수행하고 있다. 최근 6년간에 걸친 조달청의 시설공사 사업실적을 보면, 지속적으로 조달실적 규모가 증가하고 있다. 특히 2006년에는 2005

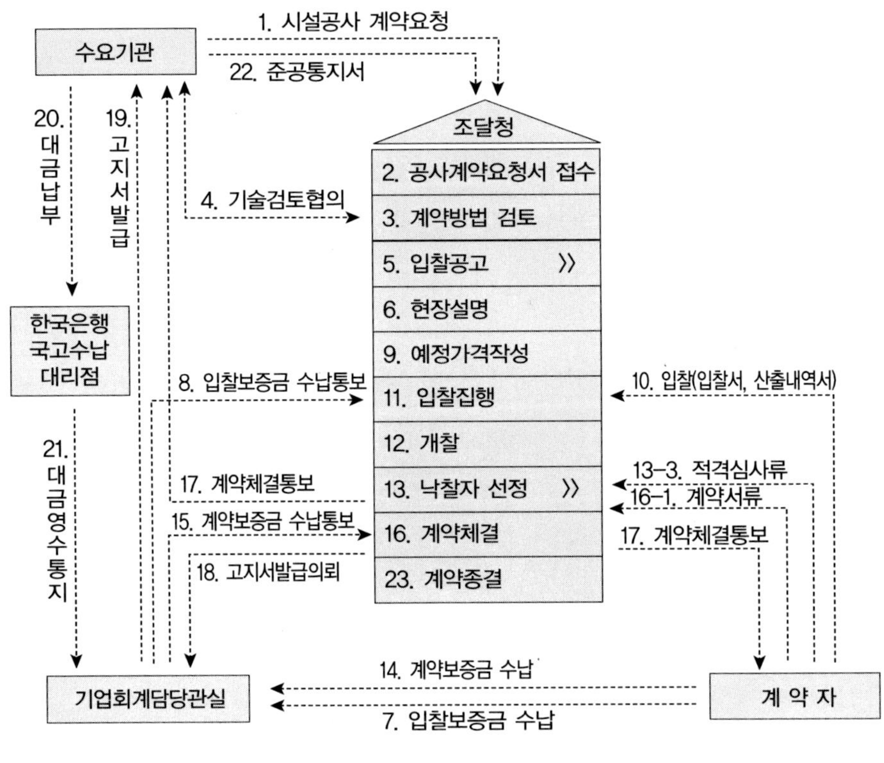

그림 2-12 조달청을 통한 중앙조달 절차

자료: 조달청.

년보다 약 8조원 가량 시설공사 조달실적이 급증했다. 하지만 공사계약실적은 2001년에 비해 크게 늘었다고 말하기 어렵다. 대신 용역계약 및 시공감리 실적이 2001년에 비해 2~3배씩 증가했다. 중소기업이나 여성기업 및 지방기업 지원실적도 늘어나고 있는 추세다.

정부조달행정은 조달청을 비롯한 중앙정부기관만의 전담업무는 아니다. 청와대, 국무총리실 및 감사원과 같은 정부기관과 규제개혁위원회, 국가청렴위원회, 대통령 자문 건설기술 · 건축문화 위원회 등과 같은 기관도 정부조달정책이나 제도의 형성과 변화에 큰 영향을 미치고 있다. 예컨대, 2005년에 확정된 국무총리실 규제개혁기획단의 「건설산업 규제합리화 방안(2005.11)」이나, 2006년에 확정된 대통령 자문 건설기술 · 건축문화 위원회의 「건설기술 · 건축문화 선진화전략(안)」 등은 모두가 조달정책과 제도개선을 핵심적인 내용으로 하고 있다. 감사원은 일상적인, 혹은 특별감사업무 수행과정에서 조달시장에 가장 큰 영향력을 행사할 수 있는 기관이다. 오죽하면 우리나라 정부의 행정이 "감사 대비 행정"이란 말까지 나왔겠는가? 규제개혁위원회도 지금은 다소 그 힘이 약화되긴 했지만, 정부조달 관련 규제의 신설과 강화시 심의권한을 갖고 있다. 국가청렴위원회에서는 정부조달시장의 청렴성 제고를 위해 구체적인 제도개선 권고를 하기도 하고, 수요기관을 대상으로 청렴도 평가와 부패방지시책 평가를 수행하고 있다.

표 2-24 최근 6년간 조달청의 시설공사 조달사업 실적 추이

(단위: 억원)

구분	2001	2002	2003	2004	2005	2006
시설사업실적	120,910	119,638	127,118	133,592	169,509	250,151
공사계약	118,061	115,474	123,541	120,354	120,787	125,135
용역계약	628	671	961	980	895	1,347
시공감리	2,221	3,493	2,616	3,877	5,246	6,072
원가검토	–	–	–	–	–	18,030
총사업비 사전검토	–	–	–	8,381	42,581	99,567
중소기업	69,825	72,489	76,854	90,994	87,242	93,255
여성기업	846	1,301	1,712	2,103	2,608	3,099
지방기업 지원실적	49,585	49,876	62,353	66,307	72,586	72,330

자료: 조달청.

그밖에 한국토지공사 · 대한주택공사 · 한국수자원공사 · 한국도로공사 등과 같은 정부투자기관과 지방자치단체 등도 모두가 조달행정업무를 수행하고 있는 기관들이다.

거의 모든 정부기관이 조달행정을 담당하고 있다는 사실은 그만큼 정부조달이 중요하다는 것을 입증하는 증거이기도 하다. 이처럼 실제 정부업무나 기능에서 차지하는 비중이 크고 중요함에도 불구하고, 정작 조달행정만큼 그 중요성을 간과하고 있는 행정영역도 많지 않다.

4 조달공무원

정부조달시스템을 운영하는 주체는 정부조달기관의 공무원으로 볼 수 있다. 그런데 조달공무원의 중요성에 대한 인식은 대단히 낮다. 정부조달업무를 담당하는 공무원을 크게 정책기능을 담당하는 공무원과 집행기능을 담당하는 공무원으로 구분해서 보자.

우리나라에서 공식적으로 정부조달정책을 담당하는 기관은 재정경제부 국고국 회계제도과라고 할 수 있다. 2007년 1월 현재 회계제도과에는 과장(서기관) 1명, 사무관 3명, 행정주사 2명, 주사보 1명, 기타 계약직, 파견 및 사무원 등 3명으로 총 9명이 있다(http://www.mofe.go.kr). 총괄업무를 담당하는 과장을 제외한 나머지 사무관과 주사 및 주사보의 업무분장을 보자.

사무관①: 조달사업 국제화(WTO, FTA, 양자협상), 국제계약분쟁조정위원회 운영

사무관②: 국가계약제도 총괄,

사무관③: 정부회계제도 개편, 복식부기 · 발생주의 회계도입, 정부회계 법령 제정, 예산회계 관계 법령

행정주사①: 예산회계관련 법령, 국고금 관리법령(수입 및 지출 등), 국가계약 법규 질의회신(강원도, 충청도, 전라도),

행정주사②: 국가계약제도 개선, 국가계약법규 질의 회신(서울, 경기도)

행정주사보: 국가계약제도 개선, 국가계약관련 질의 회신(경상도, 제주도 및 인터넷)

이처럼 재정경제부 회계제도과는 과장 외에 총 6명의 사무관과 주사 및 주사보가 연간 70~80조원에 달하는 정부조달시장의 운영과 관련된 국가계약제도 전체를 담당하고 있다. 그러다 보니 사무관이든, 주사든, 주사보든 한사람 한사람이 담당하고 있는

업무의 범위는 대단히 포괄적이고 광범위하다. 재정경제부 회계제도과의 사무관과 행정주사 및 주사보가 이처럼 방대한 업무를 잘 처리할 충분한 전문성을 갖고 있다고 볼 수 있을까? 국가계약법령에 대한 질의회신 같은 일상적인 업무라면 모르겠지만, 정부조달제도의 혁신과 같은 정책기능은 기대하기도 어렵다. 물론 재정경제부에는 국고국장이나 차관, 장관같은 고위공무원도 있지만, 국장급 이상의 고위공무원들 가운데 정부계약제도 전문가는 없었다. 그나마 고위공무원들은 순환보직제 때문에 1년도 안되서 자리를 옮기는 경우가 허다하다.

재정경제부 외에 중앙조달기관인 조달청은 조달정책기관이 아니냐고 생각할지 모르겠다. 당연히 조달청도 정부조달과 관련된 정책기능을 수행한다. 하지만 조달청의 정책기능은 조달청의 집행업무와 관련된 정책기능일 뿐이다. 그리고 조달청은 법률제정권이 없다. 재정경제부에서 정한, 국가계약법령이 허용하는 제한된 범위 내에서 재량권이 인정되는 정도다. 미국이나 영국 등의 중앙조달기관이 정책기능을 수행하고 있는 것과 대조적이다.

2007년 1월 현재 중앙조달기관인 조달청 공무원 수는 차관급인 청장을 포함하여 총 455명이다. 이중 시설사업본부에 근무하는 공무원 수는 115명이다(http://www.pps.go.kr). 조달청에서도 참여정부의 본부 기획 · 정책기능 강화 방침에 따라 계약업무는 지방청에 지속적으로 이양하고, 본부는 계약업무에서 탈피하여 정부공사 계약 및 집행과 관련된 정책개발과 조정이라는 기획 쪽으로 업무를 전환할 계획이라고 한다(조달청, 2004).

조달청이나 정부투자기관과 달리, 지방자치단체의 조달담당공무원은 수나 전문성 면에서 대단히 취약하다. 서울시는 그나마 나은 편이다. 서울시는 계약심사과에 심사총괄팀(7명), 용역심사팀(4명), 구매심사팀(5명), 토목심사팀(10명), 건축심사팀(5명), 설비심사팀 등이 구성되어 있고, 재무과의 계약팀(6명)도 있다(http://www.seoul.go.kr). 서울시를 제외한 대부분의 지자체 회계과 등에서 계약업무를 담당하는 공무원의 수는 5~10명 정도에 불과하다. 물론 지자체의 건설사업본부 등에서 종사하는 공무원들을 포함하면 시설공사 조달업무를 수행하는 공무원의 수는 대단히 많을 것이다. 하지만 지자체의 계약업무는 대개 한명의 공무원이 시설공사계약, 다른 한명은 물품계약을 맡는 식으로 이루어져 있다. 이처럼 계약업무를 담당하는 공무원의 수도 적지만, 순환보직제로 인한 잦은 이동 때문에 전문성을 키우기도 어렵다[54]. 이런 실정이기 때문에 조달청에서 지자체로 조달권한의 상당부분을 이관했는데도 불구하고, 조달청을 통한 지자체 조달실적이 줄어들지 않는 것은 당연하다고 볼 수 있다[55].

5 건설업체

정부조달시장도 수요와 공급측면을 동시에 살펴 볼 필요가 있다. 정부조달기관이 발주자이자 수요자라면, 시공업체나 용역업체는 공급자에 해당한다. 시공업체에는 일반건설업체, 전문건설업체, 설비건설업체, 주택건설업체, 전기공사업체, 정보통신공사업체 등이 있다. 용역업체는 엔지니어링업체, 건축설계 · 감리업체, 감리전문업체 등이 있다.

정부조달시장에 참여하는 공급자 수가 얼마나 되는지는 조달청 등록업체 현황을 통해서 파악할 수 있다. 2006년말 현재 조달청 시설공사 등록업체 수는 총 72,430개사였고, 2005년보다 4,510개사나 증가하였다. 최근 들어 건설업체 수가 증가 추세를 보

표 2-25 조달청 등록업체 현황

구 분		2005년도				2006년도			
		중소기업	대기업	계	점유율(%)	중소기업	대기업	계	점유율(%)
총계(A+B)		155,028	1,411	156,439	100.0	187,300	1,480	188,780	100.0
국내기업	소계(A)	154,968	1,396	156,364	99.9	187,220	1,465	188,685	99.9
	내자	52,451	602	53,053	33.9	71,553	639	72,192	38.2
	외자	5,233	98	5,331	3.4	5,698	98	5,796	3.1
	시설공사	67,613	307	67,920	43.4	72,117	313	72,430	38.4
	용역	29,344	339	29,683	18.9	37,509	366	37,875	20.1
	기타	327	50	377	0.2	343	49	392	0.2
외국기업(B)		60	15	75	0.1	80	15	95	0.1

자료: 조달청.

54) 2005년 행정자치부에서 지자체 공무원들을 대상으로 하는 계약제도 강의를 몇 차례 맡으면서, 필자는 3년 이상 계약업무를 담당한 공무원이 얼마나 되는지를 조사해 본 적이 있다. 100명 가량의 수강생 가운데 3~4명 정도가 3년 이상 계약업무를 담당했다고 하니, 전반적으로 지자체 계약담당 공무원의 전문성은 대단히 낮다고 볼 수 밖에 없다.

55) 지자체 계약담당 공무원의 수가 적고, 전문성이 취약하다는 점 외에, 입찰계약과정의 공정성과 투명성 확보 및 부패의혹 회피 등을 위해 조달청 위임계약을 의뢰하는 경우도 많다.

인데다가, 민간주택시장의 위축으로 정부조달시장 진출을 시도하고 있는 건설업체가 증가하였기 때문으로 보인다.

6 건설사업자단체 및 유관기관

수요자와 공급자 외에 정부조달시스템을 구성하고 있는 또 다른 중요한 행위자는 공급자인 시공업체나 용역업체를 회원사로 하는 각종 협회와 단체들이다. 이들은 흔히 "사업자단체"라는 이름으로 불리우고 있다. 사업자단체는 「독점규제 및 공정거래에 관한 법률(공정거래법)」 제2조에서 정의하고 있듯이, "2 이상의 사업자들이 공동의 이익을 증진할 목적으로 조직한 결합체 또는 그 연합체"를 말한다.

표 2-26 근거법령별 주요 건설사업자단체

구분	근거법령	관련 주요 협회	기 타
법정단체	건설산업기본법	대한건설협회('47.5.1) 대한전문건설협회('85.10.15) 대한설비건설협회('89.11.25)	
	해외건설촉진법	해외건설협회('76.11.3)	
	주택건설촉진법	한국주택협회('93.4.23) 대한주택건설사업협회('93.3.23)	
	건 축 사 법	대한건축사협회('65.10.23)	
	건설기술관리법	한국건설감리협회('94.1.25) 한국건설기술인협회('95.8.8) 한국CALS협회('99.8.18)	
	건설기계관리법	대한건설기계협회('94.7.28)	
	골재채취법	한국골재협회('93.7.20)	
	전기공사업법	대한전기협회('65.3.26)	
	엔지니어링기술진흥법	한국엔지니어링진흥협회('74.6.5)	과학기술부 등록단체
	정보통신공사업법	한국정보통신공사협회('71.12.3)	정보통신부 등록단체
비법정단체	민 법	대한건설단체총연합회('97.10.17) 한국CM협회('97.3.27) 대한건축자재협회('95.4.13) 한국건설경영협회('92.8.27)	*한국건설경영협회는 2006년말에 민법상의 사단법인 인가 취득

주: ( )안은 설립 년월일을 의미함.
자료: 한국건설산업연구원.

사업자단체는 정부와 업계를 연결하는 매개역할을 수행한다. 이들은 한편에서는 업계의 요구를 수렴하여 정부에 전달하고, 다른 한편에서는 전문성이 부족하고 수시로 바뀌는 정부 공무원을 대신하여 국내외 정보를 수집, 분석하여 정부에 전달하면서 정부조달정책과 건설산업정책의 수립 및 집행과정에 상당한 영향력을 행사해 왔다. 1947년 대한건설협회 설립을 시작으로 한 건설사업자단체는 2006년말 현재 약 30개가 활동하고 있다.

정부조달정책과 관련된 건설사업자단체는 「건설산업기본법」이나 「주택법」 등 건설 관련 법령에 근거한 법정단체와 「민법」에 근거를 둔 비법정단체로 구분할 수 있다. 또한 건설사업자단체 중에는 건설교통부 법령이 아니라 산업자원부, 과학기술부, 정보통신부 등 타 부처 법률에 의해 설립된 단체도 있다.

건설사업자단체는 대개 건설업종별 협회로 구성되어 있다. 예컨대, 일반건설업계는

표 2-27 건설업역별 협회 및 보증기관

<table>
<tr><th>구 분</th><th>주요 건설 단체</th></tr>
<tr><td rowspan="2">건설업역별 협회</td><td>(일반건설업) · 대한건설협회 · 한국건설경영협회
(주택건설업)
· 한국주택협회 · 대한주택건설사업협회</td></tr>
<tr><td>· 해외건설협회 · 대한건축사협회
· 대한건설기계협회 · 한국골재협회
· 한국엔지니어링진흥협회 · 대한전문건설협회
· 대한설비건설협회 · 대한도장기술협회
· 한국건설안전기술협회 · 한국건설가설협회
· 한국건설감리협회 · 한국CM협회
· 한국건설기술인협회 · 한국건설CALS협회
· 한국건설신기술협회 · 대한전기협회
· 한국정보통신공사업협회 · 대한건축자재협회</td></tr>
<tr><td>보 증 기 관</td><td>· 건설공제조합(일반건설업)
· 전문건설공제조합(전문건설업)
· 엔지니어링공제조합(엔지니어링업)
· 전기공사공제조합(전기공사업)
· 대한설비건설공제조합(설비공사업)
· 대한주택보증주식회사(주택건설업)</td></tr>
<tr><td>기 타</td><td>· 대한건설단체총연합회</td></tr>
</table>

자료: 한국건설산업연구원.

대한건설협회, 전문건설업계는 대한전문건설협회, 설비공사업계는 대한설비건설협회, 건설감리업계는 한국건설감리협회를 설립한 것과 같다. 건설사업자단체는 처음에는 면허업종별로 1개 협회만 허용되었으나 주택건설업계의 한국주택협회(대형주택업체)와 대한주택건설사업협회(중소주택업체)처럼 기업규모별로 세분화되기도 한다. 2006년말에는 일반건설업계 내부에서도 대한건설협회 외에 대형건설업체들의 사업자단체인 한국건설경영협회가 민법상의 사단법인 인가를 받기도 했다.

건설사업자단체에는 공제조합도 많다. 예컨대, 일반건설업계는 건설공제조합, 전문건설업계는 전문건설공제조합, 주택건설업계는 대한주택보증(주), 설비공사업계는 설비공제조합 등을 운영하고 있다.

건설사업자단체의 기능은 제도개선, 분쟁조정, 정부위탁사업[56], 조사 · 분석[57] 및 회원사에 대한 서비스 제공 등과 같은 활동을 수행하고 있다.

사업자단체 외에 연구기관도 정부조달정책과 제도의 수립과정에 상당한 영향력을 행사하는 경우가 있다. 국토연구원, 한국건설기술연구원, 한국건설산업연구원 등에서도 오랫동안 정부조달 관련 연구를 수행해 왔고, 조달정책 및 제도개선 과정에 참여해 왔다. 2006년에는 조달청에서 한국조달연구원을 설립하였고, 전문건설협회도 대한건설정책연구원을 설립하였다. 조달정책과 제도개선 작업을 수행하는 과정에서 필요한 정보, 통계자료, 전문지식의 양과 질적 수준이 갈수록 높아지는 데다가, 객관성과 전문성을 확보하기 위해서 앞으로도 건설사업자단체나 연구기관의 참여도는 높아질 것으로 보인다.

7 정치 · 경제 · 사회 · 문화적 환경

정부조달시스템의 환경적 요소도 대단히 중요하다. 대통령을 정점으로 하는 청와대, 국회, 언론, 시민단체나 환경단체, 노동단체 등은 정치기관으로 부를 수 있다. 이중 참여정부의 출범과 더불어 정부조달시장에 가장 많은 영향력을 행사하고 있는 기관은 경실련, 참여연대 등과 같은 시민단체로 보인다. 시민단체의 주장이 반영된 대표적인 정

56) 예컨대, 대한건설협회는 건설공사 실적신고 처리, 시공능력평가, 부실벌점 관리 등의 정부위탁업무를 수행하고 있다.

57) 대한건설협회와 대한전문건설협회는 정부지정 통계기관으로 지정받아 임금실태조사 및 각종 통계조사를 실시하고, 원가구성분석, 건설경기동향 등을 발표하고 있다.

부조달제도의 변화 사례로는 최저가 낙찰제 확대, 실적공사비제도 도입 등을 꼽을 수 있다[58]. 특히 참여정부 들어서는 청와대나 국회에서도 국정감사 등을 수행하는 과정에서 시민단체의 시각을 원용하는 사례를 흔히 볼 수 있다. 노동단체도 PQ심사기준의 신인도 평가항목인 건설재해율 평가문제나, 「건설산업기본법」의 시공참여자 제도 폐지 문제 등과 관련해서는 상당한 영향력을 행사했다[59]. 참여정부에서 이루어진 정부조달제도의 개선은 사실상 시민단체를 비롯한 정치기관의 공격에 대한 방어적 성격도 짙었다.

정경유착(政經癒着) 구조도 정부조달정책과 제도에 큰 영향을 미쳤다. 국민의 여론을 수렴하고, 형평성을 확보하기 위해 정치권이 정부조달정책의 결정과정에 개입하는 것은 당연시되기도 한다. 반면에 사회적 합리성과 효율성을 무시한 정치권의 개입은 정부조달의 비효율성을 야기하거나 부패로 귀결되는 사례가 많다. 하지만 최근 들어 정치권의 지각 변동에 따라 전통적인 정경유착의 고리는 다소 약해진 것으로 보인다.

정부조달시장, 특히 그중에서도 시설공사 조달시장의 규모는 연간 50조원에 달하는 방대한 규모다. 그렇기 때문에 정부는 지난 수 십 년간 실업률이 높거나, 경기가 침체 국면에 접어들 때면 어김없이 건설경기 활성화를 정책적 처방으로 들고 나왔다. 건설경기 활성화를 위한 정책방향은 크게 2가지로 구분할 수 있다. 하나는 IMF 외환위기 직후처럼 주택경기 활성화를 위해 각종 규제를 폐지하거나 완화하는 것이고, 다른 하나는 정부발주 재정사업 규모를 늘리거나 조기집행을 하는 것이다. 그런데 참여정부에서는 과거와 다른 모습을 보여 주었다. 주택가격의 지속적인 상승으로 인하여 주택 · 부동산 정책은 수요억제와 규제강화 일변도로 치달았고, 정부발주 재정사업은 점차 그 비중이 줄어드는 추세를 보여 주었다. 아울러 "건설업을 통한 경기 활성화" 정책에 대해서 회의를 갖거나, "시대착오적"이라는 생각을 가진 고위 정책결정자들이 늘어났다. 특히 민간주택시장의 호황으로 2005년 이후 전체 건설공사 수주실적에서 공공부문이 차지하는 비중이 30% 내외로 축소되었기 때문에 국가경제 전체에서 차지하는 정부조달시장의 비중도 과거보다 줄어들었다. 비록 정부조달시장이 국가경제에서 차지하는 비중이 줄어들었다고 해도, 연간 50조원이라는 규모는 결코 무시할 수 없는 시장이다. 특히 산

58) 민간주택시장에서는 분양원가 공개, 후분양제 도입 등이 시민단체의 요구를 반영하여 도입한 대표적인 정책일 것이다.

59) 언론은 일반국민의 관심사인 주택 및 부동산정책과 관련하여 날마다 많은 지면을 할애해 왔지만, 정부조달과 관련해서는 거의 침묵을 지켰다고 해도 과언이 아니다. 그만큼 정부조달 문제는 일반국민들의 관심사에서 벗어나 있고, 이 문제를 다루기에는 기자들의 전문성이 취약했기 때문일 것이다.

업기반이 취약한 지방의 경우, 건설경기의 침체는 지방경제의 침체를 초래하는 결정적 요인이 될 수 있다. 그렇기 때문에 여전히 정부조달시장은 국가경제나 지역경제 상황과 무관하게 운용할 수 없고, 국가경제나 지역경제가 영향을 미치는 시장이다.

사회문화적 환경도 정부조달시스템에 큰 영향을 미친다. 정부조달과정에 참여하는 공무원, 건설기술 및 기능인력, 연구인력의 전문성이나 신뢰성은 특정 국가의 사회문화적 환경과 밀접한 관련성이 있다. 특히 정부조달과정의 부패문제는 법적 · 제도적 차원의 문제로 국한시키기 어려운 사회구조적이고 문화적인 문제다.

05 정부조달시스템의 구조적 문제점

1 정부조달의 목표 부재 및 제도적 수단과의 연계 부족

정부조달의 기본원칙과 목표는 무엇인가? 「국가를 당사자로 하는 계약에 관한 법률(국가계약법)」만 쳐다보고 있으면, 그런게 있는지 모르겠다. 앞서 정부조달정책의 목표와 수단에 대해서 정리도 해 보았지만, 그것은 어디까지나 필자의 추정에 불과하다. 국가계약법의 목적을 제시하고 있는 제1조는 다음과 같다.

국가계약법 제1조(목적)

이 법은 국가를 당사자로 하는 계약에 관한 기본적인 사항을 정함으로써 "계약사무의 원활한 수행을 도모"함을 목적으로 한다.

"계약사무의 원활한 수행을 도모"하는 것은 물론 중요한 실무적인 과제다. 하지만 계약사무를 원활하게 해서 달성하고자 하는 목표가 무엇인지, 계약사무를 원활하게 하기 위한 기본원칙이 무엇인지에 대해서는 아무런 언급이 없다. 국가계약업무가 "주사행정(主事行政)"이라고 비판하는 사람들의 눈에는 이 같은 국가계약법 제1조의 문구야말로 "주사행정"의 전형적인 표본으로 비쳐질 수 있다.

다른 나라는 어떤가? 우리나라 국가계약법과 유사한 기능과 역할을 수행하고 있는 미국 연방조달규정(FAR : Federal Acquisition Regulations) 제1조를 보자. 여기서는 조달정책의 목표가 「최고가치(best value)」 달성을 지향하고 있음을 분명하게 선언하면서, 최고가치 달성을 위한 몇 가지 기본원칙(guiding principles)도 함께 명시하고 있다.

연방조달시스템의 비전은 공공의 신뢰를 확보하고 공공정책의 목표를 수행하면서 수요자에게 가장 가치있는 물품이나 용역(best value product or service)을 제때 조달하는 것이다. 조달과정의 참여자들은 하나의 팀으로서 서로 협력해야 하고, 각자의 책임을 다할 수 있는 권한을 부여해야 한다.

연방조달시스템은 ① 비용, 품질, 적시성 측면에서 수요자를 만족시켜야 하고, ② 행정적인 운영비용을 절감해야 하며, ③ 공정하고 공개적으로 운용되어야 하고, ④ 공공의 정책목표를 달성해야 한다(FAR 1.102. Statements of Guiding Principles for the Federal Acquisition System).

물론 우리나라 정부조달정책의 기본원칙이나 목적을 국가계약법의 명문화된 규정에서만 찾을 수는 없다. 정부조달정책과 제도 전반을 훑어 볼 때, 앞에서 제시했던 것과 같은 복합적인 정책목표와 제도적 수단이 존재하고 있는 것은 사실이다. 하지만 우리나라에서는 정부조달정책의 제도적 수단이 당초 목표를 어느 정도 달성했는지 대한 성과평가(performance evaluation) 사례를 찾아보기 어렵다. "턴키(=설계 · 시공 일괄입찰) 활성화" 정책이건, 건설사업관리(CM)제도 도입이건 간에 실질적인 성과(예: 품질 향상, 공기 단축, 공사비 절감 등)에 기초한 평가보다는 건설업역별 이해관계에 기반한 "아전인수(我田引水)"격의 "탁상공론(卓上空論)"이 성과평가를 대체하고 있다.

우리나라의 복합적인 조달정책 목표는 서로 상충되는 경우도 많다. 예컨대, 건설업체의 전문화를 유도하고자 한다면, 입낙찰제도의 변별력을 대폭 높여 전문화된 건설업체를 우대할 필요성이 있다. 하지만 이럴 경우는 입낙찰제도가 또 다른 시장진입 장벽이 되기도 하고, 중소건설업체 보호육성이란 정책목표와 상충되기도 한다.

조달정책의 목표를 달성하기 위해 실효성있고 적합한 제도적 수단이 연계되어 있는지도 의문이다. 예컨대, 건설업종간 전문화 내지 중소건설업체 보호하는 명분으로 오랫동안 시행해 온 일반건설업과 전문건설업간 겸업제한과 하도급자 보호제도, 건축설계업과 시공업간의 현실적인 겸업제한, 전기 및 정보통신공사의 분리발주 의무화 등이 명분으로 내건 목표를 실제로 달성하고 있는가? 이런 제도 역시 객관적이고 공정한 성과 평가 결과는 찾아보기 어렵고, 이해관계 집단간의 이해 다툼만 지속되고 있다. 또한 제도의 취지와 다른 부작용이나 문제점은 간과되는 경우가 많았다.

정부조달의 기본원칙과 목표의 부재, 목표달성을 위한 제도적 수단과의 연계성 부족, 제도의 성과에 대한 객관적이고 공정한 평가 부재 등과 같은 문제는 정부조달정책과 제도의 선진화를 위해 하루빨리 고쳐야 할 과제다.

2 정부조달 관련 법 · 제도 및 규제 과다와 획일성

우리나라의 정부조달 관련 법 · 제도와 규제가 과다하다는 사실은 수없이 많이 지적되어 왔다. 그런데 법 · 제도가 많다든가, 규제가 많다는 것 자체는 큰 문제라고 보기 어렵다. 바람직한 정책목표의 달성을 위해 규제가 필요한 경우도 있다. 하지만, 법 · 제도와 규제 과잉은 순기능보다 역기능이 더 많다. 또한 우리나라 법 · 제도와 규제 운영 방식은 너무 경직적이고 획일화되어 있다.

법 · 제도와 규제 과잉은 정부역할의 비대화와 민간시장기능의 위축을 초래하게 된다. 과거 정부주도 경제개발이 성과를 발휘하던 1960년대부터 1970년대까지는 상대적으로 민간경제가 취약했고, 폐쇄경제체제 속에서 정부의 정책적 지원이 불가피한 환경이었다. 이런 시대적 배경 속에서 정부조달정책과 제도의 틀이 형성되었고, 정부규제는 정책적 지원의 반대급부인 경우도 많았다. 하지만 1980년대 이후는 상황이 달라졌다. 민간경제가 급성장했고, 정부주도 경제개발이 아니라 민간주도 경제성장이 바람직한 것으로 인식되기 시작했다. 경제사회의 다른 부문과 마찬가지로 정부조달시장도 개방되었으며, 특정 산업의 보호육성을 위한 지원정책은 줄었다. 이에 따라 특정 산업의 지원을 위한 법률을 통폐합하면서, 규제를 대폭 축소하는 방향으로 산업정책의 전환이 이루어진 사례도 있다[60]. 하지만 건설산업의 경우는 불행하게도 그러지 못했다. 김대중

60) 앞서 지적했던 바와 같이, 1970년대 중화학공업 육성정책의 근간을 이루었던 7개 개별산업(기계, 전자, 섬유, 조선, 석유화학, 철강, 비철금속 등) 지원법을 1986년에 「공업발전법」으로 일원화(1999년에 「산업발전법」으로 대체)하면서 140여개에 달하던 규제조항을 10분의 1인 14개로 축소한 사례가 대표적일 것이다.

정부에서 한때 규제완화가 이루어지는 듯 하다가, 다시 부실공사 방지와 중소건설업체 보호 등을 명분으로 하는 각종 규제가 정부조달과정에서 강화되는 추세다.

규제를 하더라도, 시장경제체제를 유지하고 있는 국가라면 대개 경제규제는 완화하고, 품질 · 환경 · 안전 등과 관련된 사회적 규제는 강화하는 것이 바람직하다는 의견이 지배적이다(최병선, 1992). 하지만 우리나라의 건설산업이나 정부조달과정에서는 여전히 경제규제가 대단히 많다. 건설업체 경영자가 판단해야 할 특정 사업의 겸업 여부를 법 · 제도로 규제하고 있는 칸막이식 건설업역 규제, 공동도급이나 하도급에 대한 규제 등을 대표적인 예로 꼽을 수 있다.

품질 · 안전 · 환경보호를 목적으로 하는 사회적 규제도 품질(Quality)이 중요하다. 우리나라에서 사회적 규제의 목적을 달성하기 위한 수단으로 흔히 활용되어 온 것은 입찰참가자격 사전심사(PQ)시 신인도 평가항목에서 가점이나 감점을 주는 제도였다. 신인도 평가항목의 가점이나 감점은 품질 · 안전 · 환경과 같은 정책목적을 따르는 업체들에게 인센티브를 주거나 불이익을 준다는 의미를 내포하고 있지만, 환경벌점 제도나 산업재해율 평가제도의 경우는 PQ제도의 변별력을 저하시키는 원인으로도 작용했다.

정부조달사업 추진과정에서 규제는 어디에 초점을 두어야 할까? 기본적으로 시설물의 생산과정에 개입하여 참여자들의 경제행위를 규제하기 보다는 최종적인 성과물의 산출단계에 초점을 두는 것이 바람직하다. 하지만 우리나라 정부규제는 조달사업 추진과정 전체를 대상으로 촘촘한 규제의 그물망을 짜놓았고, 그중에서도 특히 시설물의 생산과정에 집중적으로 개입하고 있다. 「건설기술관리법」과 관련된 법령 전체가 설계-시공-감리로 연결되는 건설생산과정 전반에 대한 규제를 위해 만든 법 · 제도라고 해도 과언이 아니다. 반면에 시설물 준공 이후에 대한 정책적 · 제도적 관심은, 형식적인 사후평가나 유지관리에 대한 몇몇 조문을 제외하고는, 거의 없다. 시설물의 생산과정에 대한 규제가 많으면 많을수록 생산비용은 증가하고, 생산체계의 왜곡과 불법 · 탈법행위 및 부정 · 부패행위를 조장할 가능성이 높다.

정부조달 관련 법 · 제도에 처벌규정이 우리나라만큼 많은 나라는 찾아보기 어렵다. 처벌도 한번만 받는 게 아니다. 1건의 동일한 법령 위반행위에 대해서 국가계약법령에서는 부정당업자로 입찰참가자격을 제한하고, 「건설산업기본법」에서는 영업정지(또는 과징금)를 내리기도 하며, 공정거래법에서는 과징금 처분을 할 수도 있다. 처벌을 받은 이후에는 정부공사 입찰시 일정기간 PQ신인도 감점을 받기도 한다. 또한 국가계약법령에서는 1개의 정부기관에서 부정당업자로 입찰참가자격을 제한할 경우, 다른 모든 기관에서도 입찰참가자격을 제한하도록 규정하고 있다. 처벌 수준도 기업에게는 사형선고나 다를 바가 없는 입찰참가자격 제한이나 영업정지가 많다. 그렇다면 이토록 공급자인 건설업체를 엄하게 처벌하도록 한 규제는 실효성이 있을까? 역설적으로, 처벌의 수준과 강도가 너무 강하기 때문에 처벌 규정의 실효성이 줄어드는 현상을 보게 된다. 국내외 건설시장에서 연간 수 조원의 수주를 하고 있는 세계적인 건설업체에 대해 임직원의 사소한 뇌물공여 사건을 이유로 입찰참가자격을 제한하거나, 몇 개월씩 영업정지를 부과하기는 현실적으로 어렵다는 것이다. 또한 법 · 제도가 규정하고 있는 처벌의 정도가 너무 광범위하고 심각한 수준이기 때문에 처벌대상 업체도 행정제재 처분에 쉽게 승복하지 않는다. 몇 년씩 걸리는 지리한 소송을 진행하면서 해당 업체뿐만 아니라, 국가적 · 사회적으로도 막대한 소모성 비용을 발생시키는 사례가 많다. 처벌규정도 너무 많고, 처벌의 수준이나 강도 역시 대단히 강하지만, 그렇기 때문에 법령 위반행위에 대해 정작 처벌하지도 못하면서 사회적 비용만 양산하고 있는 실정이다.

조달 관련 법 · 제도나 규제의 운용방식이 경직적이고 획일적이라는 문제도 있다. 예컨대, 공사특성이나 발주자의 여건과 무관하게 추정가격 300억원 이상인 설계/시공분리발주 공사는 무조건 최저가 낙찰제를 적용하라는 식의 규제는 너무도 경직적이고 획일적이다. 이 같은 경직성과 획일성은 흔히 객관성과 공정성이란 이름으로 치장되기도 한다. 발주기관의 주관적 판단을 배제하고, 공사금액과 같은 객관적인 기준에 따라 특정 제도의 적용여부를 결정하는 것이 공정하다는 식이다. 그러다 보니 우리나라 조달정책이나 제도는 대부분 공사금액을 기준으로 적용대상이 정해지고, 개별 발주기관에게 허용되는 재량권의 범위는 대단히 좁다. 대부분의 발주기관은 감사를 의식하여 주어진 재량권 범위에서도 권한행사를 할 의사가 없다. 법 · 제도 및 규제의 경직적이고 획일적인 운용은 정부조달사업의 합법성은 지킬 수 있어도, 합목적성과 효율성을 달성하기 어렵게 만든다.

3 조달정책기능 부족과 집행기능 집중화

우리나라 정부조달시스템에서 조달정책기능을 수행하고 있는 기관은 재정경제부라고 하지만, 그 기능은 너무도 미약하다. 중앙조달기관인 조달청도 조달정책기능을 수행한다기 보다는 수요기관의 위임사무를 처리하는 과정에서 필요한 행정적인 기능을 수행하고 있다. 최근 10여년간 정책부서라는 재정경제부에서 정부조달제도의 혁신이나 개혁을 주창했던 적은 없었다. 재정경제부나 조달청에서 정부조달사업의 모범사례(Best Practice)를 제시한 사례도 찾아보기 어렵다. 공급자인 건설업계의 요구, 정치권과 감사원의 요구, 시민단체의 요구 등에 수동적으로 반응해 왔던 경우가 대부분이었다. 정부조달제도 "개선"의 핵심적인 내용은 이해관계가 첨예하게 대립되는 "입낙찰제도 개선"에 집중되었고, "법조문의 일부 개정"에 치중하면서 전체적인 조달시스템 개편에는 둔감했다.

조달정책 기능이 취약한 원인은 조달행정을 담당하는 실무공무원만의 잘못이 아니다. 시설공사 조달예산만 해도 연간 약 50조원에 달하는데, 이처럼 방대한 조달예산을 해마다 집행하면서도 정작 조달행정의 중요성 자체를 인식하지 못하고 있다는 것이 더 큰 문제다. 정부예산의 "편성"과정에 대해서는 정치권과 언론의 이목이 집중되지만, 그 예산의 집행과 관련된 조달행정에 대해서는 별 관심이 없다.

대개 조달정책기능은 중앙정부기관에서 주로 수행하고, 집행기능은 개별 수요기관에서 담당하는 것이 보통이다. 우리나라에서는 주요 대형공사의 조달집행기능을 중앙조달기관인 조달청이 수행하고 있다. 중앙조달제도를 채택했던 1960년대 초반에는 그 나름대로 타당성이 있었다. 중앙조달제도를 통하여 정부주도 경제개발을 지원하고, 시설공사 입찰계약기능을 수요기관과 분리함으로써 부정 · 부패를 축소하겠다는 등의 목표는 당시의 중앙조달제도를 정당화시킬 수 있는 근거였다. 하지만 지금의 상황은 1960년대와 판이하게 다르다. 정부조달시장의 규모도 50여년 전과 비교할 수 없을 정도로 커졌고, 수요기관의 분권화에 대한 요구도 커졌다. 특히 전면적인 지방자치제도가 1995년부터 시행되면서 지방자치단체의 조달업무는 원칙적으로 지방자치단체에서 수행하는 것으로 정책방향이 결정되었다. 이처럼 조달집행기능의 분권화가 이루어지는 과정에서 중앙조달기관인 조달청의 기능과 역할은 정책기능을 강화하는 방향으로 바뀌어야 한다. 하지만 여전히 「조달정책기관=재정경제부, 조달집행기관=조달청」이란 틀이 유지되고 있다.

정부조달기능의 분권화와 지자체 조달범위의 확대는 조달사업법령의 개정만으로 달성될 수 있는 사안이 아니다. 수요기관에게 자체조달이 가능한 법적 범위를 넓혀 준다고 해서 자동적으로 조달집행기능의 분권화가 이루어지는 것이 아니라는 뜻이다. 수요기관이 조달집행기능을 수행할 수 있는 여건을 함께 조성해 주어야 한다. 그러지 못하다 보니, 법적으로 지자체 조달범위가 확대되는데도 불구하고 조달청의 지자체 조달업무 대행실적은 계속 증가하고 있는 것이다. 분권화되어야 할 조달집행기능은 여전히 집중화되어 있고, 강화되어야 할 조달정책기능을 수행하는 기관은 찾아보기 힘든 것이 우리나라 정부조달시스템이 안고 있는 핵심적인 문제라고 본다.

4 조달행정 역량 부족과 책임회피 · 감사 대비 행정

정부기관 가운데 독자적으로 조달행정업무를 처리하는데 필요한 역량을 그런대로 갖추고 있다고 평가할 만한 기관은 몇 개 되지 않는다. 중앙조달기관인 조달청을 비롯하여 공사발주를 주된 업무로 하는 정부투자기관 정도다. 여타 중앙정부기관이나 지자체는 조달행정업무를 독자적으로 수행할 수 있는 법적 근거 문제를 떠나, 담당공무원의 수와 전문성이 취약하기 이를 데 없다. 이렇게 된 이면에는 오랫동안 조달청을 통한 중앙집중조달제도가 운영되어 왔기 때문에 개별 수요기관에서 별도로 조달행정 역량을 키울 필요가 없었다는 이유와 연관된다. 건설사업관리(CM)제도와 같이 조달기관의 취약한 건설사업관리 역량을 보완할 수 있는 방안도 있지만, 실제 활용 사례는 미미하다. 여기에 순환보직제 등과 같은 공무원 인사시스템이 조달행정의 전문성 축적을 가로 막았다.

조달과정에서 발생하는 부정 · 부패 사례는 조달공무원에 대한 감사 강화로 연결될 수 밖에 없었고, 객관성 · 투명성 확보를 명분으로 조달공무원의 재량을 축소해 왔다. 이러니 지자체에서도 조달업무를 담당하는 계약과(契約課)나 회계과(會計課)는 기피하고 싶은 부서가 된다. 조달행정은 합법성(合法性)을 중시하게 되고, 합목적성(合目的性)은 망각된다. 합법성이야 말로 감사대비 행정을 위한 최상의 방책이기 때문이다. 책임회피 행정, 감사 대비 행정은 이 같은 구조 속에서 일상화된다.

책임회피 행정의 전형적인 사례가 설계 · 시공 일괄 및 대안입찰공사의 설계심의과정이라고 본다. 수 백억 내지 수 천억원 규모의 일괄 및 대안입찰공사는 설계비도 수십억원 수준이다. 이들 공사의 낙찰을 좌우하는 결정적 요인이 설계심의 점수이기 때문에 입찰업체로서는 당연히 설계심의 점수를 잘 받기 위한 노력을 기울일 수 밖에 없다. 원칙적으로 발주자는 설계심의를 포함한 입찰과 계약행정 업무를 직접 수행해야 한다. 하지만 일괄 및 대안입찰공사의 설계심의 업무는 1999년에 발생한 중앙건설기술심의위원회의 뇌물수수 사건을 계기로 큰 틀이 바뀌게 되었다. 전국 각지의 대학교수를 중심으로 3,000명에 달하는 설계심의위원 풀(pool)을 구성하고, 이 풀에서 무작위로 선정된 사람이 심의를 담당하게 했다. 제 아무리 건설업체라도 전국 각지의 3,000명에 달하는 심의위원 후보자들을 상대로 로비를 하기는 어려울 것이라는 가정이 당초 이 제도 도입의 전제였다. 그렇다면 공무원은? 투명경영이니 부패방지니 하는 명분으로 설계심의과정에 참여하지 않는 것이 원칙이었다. 수요기관에서 사업을 기획하고, 예산을 확보해서 발주한 뒤, 감리 · 감독과 준공검사 및 유지관리업무를 담당하면서도 낙찰자 선정과정에서는 뒷짐지고 있는 것이 객관성과 공정성 확보 및 부패방지 차원에서 바람직하다는 것이다. 하지만 이 같은 설계심의제도는 결국 성공하지 못했다. 건설업체들은 전국 방방곡곡에 흩어져 있는 3,000여명에 달하는 잠재적인 설계심의위원들을 대상으로 상시관리를 해왔던 것으로 알려져 있다. 중소건설업체들은 현장 수도 작고, 기업의 규모나 인력면에서 대기업과 비교할 수 없기 때문에 이 같은 설계심의제도에서는 일괄 및 대안입찰시장의 진입 자체가 불가능하다고 비판해 왔다. 대기업은 대기업대로 상시관리에 따른 엄청난 비용부담을 호소했다. 또한 전문성 없는 대학교수 중심의 설계심의제도를 공무원 중심의 설계심의제도로 바꾸어 달라는 요구도 많았다. 대한건설협회 등에서는 아예 공무원 중심의 "상설 설계심의기구" 설립을 요구하기도 했다[61]. 이렇게 하는 것이 책임행정을 구현하는 길이라고 지적했다.

계속되는 문제제기로 인하여 설계심의제도는 2004년에 바뀌었다. 설계심의위원 풀을 폐지하고, 기술위원과 평가위원으로 구분하여 심의하도록 한 현행 제도가 바로 그것이다[62]. 기술위원은 "전문가 명부"를 활용하여 선정하고, 설계도서의 기술적 사항을 검토한다. 설계평가는 건설업무와 관련된 행정기관의 기술직 4급 이상 공무원이나 기술사 또는 박사학위를 취득한 5급 이상 공무원과 건설관련 투자기관 및 협회 임원 등으로

61) 이것도 우리 사회의 황당한 단면이다. 일괄 및 대안입찰공사의 설계심의과정에 참여하는 대학교수보다 공무원의 전문성과 도덕성이 더 나으니 설계심의위원을 공무원으로 바꾸어 달라는 주장까지 하기에 이르렀다.
62) 건설교통부 훈령인 「건설기술개발 및 관리 등에 관한 운영규정」에 상세하게 규정되어 있다.

구성된 평가위원들이 담당하고 있다. 기술위원은 설계점수를 줄 수 없고, 공무원 등으로 구성된 평가위원이 낙찰을 좌우하는 설계점수를 주도록 하였다. 그렇다면 과거 3,000명의 설계심의위원 풀을 활용할 때와 크게 달라진 것일까? 불행하게도 그렇지 않다. 기본적으로 평가위원 풀이 1,000여명을 상회한다. 여기에 기술위원을 선정하는데 활용하는 "전문가 명부"도 여전히 존재한다. 건설업체 입장에서는 여전히 2~3천명을 상시 관리하지 않을 수 없다. 공무원 등이 평가위원으로서 낙찰을 좌우하는 설계점수를 주지만, 정작 당해 수요기관 발주공사의 설계심의과정에 참여하는 당해 수요기관 공무원은 거의 없다. 다른 수요기관 발주공사의 설계심의과정에는 평가위원으로 참여할 수 있지만, 정작 자신이 소속된 기관의 설계심의에는 참여할 수 없도록 하고 있는 발주기관도 있다. 객관성과 공정성을 확보한다는 명분이지만, "무책임행정(無責任行政)"이란 비난을 받아 마땅하다. 윤리경영이나 객관성 · 공정성은 자기 소관업무를 수행하면서 달성해야 하는 가치다. 자기 소관업무를 남에게 떠맡기면서 윤리경영을 하고 있다거나, 객관성과 공정성을 확보하고 있다는 주장은 어처구니없는 주장이다. 비단 일괄 및 대안입찰공사의 설계심의과정에서만 "무책임행정"이 벌어지고 있는 것은 아니다. 정부조달사업의 추진과정에서 동원되는 각종 위원회도 "무책임행정"의 수단으로 활용되지 않나 싶다.

5 정부공사 예산제도의 비효율성과 불합리성

정부공사 예산제도의 비효율성과 불합리성에 대한 지적도 어제 오늘의 일이 아니다. 특히 장기계속계약제도를 활용한 장기대형사업은 공사비 증액과 공기 지연을 초래하는 주범 중의 하나이기 때문에 계속비제도로 전환해야 한다는 지적은 숱하게 있었다. 하지만 여전히 우리나라의 장기대형사업에는 계속비제도가 아니라 장기계속계약제도가 일반적으로 적용된다. 총사업비와 해마다 지출되어야 할 연부액(年賦額)이 사업 1차년도에 확정되는 계속비제도는 재정운용의 경직성을 초래하고, 해마다 요구되는 신규사업예산을 쉽게 반영하기 어렵기 때문에 정치권과 예산당국에서 계속비제도의 확대를 꺼려했기 때문이다.

최근에는 정부재정의 한계로 인하여 SOC예산의 부족 문제가 심각하다(이상호 외, 2006.7). 그러다 보니, 건설교통부에서는 국도 건설의 각 구간별 연간 사업비 배정 규모를 축소하는 방향으로 예산편성기준을 조정하기도 했다. 이에 따라 600억원 규모의 국도건설사업은 당초 4~5년에 끝내기로 하고 예산배정을 했지만, 지금은 8~10년간에 걸쳐 예산배정을 하는 것으로 바뀌었다(안태훈, 2006). 이처럼 정부공사 조달기간이 장기화될수록 공사비는 늘어나게 된다.

정부공사 예정가격 산정제도의 문제도 숱하게 지적되었지만, 아직까지 근본적인 개선을 위한 노력이 별로 보이지 않는다. 표준품셈의 비현실성에 대한 문제제기를 계기로(조달청, 2001.7) 도입된 실적공사비제도는 이름 그대로 "실적공사비"를 활용하는 제도가 아니다. 엉터리 입찰내역서[63]의 계약단가를 실적공사비라고 우기고 있을 뿐이다.

설계 · 시공 일괄 및 대안입찰공사는 입찰시점에서 정부예정가격이 아니라 추정가격이 제시된다. 특히 일괄입찰공사는 정부가 설계를 하지 않기 때문에 과거 공사수행 경험치를 반영한 예산금액만 제시할 뿐이고, 이를 추정가격이라고 국가계약법에서 부르고 있다. 그런데 일괄 및 대안입찰공사의 공사비는 과소편성되는 경우가 많다. 발주기관에서 예산부족 때문에 의도적으로 낮게 책정하기도 하고, 일괄 및 대안입찰공사의 낙찰률(=추정가격 대비 낙찰금액)이 너무 높은 것을 감안하여 동일규모 적격심사공사의 낙찰하한률 수준으로 예산금액을 책정하는 경우도 있다.

정부공사 예산제도의 효율적인 운용을 강조하면서도 총생애주기비용(whole life cycle costs)의 절감을 위한 의식적 · 제도적 노력은 찾아보기 어렵다. 최저가 낙찰제 확대를 주장하는 시민단체는 낙찰률을 낮추기만 하면 예산절감이 되는 것처럼 떠들고 있다. 하지만 최저가 낙찰제 시행으로 인한 예산절감은 어디까지나 "시공비"에 국한된 예산절감일 뿐이다. 공사의 품질저하나 시설물의 수명 단축, 혹은 유지관리비의 과다가 발생할 경우, 총생애주기비용 측면에서는 최저가 낙찰제가 예산절감은 커녕 예산낭비를 초래하는 원인이 될 수 있다.

6 시공 이외 부문에 대한 무관심

우리나라에서 정부조달과정에 대한 관심은 온통 시공단계에 집중되어 있는 것 같다. 기획, 설계 및 준공 후의 사후평가나 유지관리에 대해서는 대체로 무관심한 편이

63) 입찰내역서에 기재된 단가는 입찰업체의 실행단가가 아니라 공사수주를 위한 가공의 단가가 대부분이기 때문이다. 적격심사공사의 입찰내역서 단가는 낙찰하한율에 맞춘 단가이고, 최저가 낙찰제 공사의 입찰내역서는 최종 입찰금액에 맞춘 단가일 뿐이다.

다. 설사 시공 이외 부문의 중요성을 강조했다 치더라도 대개는 "중요하다는 것을 알아달라"는 하소연 수준에서 그치지 않았던가 싶다. 공사품질은 시공업체가 좌우하는 것으로 생각하는 사람도 많고, 부실공사 방지대책만 해도 시공부문에 대해 집중적으로 규제 강화를 요청하는 경우가 많았다.

기획이나 타당성조사에 대한 관심이 떨어졌던 원인은 정부조달사업의 추진 여부가 정치적으로 결정되었던 탓도 있고, 오랫동안 SOC 시설물에 대한 만성적인 초과수요가 있었던 탓도 있다. 이런 상황에서 기획이나 타당성조사가 제대로 이루어지기를 기대하기 어려웠다. 하지만 그 결과, 당초의 타당성조사 결과나 편익/비용비율(benefit/cost ratio)과 달리, 준공 후 수요부족으로 막대한 정부재정이 투입되는 사례가 늘어나고 있다. 특히 최근 들어 준공된 도로, 항만, 공항, 지하철, 철도 등 SOC 시설물의 상당수가 수요부족으로 인하여 막대한 재정투입이 불가피해지면서[64], SOC 투자 축소의 빌미를 제공하고 있다.

설계 및 엔지니어링의 중요성은 인정하면서도, 정작 설계나 엔지니어링에 대한 사회적 · 제도적 관심은 미약하기 짝이 없다. 설계나 엔지니어링시장의 규모가 너무 작다 보니, 시공업체에 비해 상대적으로 영세한 용역업체들의 시장에 대한 관심도 높지 않았다. 여기에 칸막이식 업역규제와 설계 및 엔지니어링업계의 배타성 등으로 인하여 시공부문과의 단절이 큰 것도 문제다[65].

설계 · 감리 · 엔지니어링 용역대가기준이 너무 낮아서 "저부가가치" 산업의 굴레를 벗어나고 있지 못하는 것도 큰 문제다[66]. 이런 산업구조에서 덩치 큰 대형 건설업체들이 참여하고 있는 시공시장에 더 큰 관심이 쏠린 것은 당연하다고 볼 수 있다.

「건설산업기본법」이 제정되던 1996년말에 도입된 건설사업관리(CM)제도는 지난

---

64) 가장 대표적인 사례는 지역숙원사업이란 명분으로 전국 각지에 건설된 지방공항일 것이다. 현재 우리나라에서 운영되고 있는 18개 공항 중 김포, 제주, 김해 등 3개 지역의 공항이 전체 수송의 약 80%를 담당하고 있으며, 나머지 지방공항의 수송분담률은 지속적으로 떨어지고 있다. 원주공항은 제주 노선을 하루 1회만 운항할 정도로 수익성이 떨어져 원주시와 강원도가 조례를 제정, 탑승률이 70% 이하로 떨어지면 항공사를 지원하기도 하고, 3,400억원 이상이 투입된 양양 국제공항은 이용객이 없어 유명무실한 공항으로 전락하였으며, 영천공항은 2004년 4월 중앙고속도로 개통 이후 이용객 수가 급감해 문을 닫았고, 군산이나 목포공항도 서해안고속도로와 고속철도 개통으로 수익성이 계속 떨어져 폐쇄 여부를 논의하는 지경이다(한국건설산업연구원, 2005).

65) 우리나라의 대형 건설업체는 시공업체이고, 설계 · 감리나 엔지니어링 등을 담당하는 건설용역업체는 대부분 중소업체들이다. 원래 설계 등 건설용역업과 시공업은 칸막이식 업역규제로 인하여 겸업이 제한되어 왔다. 둘 중 하나만 선택해야 하는 상황에서 대기업은 당연히 덩치가 큰 시공업을 선택했고, 설계 등 시공 이전 단계의 업역이나 유지관리 등 시공 이후 단계의 업역은 중소기업 몫으로 양분되었다.

66) 시공부문의 수익성이 나쁘지 않았던 것도 대기업이 시공부문에만 매달려 있었던 원인 중 하나라고 본다. 상대적으로 설계 · 감리 · 엔지니어링 대가기준이 너무 낮았던 것도 원인 중 하나일 것이다. 건설용역업체의 경우 1인당 매출액이 1~2억원에 불과한 반면, 시공업체는 대부분 10억원을 상회했다는 점도 대기업이 시공시장에서 손을 떼기 어려운 원인이기도 하다.

10년간 많은 관심을 끌었다. CM 도입으로 월드컵 경기장의 성공적인 건설과 건설산업의 경쟁력 향상 및 투명성 확보 등과 같은 긍정적인 성과도 거두었지만, 여전히 많은 문제점을 안고 있다(김종훈, 2007.4). 예컨대, 책임감리에 비해 업무영역이 훨씬 넓고, 원가 절감이나 공기 단축의 책임이 더욱 강조되는 CM의 용역비는 책임감리보다 더 낮았고[67], 전세계적으로 유례를 찾아볼 수 없는 "한국식 CM"이란 왜곡된 제도가 도입되어 있다[68]. 발주기관의 공무원은 공무원들대로 CM이 도입되면 발주자의 입지가 흔들린다고 생각하다 보니 CM제도의 활성화가 쉽지 않다.

대형 부실참사를 겪으면서 감리의 중요성에 대한 인식은 대단히 높아졌다. 심지어는 "감리 만능주의"가 판을 치고 있다고 해도 과언이 아닐 지경이다. 시민단체나 정부 일각에서는 최저가 낙찰제를 전면 확대하는 대신 감리를 강화하면 정부예산 절감과 부실공사를 방지할 수 있다는 식의 주장을 하기도 한다. 그렇다면 감리를 어떻게 강화해 왔는가? 그 결과는 실망스럽기 짝이 없다. 기껏해야 국가계약법 시행령 제54조에 규정된 것처럼 정부예정가격 대비 70% 미만의 저가낙찰 현장에 대해 감리원 투입인원 수를 50%까지 더 늘릴 수 있도록 한 정도에 불과하다[69]. 최근에는 아예 국가계약법 시행령 제54조의 규정을 의무화하여, 무조건 감리원을 50% 추가적으로 더 투입하자는 주장도 나오고 있다(조달청, 2007). 공사현장에 감리원 투입인원 수만 늘리면 감리가 강화되고, 품질확보와 부실공사 방지가 이루어지겠는가? 이것은 마치 범죄를 예방하기 위해 경찰인력을 지금보다 50% 더 증원하자는 주장과 다를 바가 없다. 물론 감리원이나 경찰인력의 수가 너무 적으면 문제가 발생할 수 있다. 하지만 지금 현재 공사현장에 배치된 감리원의 수가 적은가? 그 수가 적어서 공사품질을 확보하기 어려운가? 이런 문제에 대한 실증적인 검토 결과는 아직까지 발표된 적이 없다.

오랫동안 제기되어 온 감리의 문제는 공사현장에 투입되는 감리원의 수가 적다는 것이 아니라, 감리원의 기술력과 자질, 감리원의 역할과 책임 및 감리대가기준에 관한

---

67) 공공부문의 책임감리 용역비는 인/월(man/month)당 약 1,000만원이지만, 조달청 발주 CM사업의 인/월당 용역비는 800만원대에 불과했다. 흔히 우리나라 CM의 업무영역은 "책임감리+α"로 규정되고 있지만, CM용역비는 "책임감리비+α"가 아니라 "책임감리비-α"인 것이 현실이다. 고객지향적이면서 고부가가치 영역이 되어야 할 CM시장에서도 양질의 기술인력을 투입하여 서비스의 질로 경쟁하는 것이 아니라 가격중심의 경쟁이 이루어지고 있다(김종훈, 2007.4).

68) "한국식 CM"은 책임감리제도라는 기존의 제도에 무게중심을 실은 상태에서 도입되다 보니, "책임감리+α"를 CM의 업무범위로 정하고 있고, 그러다 보니 책임감리와 비용효과성 측면에서 논란이 발생하기도 한다.

69) 이 같은 감리강화 대책도 최저가 낙찰제가 도입된 이후 부실공사 우려가 커지자 2003년 12월에 국가계약법 시행령을 개정하면서 추가한 것이다.

것이었다. 설계감리, 검측감리, 시공감리, 책임감리 등 여러 가지 감리제도가 있긴 하지만, 그 성과에 대한 평가도 제대로 이루어지지 않고 있다. 이런 문제는 감리시장이 안고 있는 구조적인 문제들이다. 하지만 정작 개선이 필요한 이런 핵심적인 문제들은 간과되고 있다.

준공 이후의 사후평가나 유지관리도 오랫동안 방치된 영역이었다. 사후평가를 해봤자 쓸 용도가 별로 없고, 유지관리 문제는 어느 누구의 관심사도 되지 못했다. 예컨대, 총공사비가 500억원 이상인 공사에 대해서는 「건설기술관리법」 시행령 제38조의 18에 따라 공사가 완료된 이후 공사내용과 효과를 조사 · 분석한 사후평가보고서를 의무적으로 작성하여 건설교통부장관에게 제출하고, 관련기관에 배포하도록 되어 있다. 하지만 건설교통부는 2001년 5월에 「건설공사 사후평가 시행지침」을 제정하면서, 타당성조사를 실시하지 않은 건설공사는 사후평가 여부를 발주처에서 결정하도록 규정하여 사후평가 대상공사의 범위를 축소했다(감사원, 2006.3). 이에 따라 2005년말까지 사후평가보고서를 작성하여 제출해야 하는 건설교통부 소속 및 산하기관의 건설공사 62건 중 2005년 9월 현재까지 제출된 사후평가보고서는 단 4건밖에 없었다[70]. 이 중 각 지방국

표 2-28 건설교통부 소속 및 산하 발주기관별 사후평가보고서 제출현황

(단위: 건)

발주기관명	공사건수	사후평가보고서 제출 여부	
		제출	미제출
합 계	62	4	58
서울지방국토관리청	2	–	2
원주지방국토관리청	2	–	2
대전지방국토관리청	14	–	14
익산지방국토관리청	7	–	7
부산지방국토관리청	12	–	12
한국도로공사	11	4	7
한국수자원공사	4	–	4
대한주택공사	9	–	9
한국철도시설공단	1	–	1

자료: 감사원(2006.3).「감사결과 처분요구서–건설공사 관리시스템 운영실태–」.

70) 그나마 한국도로공사(2004.6).「서해안선 외 2개 노선 고속도로 건설공사 사후평가 연구」에서 서해안선(당진~대천) 등 4건을 통합 작성한 사후평가보고서 밖에 없다.

토관리청의 사후평가 대상공사 37건의 경우는 2005년도 사후평가보고서 작성 계획 및 예산조차 수립되어 있지 않았다.

정부조달시스템의 혁신은 시공부문에만 국한할 일이 아니다. 시공기술력은 세계적 수준으로 인정받으면서 설계나 엔지니어링 및 건설사업관리 역량은 상대적으로 취약하다는 평가를 받고 있다. 이렇게 된 원인도 정부조달과정에서 시공 이외 부문에 대해 무관심했던 것과 연관된다. 앞으로는 시공부문만이 아니라 기획 · 타당성조사 · 설계 · 엔지니어링 · 감리 · 건설사업관리 · 사후평가 · 유지관리 등 정부조달과정 전반에 걸친 균형잡힌 혁신을 추구해야 한다.

7 정부공사 발주제도의 후진성

우리나라의 정부공사 발주제도는 오랫동안 설계/시공 분리발주제도를 근간으로 삼아왔다[71]. 설계 · 시공 일괄이나 대안입찰제도는 1996년 이후에야 비로소 활성화를 위한 정책이 시행되었고[72], 실제로 활성화되기 시작한 것은 2001년 이후부터였다. 2001년에 최저가 낙찰제가 1,000억원 이상 PQ공사에 도입되면서 저가 낙찰 문제가 심각하게 제기되었고(이상호, 2001), 발주기관으로서는 저가 낙찰이 이루어지는 최저가 낙찰제 보다는 대형 건설업체들이 주로 참여하는 일괄 및 대안입찰제도를 더 선호했기 때문이다. 건설사업관리(CM at Risk) 방식의 발주제도는 아직까지 제도 자체가 없다.

2005년도에 일시적으로 전체 정부공사에 차지하는 일괄 및 대안입찰공사 비중이 35.6% 수준으로 급성장하였지만, 2006년부터는 축소하는 쪽으로 정책방향이 선회하게 되었다. 최저가 낙찰제 공사보다 낙찰률이 높기 때문에 예산낭비라는 시각이 많았고, 대기업 수주편중에 대한 중소건설업체의 비난도 컸으며, 대형 설계사나 엔지니어링 업체를 제외한 건설용역업체들의 반발도 심각했다.

71) 우리나라에서는 발주제도, 입찰제도, 낙찰제도, 계약제도 등에 관한 구분이 국가계약법에 명확하게 규정되어 있지 않다. 일반적으로 건설공사 발주제도(Project Delivery Method)는 "설계와 시공관리를 위해 발주자가 선택하는 조직체계"로 정의되고 있으며, 설계/시공 분리발주(Design-Bid-Build : DBB), 설계 · 시공 일괄발주(Design-Build : DB) 및 건설사업관리(CM at Risk)의 3가지 유형으로 구분하고 있다(CII, 1997). 여기서도 이 같은 발주제도의 정의와 분류방식에 따라 논의를 전개하고자 한다. 다만, 우리나라에는 아직 건설사업관리방식의 발주제도가 없기 때문에 설계/시공 분리발주 및 설계 · 시공 일괄발주를 중심으로 논의할 수 밖에 없는데, 여기서는 일단 설계 · 시공 일괄 및 대안입찰공사에 대해 논의를 집중하고자 한다. 설계/시공 분리발주제도는 이후 살펴보게 될 최저가 낙찰제나 적격심사제도 등과 같은 입낙찰제도의 문제점 등이 모두 해당된다고 볼 수 있다.

72) 1996년 11월에 발표된 「턴키 활성화 대책」을 계기로 설계 · 시공 일괄 및 대안입찰제도 활성화를 위한 제도개선이 본격적으로 논의되기 시작했다.

특정한 발주방식의 확대나 축소는 발주자가 성과평가를 통해 결정해야 할 사항이다. 일괄 및 대안입찰공사가 설계/시공 분리발주 공사에 비해 공사비, 공기, 품질 등의 측면에서 어떤 장단점이 있는지에 대한 실증적인 평가결과에 따라 확대와 축소 여부를 결정해야 한다는 뜻이다. 하지만 우리나라에서는 "공급자간의 공사물량 나눠먹기" 차원에서 확대나 축소 여부가 결정되는 경향도 많았다. 건설사업관리(CM at Risk) 방식의 공사발주제도가 도입되지 못한 원인은 발주자가 소극적인 탓도 있지만, 현재의 건설업역 구조에서 이 제도의 도입으로 손해를 볼 것이라고 생각하는 공급자 집단의 반발[73]도 큰 원인이었다.

일괄 및 대안입찰제도 또한 글로벌 스탠다드와 무관한 한국식 제도일 뿐이다. 공기단축[74]을 목적으로 하기 보다는 설계경쟁에 치중하는 제도가 운영되어 왔고, 당연히 이루어져야 할 실시설계와 시공의 병행(fast-track)은 월드컵 경기장 건설사업 등 일부 사업에서 제한적으로 활용되었을 뿐이다. 과도한 설계비 부담과 설계심의과정 및 설계심의위원에 대한 이른바 "상시 관리" 관행은 우리나라의 사회·문화 수준을 적나라하게 보여주는 지표라고 해도 과언이 아니다.

설계·시공 일괄 및 대안입찰제도에 대해서는 2006년에 감사원의 종합적인 감사가 이루어졌다(감사원, 2007.5)[75]. 어떤 공사를 일괄이나 대안입찰공사로 해야 하는가에 대해서는 건설교통부에서 제정한 「대형공사 입찰방법 심의기준」이 있다. 하지만 기준 자체가 막연하고, 일괄이나 대안입찰에 부적절한 공사도 일괄이나 대안공사로 발주되는 사례가 많았다는 것이 감사원의 결론이다. 실제로 부산지방국토관리청 등 14개 발주기관에서 일괄·대안입찰공사로 결정한 총 137건의 공사 중 그 사유는 「대형공사 입찰방법 심의기준」의 "발주청이 유리하다고 판단되는 경우(제5조 3호)"가 가장 많았고(53건), 그 다음이 "신기술, 신공법의 적용으로 경제적인 대안이 필요한 경우(제4조2항 5호)"(41건)였다고 한다.

73) 2001년에 「건설산업기본법」을 개정할 때, 건설사업관리 방식을 도입하고자 시도한 적이 있다. 이때 전문건설업체들은 건설사업관리(CM at Risk) 방식에서 재하도급자가 될 것으로 우려했고, 전기 및 정보통신공사업체들은 원도급자가 아니라 하도급자로 전락할 것을 우려하여 건설사업관리 방식의 발주제도 도입을 반대했다. 일반건설업체도 중견 및 중소건설업체가 대형 건설업체의 하도급자가 될 가능성이 높다는 이유로 반대했다. 정작 건설사업관리 방식의 비용효과성 등에 대한 논의는 찾아보기 어려웠다.

74) 미국의 설계·시공 일괄입찰제도는 공기 단축에 가장 큰 목적을 두고 있다(이상호·한미파슨스, 2006).

75) 감사대상기관은 총 16개 기관으로 재경부, 건교부, 부산 등 2개 지방국토관리청, 한국철도시설공단, 해양수산부, 인천 등 5개 지방해양수산청, 부산광역시 등 5개 광역지방자치단체였다. 감사대상공사는 2001년 6월 이후 일괄 및 대안공사로 입찰방법을 결정한 총 137건의 공사였다.

표 2-29 감사원 감사결과 일괄 · 대안입찰공사 결정 현황

구분	계		제4조 적용					제5조 적용	미검토
			공종간 연계	공기단축	잦은 설계변경	성능확보	신기술, 신공법		
부산지방국토관리청 등 14개 발주기관	일괄	82	11	11	8	2	27	23	4
	대안	2	2	5	4	–	14	30	–
	계	13	13	16	12	2	41	53	4

자료: 감사원(2007.5).「감사결과보고서-설계 · 시공 일괄입찰제도 등 운용실태-」

표 2-30 감사원 감사결과 부적절한 발주제도 적용 사례

선정기준 (대형공사입찰방법 심의기준)	발주방법 결정의 문제점	부적절 사례
제4조2항2호 공기 단축이 필요한 경우	공기 단축의 필요성, 예산확보 여부, fast-track 실시여부 등을 검토하지 않아 공기 단축이 필요하지 않거나 예산을 확보하지 못해 공기 단축이 어려운 공사도 일괄 · 대안공사로 결정	– 전라남도에서 발주한 도암-유치간 지방도 확포장공사 등 5건 – fast-track 방식은 "APEC 제2차 정상회의장 건립공사" 1건에 불과
제4조2항3호 빈번한 설계변경 방지	설계변경 가능성이 많은지, 설계변경 책임을 업체에게 부담시킬 수 있는지 등을 검토하지 않아 방파제 공사 등 설계변경이 발생하지 않거나 민원 등 업체가 설계변경을 책임지기 곤란한 경우도 일괄 · 대안입찰공사로 결정	– 해양수산부에서 발주한 "평택(아산)항 남측호안 철거 및 기타공사" 등 3건 공사
제4조2항5호 신기술, 신공법 적용 등 경제적 대안활용	대안이 제시될 가능성이 있는지, 경제적인 대안이 무엇인지 등을 검토하지 않아 원안설계와 유사한 안이 제시되거나, 원안에서 경제성이 없어 제외된 비경제적인 설계가 선정되는 경우 발생	– 익산지방국토관리청에서 발주한 "군외-남창 도로확장공사" 등 12건 공사
제5조3호 일괄, 대안공사가 유리하다고 판단하는 경우	막연히 발주청에서 유리하다고 판단되는 공사 등으로 규정하여 완벽한 시공, 관계기관과의 원활한 협의 등 일괄 · 대안입찰공사의 장점과 무관하거나 외국에서는 부적절하다고 하는 공사까지 일괄 · 대안입찰공사로 결정	– 부산지방국토관리청에서 대안입찰로 결정한 "웅동-장유 국도확장공사" 등 33건 공사

자료: 감사원(2007.5).「감사결과보고서-설계 · 시공 일괄입찰제도 등 운용실태-」

발주기관의 일괄 및 대안입찰공사 결정이유에 대한 감사원의 감사결과는 그다지 호의적이지 않다. 일괄 · 대안입찰공사 선정기준이 모호하여 자의적으로 입찰방법을 결정함에 따라 부적절한 공사까지 일괄 · 대안입찰공사로 결정한 사례가 대단히 많다는 것이다. 이 같은 감사결과에 따라 감사원은 건설교통부에서 「대형공사 입찰방법 심의기준」을 개정하여, 일괄 · 대안입찰방법 결정시 필요성과 효과 등을 구체적으로 검토할 수 있는 세부검토기준의 마련을 요구하였다.

발주제도의 다양성이 이루어지지도 않았고, 설계 · 시공 일괄이나 대안입찰로 발주할 공사를 선정하는 기준도 불명확하고, 부적절한 사례가 많은데다가, 개별 발주제도 내부의 세부적인 입낙찰절차나 제도 역시 글로벌 스탠다드와 거리가 먼 것이 우리나라의 현실이다.

8 기술력이 아니라 "경력"과 "과거 실적" 중심의 PQ제도

설계 · 감리 등 건설용역이건 시공이건 간에 낙찰을 좌우하는 결정적인 요소 중의 하나는 PQ제도다. 설계나 감리부문에서 PQ심사는 「사업수행능력평가」를 의미하고, 시공부문에서는 「입찰참가자격사전심사」를 의미한다. 특히 설계 · 감리의 낙찰자 선정 및 300억원 미만 공사에 적용되는 적격심사제도에서 최종 낙찰자는 PQ점수와 입찰가격 평가점수를 합산하여 결정한다. 시공부문에만 적용되는 최저가 낙찰제는 PQ점수가 90점 이상인 업체에 한해 입찰참가자격을 준다. 그렇기 때문에 PQ제도는 낙찰자 선정의 관문이다.

PQ제도의 변별력이 없다는 문제는 오랫동안 숱하게 지적되었다. 일부에서는 PQ심사 통과율이 97~98%에 달하고, 통과업체의 대부분이 만점을 받고 있다는 사실을 변별력 부재의 증거로 들고 있다. 이 중 PQ심사 통과율이 높은 것과 변별력이 없다는 것은 연관성을 주장하기 어렵다. 원래 PQ심사 신청을 하는 업체는, PQ심사 경험이 없어 경험을 쌓고자 하는 특별한 경우를 제외하고는, 통과될 만한 업체들만 신청하기 때문이다. 통과 가능성이 없는데도 굳이 돈 들여 가면서 PQ심사를 받을 업체는 없다[76]. 문제는 PQ심사 통과업체의 대부분이 만점을 받고 있다는 사실일 것이다[77]. 게다가 PQ심사

76) 따라서 용역이건 시공이건, 통과될만한 업체만 PQ심사 신청을 한다는 의미는 PQ심사의 변별력이 어느 정도 있다는 뜻이다. 하지만, 통과된 업체간의 점수 차이가 너무 미미하기 때문에 PQ심사를 통과한 동일한 그룹 내에서의 변별력이 부족하다는 것이 문제다.

77) 적격심사제도의 경우, PQ심사점수가 만점이 아니면 낙찰가능성이 거의 없기 때문에 만점에 가까운 업체가 아니면 PQ심사를 신청하지 않는다고 볼 수 있다. 그 결과 PQ심사 통과업체의 대부분이 만점을 받는 것으로 보아야 할 것이다.

통과업체 수가 갈수록 늘어나고 있는 것은 그만큼 변별력이 완화되고 있다는 증거로 볼 수 있다. 예컨대, 조달청에서 발주하는 PQ공사의 경우, 2001년에는 입찰참가자 수가 20~40개 수준이었다가, 2006년에는 50개를 넘어섰다. 반면에 외국의 경우 PQ심사 통과업체수가 3~5개사에 불과하다는 것은 널리 알려져 있는 사실이다(이상호 · 한미파슨스, 2006).

표 2-31 조달청 PQ공사 평균 입찰참가자 수

구 분	2001년		2002년		2003년		2004년		2005년		2006년	
공사규모	500억 이상	500억 미만	500억 이상	500억 미만	500억 이상	500억 미만	500억 이상	500억 미만	500억 이상	500억 미만	500억 이상	500억 미만
입찰 참가자 수	39.63	21.46	33.34	17.19	39.82	28.09	38.27	23.21	35.71	25.76	50.73	53.28

자료: 조달청.

PQ심사를 통과해야 입찰에 참가할 수 있는 최저가 낙찰제 공사의 경우도 2001년에는 평균적으로 24개사 정도가 입찰에 참가했지만, 2006년에는 50개사를 넘어섰다. PQ참가자 중 PQ심사를 통과하지 못한 업체는 거의 없다고 해도 과언이 아니다.

표 2-32 최저가 낙찰제 공사의 입찰참가자 수

구분	2001년	2002년	2003년	2004년	2005년	2006년
평균	47건 평균	33건 평균	39건 평균	89건 평균	62건 평균	83건 평균
PQ 참가자 수	24개 사	24.6개 사	33.2개 사	31.8개 사	29.6개 사	52개 사
PQ 통과업체 수	23.5개 사	23.9개 사	32개 사	31.2개 사	29.3개 사	51.4개 사

자료: 조달청.

PQ제도의 변별력 부족 문제는 평가항목을 자세히 뜯어 보면 충분히 짐작할 수 있다. 용역이건 시공이건 간에, 객관적 · 계량적인 지표로 PQ심사항목이 구성되어 있다. 그리고 설계 · 감리와 같은 용역의 경우 사업수행능력 평가기준은 "경력"과 "과거 용역실적"을 근간으로 하고 있다. 책임기술자의 기술역량을 평가하는 것이 아니라 기술자격과 등급, 경력, 실적을 평가하고 있을 뿐이다. 이런 사업수행능력 평가기준이 존재하고 있는 상황에서는 PQ심사의 기술자평가항목에서 만점을 받을 수 있는 "만점 기술자"를 상시 보유하고 있어야 한다. 이것은 결국 용역업체의 고비용구조를 고착시키는 결과를 초래하게 된다. 또한 "해당 분야 경력"은 발주청 · 감독기관 또는 건설관련업체의 임직원으로서 해당 분야의 설계업무나 건설공사 · 건설기술용역사업을 감독 또는 관리한 경우 모두를 인정해 주고 있다[78]. 이처럼 "해당 분야 경력"을 광범위하게 인정해 주니, 발주청과 감독기관의 공무원들이 설계나 감리업체에 "만점 기술자"로 재취업한 사례도 대단히 많다.

시공분야의 「입찰참가자격사전심사기준」에서 가장 중요한 평가기준은 최근 10년간의 동일공사나 유사공사 실적이다. 일단 과거의 시공실적이 적은 업체는 PQ심사에서 좋은 점수를 받기 어렵다. 이처럼 PQ심사에서 시공실적의 비중이 절대적이기 때문에 시공실적 확보를 위해 최저가 낙찰제 공사라도 저가 수주를 감행하지 않을 수 없다는 건설업체도 있다. 저가 낙찰 공사의 적자도 문제지만, 시공실적을 확보해 두지 않는다면 나중에는 시공실적 평가점수 미달로 "입찰도 못보는 상황"이 벌어진다는 것이다.

물론 용역의 사업수행능력 평가기준에는 참여기술자만 있는 것이 아니라 재무상태 건실도나 기술개발실적, 해외설계실적 등과 같은 다른 평가항목도 있다. 마찬가지로 시공분야의 입찰참가자격 사전심사기준에도 신기술 개발 · 활용실적이나 기술개발투자비율 및 경영상태 평가 등의 항목들이 있다. 하지만 참여기술자의 "경력"과 "과거 실적"을 제외한 나머지 평가항목들은 분식회계를 하거나, "입찰용" 신기술 개발 · 활용실적을 만들거나 간에, 최소한 서류상으로는 다 만점을 받을 수 있도록 해마다 준비해 두기 때문에 큰 문제가 없다고 한다.

이처럼 PQ제도가 기술력을 제대로 평가하지 못하고, 형식적인 기술자 "경력"과 "과거 실적"이 결정적인 변수인데다가, 그나마도 PQ심사 신청업체 대부분이 만점을 받다보니 PQ제도 무용론(無用論)이 제기되고 있는 것이다.

78) 「설계 등 용역업자의 사업수행능력 세부평가기준」 및 「감리전문회사 사업수행능력 세부평가기준」에 명시되어 있다.

9 가격중심 낙찰제도 : "담합"과 "덤핑", 그리고 "운(運)"

우리나라의 낙찰제도는 적격심사제도와 최저가 낙찰제 2가지로 구분된다. 비가격 요소에 대한 평가의 변별력이 없기 때문에 사실상 2가지 제도 모두가 가격중심의 낙찰제도라고 할 수 있다. 지난 50여년간 수많은 낙찰제도의 변화가 있었지만, 최저가 낙찰제와 요행에 의한 낙찰제도를 오락가락한 역사가 있었을 뿐이라는 언급을 앞에서 한 적이 있다. 그럼에도 불구하고, 정부공사 낙찰제도를 둘러싼 논란이 지금처럼 심각하지 않았던 이유는 건설업체들간의 "담합(談合)" 관행이 오랫동안 유지되었기 때문이다. 최소한 1998년 8월까지는 그랬다(이상호, 1998). 정부공사 낙찰제도가 무엇이건 간에 건설업체간의 담합구조가 유지되는 한 낙찰제도는 중요하지 않았다. 그리고 오랫동안 담합이 유지되었던 원인 중의 하나도 가격중심의 낙찰제도에 있다. 가격을 제외한 나머지 비가격 요소의 평가결과가 변별력 부족으로 입찰자마다 동일하다면, 그래서 입찰가격만으로 낙찰자가 결정된다면, 입찰담합은 쉬운 일이기 때문이다[79].

건설업체의 입찰담합을 근절하라는 대통령 지시에 따라 정부의 강력한 담합대책이 나왔던 1998년 8월 이후부터 우리나라의 낙찰제도는 파행을 계속하고 있다. 적격심사제도가 일시적으로 모든 정부공사에 적용되자 변별력 부재로 "운찰제(運札制)"라는 비난이 쏟아졌다. 그래서 도입한 최저가 낙찰제에 대해서는 "덤핑"이라는 비난이 쏟아졌다. 덤핑을 방지한답시고 도입한 기상천외의 보완대책이 한 때 도마 위에 오르다가[80], 지금은 저가심의제도가 문제다. 공종별 입찰평균금액을 기준으로 부적정 공종을 판정하는 기준을 유지하다 보니, 한편에서는 공종별 입찰평균 금액을 조작하고자 하는 담합 유인을 제공해 주면서, 다른 한편으로는 최저가 낙찰제를 또 다른 형태의 "운찰제(運札制)"로 전락시켰다.

시공부문에서만 "운찰제(運札制)"가 판치는 게 아니다. 건설용역의 낙찰자 선정과정에서도 동일한 구조의 "운찰제"가 적용되고 있다. 용역비 규모에 따라 당해 용역수행능력과 입찰가격 평점을 합산한 종합평점이 적격심사 통과점수 이상인 최저가격 입찰자를 낙찰자로 선정하는 적격심사제도가 적용되고 있기 때문이다. 그런데 엔지니어링 분

79) 입찰담합이 관행화되어 있는 일본에서도 가격중심의 낙찰제도가 큰 원인이라고 한다(金本良嗣, 2000).

80) 예정가격 대비 70% 미만 입찰자에 대해서는 보증을 거부하도록 하는 보증거부 낙찰제도라든가, 70% 미만의 저가 낙찰 횟수에 따른 PQ신인도 점수 감점제도 같은 것들이 여기에 속한다.

야에서는 2003년말에 "운찰제"를 탈피하기 위한 수단으로 협상에 의한 계약체결방법을 우선적으로 적용할 수 있도록 하는 근거 규정을 국가계약법 시행령(제43조의 2)에 신설했다. 하지만 "건설기술용역에 있어서는 고난도 또는 고기술을 요하는 경우에 한한다"는 단서조항을 부가하여 사실상 건설기술용역은 협상에 의한 계약체결을 할 수 없도록 만들어 놓았다. 만약 건설기술용역을 협상에 의한 계약체결방법으로 낙찰자를 선정한다면, 발주자는 기존의 적격심사제도에서보다 더 낮은 낙찰률을 요구할지 모른다는 두려움을 건설기술용역업계에서 갖고 있었다. 협상과정에서 발주자의 공정성을 기대하기 어렵다는 인식도 많았다. 그러다 보니 건설기술용역업계부터가 협상에 의한 계약체결을 반대하기도 했다. 대신에 적격심사제도의 낙찰하한율을 높여달라는 요구만 지속적으로 하고 있다.

이처럼 시공이든 용역이든 간에, 우리나라 낙찰제도는 "운찰제(運札制)"의 망령에 사로잡혀 있다. 더욱 한심한 것은 "운찰제(運札制)"면 어떠냐는 공무원과 업체들이 많다는 사실이다. 대학교 입학이나 직장생활에서도 "운"이 작용하고, 인생 자체가 "운"과 무관하지 않은데, 정부공사 낙찰제도에 "운"이 작용하면 안되냐고 공개적으로 항변하기도 한다.

사실 입찰을 집행하는 공무원 입장에서 "운찰제"는 재량권 행사의 여지가 없고, 외견상 투명하게 보이기 때문에 감사문제도 걱정할 게 없다. 한마디로 "무책임행정"을 하는데 큰 도움이 된다. 용역업체나 건설업체 입장에서는 기술력의 차이라든가 사업수행능력의 차이를 좀처럼 인정하지 않는다. 그러니 비가격 요소의 변별력이 높아지는 것을 바라지도 않는다. 그저 낙찰률만 높았으면, 낙찰자가 되었을 때 수익률이 높았으면 하고 바란다. "저가(低價) 운찰제"라고 부르는 최저가 낙찰제보다 적격심사제도를 선호하는 이유도 여기에 있다.

"운찰제"에서는 모든 입찰참가자가 동일한 낙찰확률을 갖게 된다. 기술력이 있건 없건, 사업관리능력이 있건 없건, 재무상태가 좋건 나쁘건 모두가 동일한 낙찰확률을 갖게 될 경우, 낙찰자는 그날 그 시간의 일진(日辰)에 따라 능력있는 업체가 될 수도 있고, 능력없는 업체가 될 수도 있다. 만약 입찰업체 중 능력있는 업체를 가려내서 낙찰자를 선정하는 것이 입낙찰제도의 존재 이유라면, "운찰제"는 입낙찰제도의 존재이유를 부정하는 제도다. 아예 어떤 업체는 좀 더 화끈한 "운찰제" 도입방안을 주장하기도 한다. 용역업체나 건설업체를 규모별로 몇 개의 군(群)으로 나누고, 각 군별로 적당하게 물량배정을 해서 "제비뽑기" 하자는 것이다. 어차피 "운찰제"를 하고 있는데, 굳이 복수예비가격을 15개 만들어서 4개 뽑아 산술평균한 1,365개의 예정가격 가운데 하나를 맞추고자 엉터리 입찰내역서를 작성해서 입찰 볼 필요가 없다는 것이다. "제비뽑기"를 하면 정부와 업계 모두 입찰비용을 줄일 수 있는 장점이 있기는 하다. 그렇기는 해도, 또한 그렇게 한다고 해서 결과가 달라질 것은 없지만, 아마 정부로서는 수용하기 어려울 것이다. 허울이나마 입찰자간에 경쟁이 있는 듯하고, 정부가 평가하는 듯한 모양새를 취해야 하기 때문이다.

"운찰제"에서 입찰참가자간에 낙찰확률이 동일하면, 대기업은 존재할 수 없고 동일한 규모의 소기업만 남게 될 것이다. 기술개발 노력도 이런 구조에서는 기대할 수 없다. 사실 "운찰제"의 본질은 "배급제(配給制)"와 다를 바가 없다. 그렇기 때문에 "운찰제"의 적용범위가 광범위하고 오래가면 갈수록, 사회주의 체제의 몰락과 마찬가지로 정부조달시장과 건설시장의 몰락을 초래하게 될 것이다[81].

원래 가격중심의 낙찰제도는 "담합"과 "덤핑"을 오갈 수 밖에 없다. 이 같은 문제를 해소하기 위해 "한국적 현실"을 감안한 "고육지책(苦肉之策)"이 적격심사제도였다고 주장하기도 한다. 또한 최저가 낙찰제에서 발생하게 되는 파괴적인 가격경쟁으로부터 발주자와 건설업체를 함께 보호하기 위한 것이 저가심의제도를 비롯한 저가 낙찰 방지 대책이었다는 주장의 취지는 공감이 간다. 하지만 적격심사제도나 최저가 낙찰제 둘 다 "운찰제"로 전락했고, 여러 가지 보완대책은 도입취지와 달리 정상적인 작동이 이루어지지 않고 있다. 건설업계의 입찰담합 관행이 무너진 1998년 이후 지금까지의 낙찰제도 변천과정을 보고 있노라면, 발주자인 정부의 무능(無能)과 무원칙(無原則)에 놀라지 않을 수 없다. "요행에 의한 낙찰제도"를 고수하면서 어떻게 건설산업의 국제경쟁력을 강화하고, 기술경쟁력을 강화할 것인가? "우물가에서 숭늉 찾는다"는 속담이 생각나는 대목이다.

가격중심의 낙찰제도에서는 담합이 이루어지지 않는 한, "덤핑"이라고 부르는 저가

81) "운찰제"가 오로지 입찰가격만으로 낙찰자를 결정하는 이른바 "순수 최저가 낙찰제"보다 더 나쁘다고 보는 이유도 여기에 있다. "순수 최저가 낙찰제"에서는 그나마 노력해야 할 지향점이라도 있다. 하지만 "운찰제"는 궁극적으로 건설업계의 "집단자살극"을 초래하게 될 것이다.

낙찰이 불가피하다. 가격중심 낙찰제도에서는 대부분 최저 가격 입찰자를 낙찰자로 선정할 수 밖에 없기 때문이다. 저가 낙찰의 결과는 부실공사도 있겠지만, 지금까지의 결과를 보면 저가 낙찰공사라고 해서 부실공사로 낙인찍기는 어렵다. 비록 완전하지는 않지만 감리 · 감독을 비롯한 품질관리시스템이 작동하고 있기 때문이다. 또한 저가 낙찰공사에서 자칫 부실공사를 통해 수익성을 보전하기에는 너무도 리스크가 크다는 사실을 시공업체도 알고 있다. 관련 법령에 의한 처벌도 큰 문제지만, 한 두건의 부실공사가 오랫동안 쌓아온 기업이미지와 브랜드 가치를 일순간에 무너뜨릴 수도 있기 때문이다. 그렇다면 저가 낙찰공사는 어떻게 손실을 보전하고 있을까? 물가변동이나 설계변경 등을 통한 고전적인 계약금액 증액방법도 수단이 되긴 하지만, 「총사업비 관리지침」 등이 엄격하게 적용되는 상황에서는 그 방법의 실효성도 그다지 크지 않다. 결국 저가 낙찰에 따른 손실은 건설업체가 떠안을 수 밖에 없다[82]. 문제는 저가 낙찰을 제도적으로 강요하는 영역이 갈수록 늘어나고 있다는 사실이다. 최저가 낙찰제 확대, 설계 · 시공 일괄입찰 및 대안입찰공사의 가격경쟁 심화, 가격 중심의 민간투자사업 우선 협상자 선정 등으로 인하여 민간투자사업을 포함한 정부조달사업 전반의 수익성이 떨어지고 있다. 이미 정부조달사업은 거의 모든 영역에서 저가 낙찰로 인한 저수익사업 내지 적자사업으로 바뀌었다고 해도 과언이 아니다. 그 이유는 입찰참가자간의 가격경쟁이 심화된 탓도 있지만, 경쟁입찰공사의 낙찰제도 자체가 저가 낙찰이 불가피한 구조이기 때문이다[83].

수익성이 낮은 산업은 대부분 사양산업이다. 수익성이 낮은 산업에서는 종사자에 대한 처우개선이 어렵고, 기술개발을 위한 투자도 어려우며, 우수인력의 유치도 기대할 수 없다. 정부조달사업에 이어 주택사업도 수익성을 기대하기 어려워지면서[84], 건설산업도 이제는 사양산업이 되는 게 아닌가 하는 위기감이 감돌고 있다.

82) 2000년 이후 주택경기의 호황으로 주택사업부문에서 발생한 이익이 정부조달사업의 저수익 내지 적자를 보전해 주고 있는 상황이다 보니, 아직까지는 정부공사의 저수익성 문제가 크게 부각되어 있지는 않다. 하지만 2006년 이후부터 건설업계의 전반적인 수익성이 둔화되면서 정부공사의 저가 낙찰은 점점 더 심각한 문제로 부각될 것이다.

83) 최저가 낙찰제는 제도적으로 최저 가격 입찰자를 낙찰자로 선정하는 제도이고, 적격심사제도는 적격심사 통과점수를 받을 수 있는 최저 가격 입찰자를 낙찰자로 선정하는 제도다. 그런데 시민단체는 최저가 낙찰제 공사의 낙찰률이 마치 공사원가인양 호도하고 있다. 최저가 낙찰제 공사의 평균 낙찰률보다 높은 낙찰률을 보이는 공사는 그만큼 이익(내지 폭리)을 취하는 것으로 간주하는 경향도 많다. 하지만 최저가 낙찰제 공사의 낙찰률은 공사원가가 아니라 공사수주를 위한 낙찰률일 뿐이고, 일괄 및 대안입찰공사와 같은 높은 낙찰률을 보인 공사도 적자를 보는 사례가 많다(이상호 · 이승우, 2004.2).

84) 최근 들어 국내 건설업체들이 해외건설시장 진출을 확대하고자 하는 움직임은 이 같은 국내시장의 저수익구조를 탈피해보고자 하는 몸부림이다.

10 심의 · 평가 부실

PQ제도, 적격심사제도 및 최저가 낙찰제의 형식화와 변별력 부재 등의 문제를 해소하기 위해, 최근에는 객관적 · 계량적 기준에 의한 평가를 대신하여 입찰자의 실질적인 기술능력을 발주자가 심의 · 평가하여 낙찰자를 선정하는 주장이 많은 공감대를 얻고 있다. 정부 일각에서 논의되고 있는 "가치평가 입찰" 내지 "가치지향 발주" 방식의 경우, 입찰자의 기술제안을 요구하고, 발주자가 입찰자의 기술제안서를 심의 · 평가하여 낙찰자로 선정하자는 것이다(조달청, 2007.5)[85].

우리나라의 입낙찰제도에서 심의 · 평가절차가 활용되지 않는 것은 아니다. 입찰방법을 결정할 때, 최저가 낙찰제 공사의 입찰금액의 적정성을 심사할 때, 일괄 및 대안입찰공사의 설계평가를 할 때, 그리고 민간투자사업의 우선협상대상자를 선정할 때 심의 · 평가 과정을 거치게 된다. 문제는 우리나라의 심의 · 평가제도가 "부실"과 "부패"를 수반하고 있다는 점이다. 그러다 보니 객관적 · 계량적 지표에 기초한 형식적인 평가제도를 전면 배제하고, 심의 · 평가를 통해 낙찰자를 선정하자는 주장을 그리 쉽게 하기 어렵다.

감사원의 감사결과보고서(2007. 5)에 제시된 일괄 및 대안입찰공사 설계심의 문제를 보자. 일단 평가위원부터가 해당 공사와 무관한 비전문가들이 참여하다 보니 입찰업체의 이미지만 보고 평가하거나, 해당공사 주공종 분야에 대한 전문가 없이 타 분야 평가위원이 평가항목 전체를 평가하는 경우가 발생하는 등 전문성이 떨어진다는 평가를 받고 있다. 평가위원에 비해 전문가라고 하는 기술위원의 경우, 입찰자와 실질적인 토론을 할 수 없게 되어 있기 때문에 대부분의 평가위원들이 설계내용을 이해하는데 도움이 되지 않는다고 한다. 게다가 설계심의 토론시간은 평균 4~5시간에 불과하며, 입찰자들의 설계내용에 문제가 있어도 검증이 제대로 이루어지지 않는다. 평가사유서를 작성할 때는 설계의 장단점에 대한 비교 설명없이 막연히 "특정 입찰자의 설계가 우수하다고 판단" 하는 등으로 작성하고 있다. 심지어 어떤 평가위원은 다른 위원들이 1, 2위로 평가한 △△산업을 5위로 평가한 사유로 "돋보기 안경을 안 가져와 눈이 침침하고 머리가 아파 제대로 평가할 수 없었다"고 진술하기도 했다. 또한 감사원은 총 138건의

85) 최저가 낙찰제의 대안으로 등장한 최고가치 낙찰제(best value selection)에서도 기술제안 입찰은 보편화되어 있다(이상호 · 이승우, 2006.10).

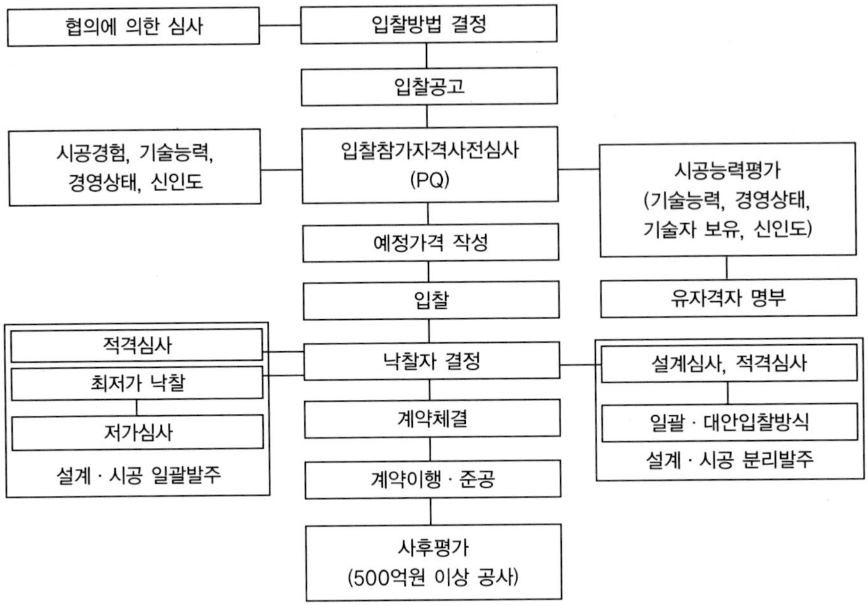

그림 2-13 입낙찰절차와 심의제도 개요

자료: 조달청(2007.5).「정부공사제도 개선방안」.

설계평가 결과를 조사해 보니, 33건(23.9%)은 한 두 명의 평가위원[86]이 채점한 두 업체의 점수 차이가 나머지 평가위원이 채점한 두 업체의 점수 차이의 합계보다 더 크게 되는 등 설계평가의 합리성이 훼손되어 있다는 지적을 하고 있다.

일괄 및 대안입찰공사의 설계심의에서만 이런 문제가 있고, 임대형(BTL) 민간투자사업의 우선 협상자를 선정하는 과정에서는 이런 문제가 없을까? 그럴 리가 없을 것이다. 최근 들어서는 최저가 낙찰제 공사의 저가심의과정에서도 공정성 시비가 불거지고 있다. 물론 심의 · 평가를 둘러싼 의혹들 중에서 상당수는 근거가 없는 경우도 있다. 하지만 우리나라 정부조달사업 수행과정에서 심의 · 평가의 전문성과 공정성이 취약한 것은 사실이다.

86) 건설업계에서는 이 같은 한 두 명의 평가위원을 "폭탄"으로 부르고 있다. 특정 업체에게 과다한, 혹은 과소한 점수를 주는 평가위원은 공정성 면에서 의심을 받을 수 밖에 없고, 부패문제와 연루되어 있을지 모른다는 의혹을 받게 된다. 감사원의 감사결과는 약 24%의 일괄 및 대안입찰공사가 한 두 명의 "폭탄"으로 인하여 낙찰자가 바뀌었을지 모른다는 사실을 암시한다. 물론 나머지 76%는 정상적으로 낙찰자가 선정되었다고 볼 수도 있다.

정부조달사업 수행과정에서 심의 · 평가의 전문성과 공정성을 확보하는 작업은 건설산업의 선진화와 부패방지를 위해 대단히 중요한 과제다. 전문성과 공정성을 확보할 수 있는 제도적 장치없이 무조건 심의 · 평가방식에 의한 낙찰자 선정제도의 도입과 확대를 주장하기는 어렵다.

11 공급자 보호를 위한 규제 과다

정부는 공급자인 건설업체를 보호해야 하는가, 아니면 소비자인 일반시민의 이익을 보호해야 하는가? 아마도 이 질문에 대해서는 대부분이 공급자가 아니라 소비자를 보호해야 한다고 답할 것이다. 하지만 우리나라의 정부조달정책과 제도는 소비자보다 공급자인 건설업체 보호에 더 치중하고 있는 것으로 보인다. 특히 합리성이나 효율성보다 "지역정서"가 만연해 있는 지자체일수록, 지역중소건설업체는 맹목적인 보호의 대상이다. 지역중소건설업체 보호의 수단은 대개 대기업이나 타 지역업체에 대한 규제 강화로 나타난다. 예컨대, 타 지역업체들이 공사를 수주할 경우, 반드시 해당 지역업체들에게 60% 이상의 물량을 배정해 줄 것을 요구하는 지자체도 있다. 명분은 지역중소건설업체 수주물량 확보를 통해서 지역경제 활성화와 고용안정 및 세수(稅收) 기반을 확보하자는 데 있다. 이 같은 명분이 타당한 지에 대한 검증작업은 아직 어느 지자체도 제대로 수행한 적이 없다.

만약 모든 지자체가 정부조달시장에서 지역장벽을 높이면 어떻게 될까? 지역간 공사물량이 균등하지 않기 때문에 공사물량이 적은 지역의 건설업체들은 성장 가능성이 없다. 대응책은 공사물량이 많은 지역으로 등록지를 이전하는 방안이 있다. 간혹 수해복구 공사물량이 넘쳐났던 강원도가 그랬다. 이 경우 해당 지역업체들은 기득권을 내세워 신규 진입을 원하는 타 지역 건설업체의 진입을 막기 위한 규제 강화를 요구한다.

공급자인 지역건설업체 보호를 위한 지역간 진입장벽의 문제를 소비자인 지역주민 입장에서 다시 생각해 보자. 예컨대, 1973년에 도입되었다가 1996년에 완전히 폐지된 "자도주(自道酒)" 제도를 보자. 이 제도는 지방의 주류 도매상들이 반드시 자기 지역 소주회사의 소주를 50% 이상 구매하도록 강제한 제도였다. 이 제도 덕택에 각 도별로 1개씩 있던 지역 소주업체들은 자기 지역 소주 판매량의 50% 이상을 차지할 수 있었다. 하지만 이 제도는 결국 헌법재판소의 위헌 판결로 폐지되었다. 소비자의 관점에서 보면, 헌법재판소의 판결은 당연하다. 내가 A지역에 살고 있다는 이유만으로, A지역업체의 소주를 반드시 50% 이상 마셔야 하는가? 내 입맛에 B지역업체의 소주가 더 맛있는데도 불구하고, 그렇게 해야 하는가? 소비자의 선택권을 이렇게 철저하게 무시하는 규제를 20년간 유지해 왔다는 사실도 한심하지만, 그보다 더 한심한 것은 이 제도가 1992년에 폐지되자 정부에서 1996년에 다시 이 제도를 부활시켰다는 점이다. 이 제도는 결국 1996년 12월에 헌법재판소의 위헌판결로 완전히 폐지되었다. 마찬가지로 지역건설업체에게 지역공사 수주물량의 50%, 혹은 60% 이상을 주어야 한다는 요구도 본질에 있어서는 "자도주(自道酒)" 제도와 다를 바가 없다. 그런데 소주업계는 이미 1996년부터 지역간 진입장벽이 무너지면서 경쟁시장에 돌입했다. 하지만 10년이 지난 지금의 건설업계는 지역간 진입장벽을 더 높이 쌓아가고 있다. 소비자가 A지역에 살고 있다는 이유만으로 A지역건설업체들로부터 60% 이상의 서비스를 받도록 요구하고 있는 것이다.

중소업체 보호 문제라고 해서 다를 게 없다. 보호해야 할 "중소기업"은 범위부터가 애매하다. 건설산업에서는 「중소기업기본법」상의 중소기업만 중소기업이 아니다. 건설업계에서는 관행적으로 조달청 1등급업체를 대기업으로 간주하여 도급하한제도를 적용해 왔다. 조달청 1등급업체를 제외한 나머지 업체들을 모두 중소기업으로 간주한 것이다. 전문건설업체와의 관계에서 일반건설업체는 모두가 원도급자요, 모두가 대기업인 것처럼 「건설산업기본법」에서 규정하고 있다. 반면에 전문건설업체는 제 아무리 커도 하도급자요, 중소기업인 것처럼 규정하고 있다.

일반 중소건설업체를 보호하기 위한 규제로는 도급하한제도, 지역제한제도, 지역의 무공동도급제도, 유자격자 명부에 의한 등급제한 입찰제도, PQ심사시 공동도급자에 대한 가점제도 등이 있다. 300억원 미만 공사에 적용되는 적격심사제도 역시 일정한 낙찰하한률을 보장해 주고 있기 때문에 중소건설업체 보호제도의 하나로 볼 수 있다. 하도급자인 전문건설업체를 보호하기 위한 규제로는 의무하도급제도, 일반건설업체간 하도급 금지제도, 하도급대금지급보증제도, 하도급대금직불제도, 하도급계약의 적정성 심사제도(혹은 하도급 저가심사제도) 등이 있다. 100억원 이상 공사의 적격심사기준에서는 원도급 금액 대비 일정 금액 미만으로 하도급을 줄 수 없도록 규제하고 있다. 「건설산업기본법」에서는 이 같은 하도급 규제를 위반했을 때 영업정지나 과징금을 부과하도록 하는 처벌규정을 명시하고 있으며, 「하도급거래 공정화를 위한 법률(하도급법)」도 마찬가지다. 이렇게 하도급 보호제도가 많은데도 불구하고 아직도 "하도급을 받는 자는 중소기업"이란 전제에서 하도급 규제를 지속적으로 강화하고 있는 것이 현실이다. 정치권이나 시민단체는 물론이고, 언론도 지방중소건설업체와 하도급자 보호제도를 신설하거나 더 강화하자는데 대해서는 거의 언제나 찬성이다. 반대로 기존의 보호제도나 규제를 완화하거나 폐지하자고 하면 하나같이 반대다. "지방업체", "중소업체", "하도급자"를 보호하자고 말하면서 스스로가 "정의(正義)의 사도(使徒)"라도 된 양 착각하는 듯한 모습도 숱하게 본다. 하지만 이 같은 공급자 보호정책과 규제를 강화하면 할수록 중소건설업체나 하도급자 보호가 달성되기는 커녕, 불법 · 탈법행위와 부정 · 부패를 양산하면서 정부조달비용만 높이고 있다. 왜 그런지를 보자.

대기업이 침범할 수 없는 일반 중소건설업체만의 영역을 설정하고(예: 지역제한제도, 도급하한제도 등), 대기업은 공동도급을 통해 중소건설업체에게 일정한 몫을 떼어주어야 하고, 300억원 미만 공사는 적격심사제도로 낙찰률을 보장해 주다 보니[87], 건설시장에 진입하는 업체 수는 계속 증가하는 추세다. 이에 따라 일반 중소건설업체를 대상으로 하는 소규모 공공공사 입찰참가자 수는 해마다 늘어나고, 낙찰확률은 해마다 떨어졌으며, 낙찰확률을 높이기 위한 수단으로 또다시 페이퍼 컴퍼니(paper company)를 더 만드는 악순환이 지속되고 있다. 특히 2000년 이후 급증한 일반 중소건설업체의 상당수는 등록기준조차 갖추지 못한 무자격 부실건설업체로 추정되는데, 이들을 시장에서 퇴출시키지 않고 무조건 일반 중소건설업체의 수주기회만 확대하는 정책은 바람직하다고 보기 어렵다. 실제로 2005년에 일반건설업체 중 영업정지 처분을 받은 수는 1,446개사였는데, 이중 64%가 등록기준 미달 때문이었다는 사실만 해도 무자격 부실건설업체가 건설시장에 대단히 많다는 추정을 뒷받침해 주고 있다.

하도급 물량과 금액에 대한 직접적인 규제나 처벌규정의 강화도 마찬가지다. 본질적으로 원-하도급자간의 관계는 민간인간의 사적 계약관계다. 시장에서 100원이면 살 수 있는 물건을 정부가 나서서 110원에 사라고 강제한 들 그 가격에 살 리가 없다. 110

87) 300억원 미만 공사의 적격심사제도에서 낙찰하한율을 보장해 주고 있는 것은 정부예산으로 중소건설업체에게 직접 "보조금"을 주고 있는 셈이다. 시민단체의 지적은 이 점에서는 타당하다고 본다. "최저가 낙찰제를 시행하면 낙찰률이 65% 수준인데, 왜 적격심사제도를 통해 80% 이상의 낙찰률을 보장해 주고 있는가?"

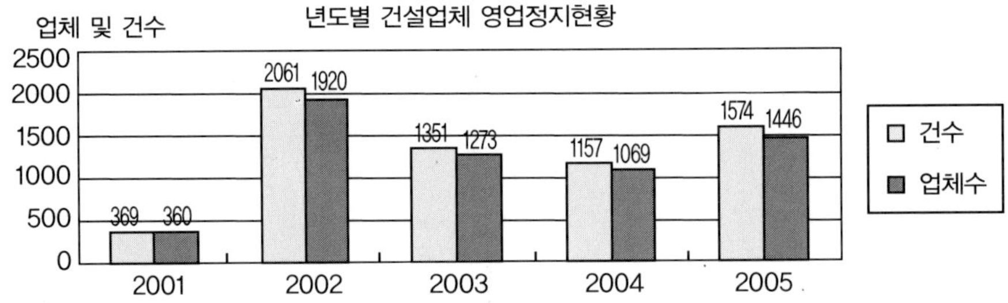

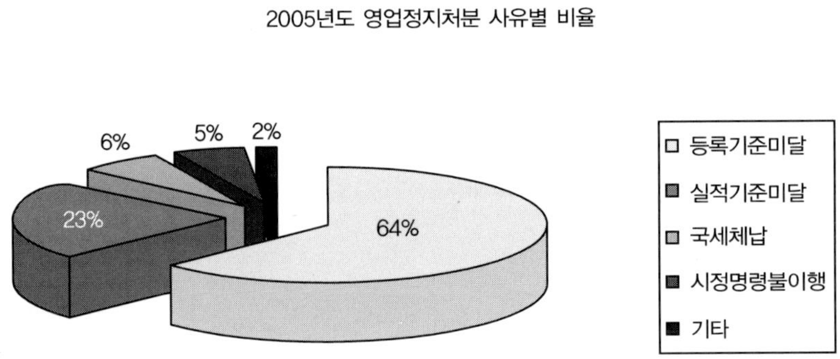

그림 2-14 일반건설업체의 영업정지 현황

자료: 대한건설협회(2006). 「2006 민간건설백서」.

원에 안사면 처벌하겠다고 하니까, 모두가 110원에 산다고(혹은 샀다고) 서류를 내면서도 실제로는 "이면계약"을 통해 여전히 100원에 사고 있다[88]. 이 경우는 "이면계약"보다 "이면계약"을 하도록 만드는, 시장상황과 동떨어진 법 · 제도가 문제다. 그렇다면 누구와 "이면계약"을 할 것인가? 비교적 오랫동안 거래를 해왔고, 잘 아는 사람, 절대 배신하기 어려운 사람과 하게 된다. 협력업체(=하도급자)를 소수 정예화(少數 精銳化)하는 이유도 이런 문제와 무관하지 않다. 그런데 "소수 정예화"의 범주에 속하는 하도급자는 대개 하도급자 중에서도 규모가 큰 업체들이다. 원도급자가 서울에서 수주하건, 목포에서 수주하건 간에, 믿을 수 있는 "소수 정예화"된 협력업체에게 하도급을 주지, 잘 알지도 못하고 믿을 수 없는 현지 하도급자에게 하도급을 줄 이유가 없다[89]. 이

88) 이 같은 경우는 가격규제가 횡행하던 사회주의 경제체제의 "암시장(black market)"과 같은 것이다.

렇게 되니 당연히 하도급자 중에서도 대형 하도급자가 하도급 규제의 혜택을 받고, 정작 보호의 대상이 되어야 할 중소 하도급자는 재하도급자가 되거나 하도급을 받지 못하게 된다.

정부조달과정에서 일반 중소건설업체 보호제도나 하도급자 보호제도는 공짜로 운용되는 것이 아니다. 300억원 미만 공사의 적격심사제도처럼 낙찰하한률을 보장해 주기 때문에 공사비가 더 들어가야 하고[90], 하도급 규제만 해도 하도급대금 지급보증 수수료의 예정가격 산입과 같은 비용 증가를 초래하거나, 하도급 계약의 적정성 심사와 관련한 발주기관의 행정비용 증가를 초래하게 된다. 공급자간에도 공동도급 강제에 따라 시공에는 참여하지 않고 이른바 "부금"[91]만 챙기는 사례가 있다는 것은 감사원의 감사결과보고서에서도 지적하고 있다(감사원, 2006.3). 공동도급이건 하도급이건, 규제사항의 위반은 처벌로 이어지기 때문에 규제 회피 내지 처벌 회피를 위한 비용도 상당하다.

지역중소건설업체들은 정부조달정책과 제도가 대기업에 편향되어 있다는 비판을 하고 있다. 대표적인 예로 들고 있는 것은, 대기업에 유리한 설계 · 시공 일괄 및 대안 입찰공사가 급증한 것과 임대형(BTL) 민간투자제도의 도입이다. 나타난 결과만 놓고 본다면, 그렇지 않다고 말하기도 어렵다. 또한 정부주도 경제개발과정을 겪은 우리나라의 경제성장과정에서 대기업이라고 해서 정부 덕을 보지 않은 기업은 없다. 특히 외환위기를 겪던 1997년말 이후의 상황만 해도, 부실 대형 건설업체들은 워크아웃, 법정관리, 화의제도 등을 통해 대부분이 다시 회생했다. 반면에 부실 중소건설업체들은 그대로 부도를 맞았다. 이런 역사적 경험을 겪다 보니 대기업에 대한 정서적 반감이 있을 수 밖에 없다. 이른바 "시장논리"는 지역중소건설업체에게만 적용되는 것이 아니라 대기업에도 적용되어야 한다. 덩치가 크고, 그래서 국가나 지역경제에 미치는 영향이 크다는 이유로 망해야 할 부실 대기업이 정부 보호로 되살아 나는 일이 반복되어서는 안된다.

---

89) 「조달청 적격심사기준」에서 지역소재 전문건설업체에게 의무적으로 하도급하는 비율(=의무하도급율)까지 하도급 관리계획의 적정성 평가에 포함시켜 두었지만, 여전히 지역소재 전문건설업체에 하도급 비율은 거의 없는 것이 다를 바 없을 정도로 미미하다.

90) 이것은 사실상 정부가 재정자금으로 중소건설업체에게 직접적인 보조금을 주고 있다는 것을 의미한다.

91) 공동도급자로 공사를 수주한 뒤 시공과정에 참여하지 않고 일정한 몫의 돈만 챙기는 경우도 있는데, 이때 주는 돈을 흔히 건설업계에서는 "부금"으로 부르고 있다.

공급자 보호를 위한 규제가 많은 산업치고 경쟁력 있는 산업은 없다. 공급자 보호를 위한 규제가 많을수록 부패소지도 높다. 특히 재정자금을 동원한 경쟁력 없는 건설업체 보호정책은 건설산업구조의 선진화를 가로막는 장벽이 되고 있다.

⑫ 칸막이식 건설업역에 기초한 이익집단의 한계

어느 산업이나 이익집단이 존재하기 마련이다. 건설산업에서는 건설업 면허제도에 기초한 칸막이식 건설업역이 형성되어 있다 보니, 이익집단도 칸막이식 건설업역에 기반을 두고 있다. 건설산업의 이익집단은 흔히 “건설사업자단체”라고 부른다.

정부조달정책이나 건설산업정책을 수행하는 과정에서 건설사업자단체가 수행하는 역할은 상당히 광범위하다. 관련 업계 의견의 수렴과 조율, 정책추진 사항에 대한 모니터링, 신용평가, 정부업무 대행(실적신고 등)과 역할은 건설사업자단체가 없으면 하기 어려운 일이다. 특히 전문성이 부족한 정부공무원의 능력을 보완해 주고, 조사 · 분석기능을 통해 정책결정을 뒷받침해 주면서 업계와 정부를 연계하는 매개체 역할을 수행하는 것은 바람직하다.

반면에 칸막이식 건설업역에 기초한 건설사업자단체는 국가나 산업, 소비자의 이익보다는 소속 업종의 이익을 더 우선시하게 된다. 그렇기 때문에 건설사업자단체간의 이해관계가 상충되는 문제[92]에 대해서는 합리적인 해결을 어렵게 만들고 있다. 건설사업자단체는 유관 정부기관의 퇴직공무원에게 일자리를 제공하거나 인사 적체를 해소하는 수단으로 활용되고[93], 유관 정부기관은 건설사업자단체의 요구를 적절하게 수용하면서 공생관계가 형성되어 고착화되어 있다는 비판을 받기도 한다(사공영호, 2004). 또한 건설산업의 환경변화와 건설기술 발전에 따라 새로운 업종이나 사업분야가 나타나 새로운 협회나 단체를 형성할라치면, 거의 언제나 기존 건설사업자단체의 견제를 받게 된다. 이 같은 견제는 기존의 독점적인 지위를 유지하기 위한 몸부림이기도 하다. 뿐만 아니라 건설사업자단체는 회원 확보와 재원 확충을 위해 지속적으로 정부위탁업무의 확대를 요구하는 경향도 있다. 등록이나 신고와 같은 건설업 면허제가 계속 존속하는

92) 건축설계업(건축사협회)과 시공업(대한건설협회)간 겸업 허용이나, 일반건설업과 전문건설업간 겸업제한 폐지, 전기 및 정보통신공사의 분리발주의무제도 폐지 등과 같이 건설업종별 이해관계가 상충되는 문제에 관해서는 건설사업자단체마다 한치의 양보도 없다.
93) 건설사업자단체의 상근부회장이나 전무 등 고위직은 대부분 유관 정부기관의 고위공무원 출신이다.

이유도 건설사업자단체의 존립문제와 직결된다. 건설사업자단체 자체가 건설업종별 등록이나 신고와 같은 면허제도에 기반을 두고 있기 때문이다. 30개가 넘는 건설사업자단체 중에서 건설업 면허제도를 없애자는 주장을 하는 단체는 찾아볼 수가 없다. 1990년대에 건설시장 개방과 규제완화의 흐름 속에서 면허기준 약화로 신규 진입업체가 대거 시장에 진입하게 되자, 건설사업자단체마다 면허장벽을 높여 달라는 아우성만 지르고 있다[94]. 아울러 건설사업자단체의 가입의무제도가 폐지되면, 우회적인 수단을 통해 사실상 가입의무화를 유지하기 위한 노력을 하기도 한다[95].

대부분의 건설사업자단체는 해당 업종 내에서 1개뿐인 협회나 조합형태다. 하지만 수 천개 내지 수 만개에 달하는 회원사의 이익은 같을 수가 없고, 다른 경우가 일반적이다. 그런데도 업종별 사업자단체는 1개뿐인 경우가 대부분이다. 기존의 사업자단체는 해당 업종의 대표자로서 독점적 지위를 유지하고자 한다. 관련 법령도 기존 사업자단체의 독점적 지위 유지에 기여하고 있다. 예컨대, 「건설산업기본법」 시행령 제49조에서는 사업자단체 설립시 동종업자 10분의 1 이상의 동의를 요구하고 있다. 일반건설업체가 13,000여개이기 때문에 1,300여개 이상의 일반건설업체가 설립에 동의해야 한다는 뜻이다. 그리고 정관(定款)을 작성해서 건설교통부장관의 인가를 받아야 한다. 바로 이런 규제가 있기 때문에 동일 건설업종 내에서 복수사업자단체가 설립된 사례는 많지 않다.

건설사업자단체의 운영에 정부가 너무 깊이 개입하고 있는 것도 문제다. 예컨대, 「건설산업기본법」에서 공제조합을 규제하고 있는 법령의 내용을 보자. 정관 기재사항, 운영위원회의 구성과 역할 및 운영방법, 주사무소와 지점 또는 출장소의 등기사항, 공제조합의 사업유형과 보증대상 및 내용, 보증한도 등과 관련된 상세한 사항을 법률 제54조~제68조, 시행령 제50조~제64조에 걸쳐 규정하고 있다. 이 같은 규제는 공제조합이 건설업종별로 독과점적인 보증기관이기 때문에 감독기관인 정부가 세세한 부분까지 통제해야 한다는 이유로 정당화하기도 한다. 하지만 동종업자간 상호출자를 통해 구성된 공제조합은 건설업체의 신용도가 취약하고, 금융기관으로부터 보증을 받기 어려

94) 실제로 2000년대에 들어와서는 이 같은 건설사업자단체의 요구를 수용하여 면허기준의 일부 강화가 이루어지기도 했다.

95) 2000년에 일반건설업체 수가 급증한 원인은 건설공제조합 출자의무제도의 폐지와 직접적인 연관성이 있다. 하지만 2001년에 도입된 보증가능금액 확인제도는 한편에서는 무자격 부실건설업체 난립을 막는다는 것을 명분으로 삼고, 다른 한편에서는 중소건설업체들이 계속 건설공제조합에 출자하지 않을 수 없도록 만들었다.

웠던 1960년대나 1970년대에 필요했던 조직이다. 동종업자간의 "계모임" 같은 공제조합이 "고객=주주"인 지배구조 속에서 부실건설업체의 정부조달시장 참가를 억제하는 기능을 수행하기는 어렵다. 건설보증시장을 민간금융기관에게 전면개방하겠다는 정부 방침도 독과점적 위치에 있는 관련 기관의 반대로 지지부진하다. 정부공사 입찰계약제도가 지금처럼 파행을 거듭하고 있는 이유 중의 하나도 독과점적인 보증제도의 후진성과 연관된다.

⑬ 부정 · 부패 구조 지속

정부조달과정의 부정 · 부패는 오랫동안 지속되어 온 심각한 문제다. 먼저, 국가청렴위원회에서 해마다 수행해 온 2005년 부패인식도 조사결과를 보자(http://www.kicac.go.kr). 일반국민을 대상으로 정부의 행정기능을 10개 분야로 구분하여 부패수준에 대한 인식을 조사한 결과, 건설/건축/주택/토지분야의 부패정도가 가장 심한 것으로 나타났다. 공무원을 대상으로 한 부패인식도 조사결과도 역시 다르지 않았다. 상대적으로 정부공사를 제외한 다른 조달업무의 부패정도는 그다지 심각한 것

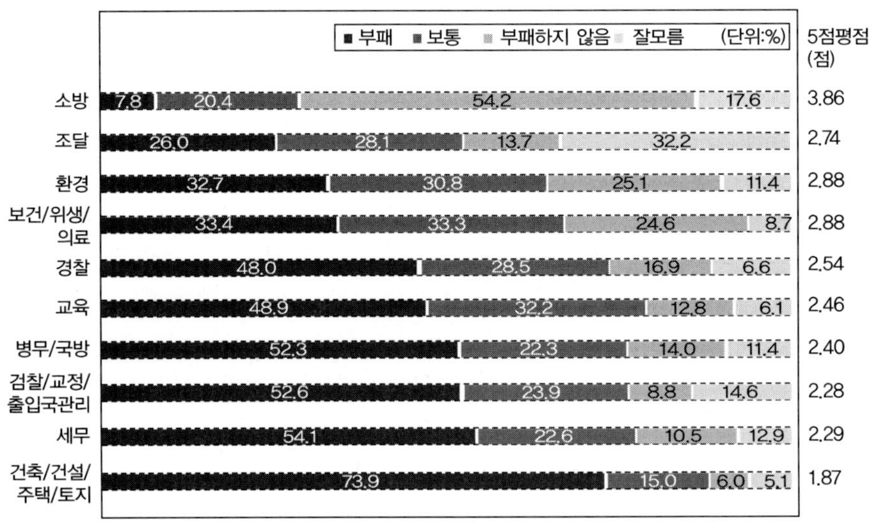

그림 2-15 일반국민을 대상으로 한 부패인식도 조사결과(2005)

자료: 국가청렴위원회(2005).

으로 인식하지 않고 있는 듯 하다.

건설/건축 분야의 부패정도가 심각한 이유를 국가청렴위원회에서는 환경적 부패유발 요인과 공사단계별 부패유발요인으로 구분하여 분석하고 있다(국가청렴위원회, 2005).

환경적 부패유발요인으로는 크게 4가지 요소가 지적되었다.

첫째는 건설업체 난립 문제다. 1998년 이후 건설업 등록기준이 완화되면서 수주경쟁이 치열해졌는데, "운(運)"에 의해 낙찰여부가 좌우되는 "복권당첨식 낙찰제도(=적격심사제도)" 때문에 1개 업체가 여러 개의 위장업체를 설립하여 입찰에 참가하거나, 담합하여 참여함으로써 건설시장 질서를 교란시키고 있다. 또한 일반과 전문건설업간 겸업 및 영업제한 규제를 회피하고자 위장업체를 설립하여 하도급을 주고 비자금을 조성하는 등과 같은 부당한 거래행위가 발생하고 있다.

둘째, 관련 법률이나 기준 및 절차가 복잡하다는 것이다. 건설공사는 다단계로 이루어지며, 각 단계별로 「건설산업기본법」등의 법률과 수많은 기준 및 지침이 적용된다. 그런데 건설공사의 특성상 기준과 절차가 불투명하고, 불명확한 경우가 많다. 따라서

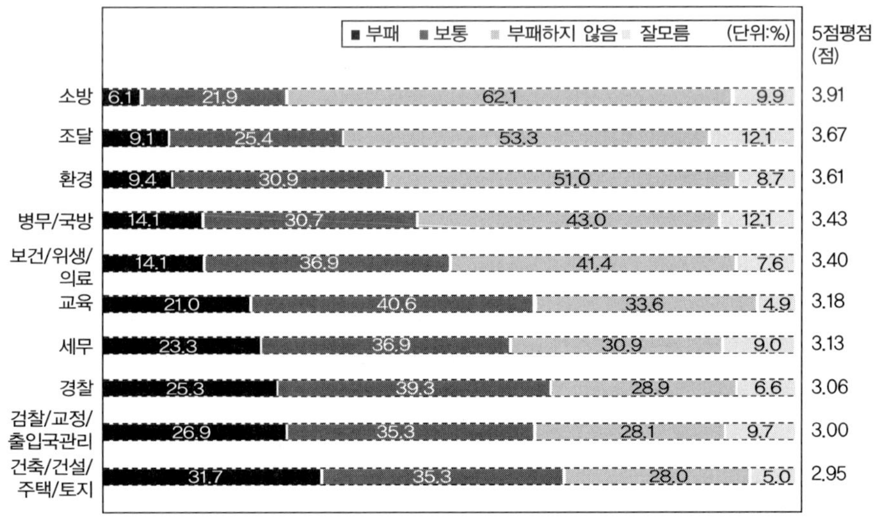

그림 2-16 공무원을 대상으로 한 부패인식도 조사결과(2005)

자료: 국가청렴위원회(2005).

이 같은 기준과 절차는 심의회를 운용하거나 공무원이 자체적으로 해결할 수밖에 없는데, 민간건설업체들은 복잡한 기준과 절차를 준수하는데 많은 시간과 비용이 소요되기 때문에 편법적으로 해결하려는 과정에서 부패가 발생하게 된다.

셋째, 불투명한 건설공사 회계처리도 문제다. 건설회계는 일반기업회계와 달리 실제 건설현장에서 비용이 지출되기 때문에 각 공사현장 특성에 따라 시공방식과 공급자재를 표준화하기 어렵고, 원자재 · 노무비 등 단가 차이가 발생한다. 건설공사 사업현장별로 철근, 시멘트, 벽돌 등과 같은 다양한 건설자재 품목이 들어가고, 그 투입물량 또한 현장별로 큰 차이가 있으며, 하도급 금액도 일반제조업처럼 표준화하기 어렵고, 자재 납품업체들의 납품비용도 공사현장 특성별로 다르다. 이 같은 건설공사 회계의 특수성으로 인해 장부조작이나 이중계약을 통한 원가 부풀리기가 용이하며, 공사현장별 비용도 본사에서 합산 처리하기 때문에 비자금 조성이 쉽다.

넷째, 불법하도급이 만연하고 있다는 것도 문제다. 건설공사는 원도급과 하도급, 재하도급 등 다단계 하도급방식에 의하여 시공되는데, 하도급업체의 선정과정에서 이면계약이나, 촌지 등과 같은 각종 부조리가 발생하고, 정치인 또는 발주처가 청탁이나 영향력을 행사하여 하도급업체를 선정하도록 하는 경우가 빈번하게 발생한다.

아직도 정부공사 조달과정에서 부패문제가 심각하다는 지적에 대해서 발주기관은

표 2-33 정부공사 주요단계별 부패유발요인

주요단계	부패유발요인
계획 및 설계단계	– 설계 및 감리용역업체 선정과정 불투명 · 사업수행능력평가기준 배점을 특정 업체에게 유리하게 적용 · 발주기간 및 물량을 조정한 나누어 먹기식 입찰제도 운영 – 용역 관련 정보 사전유출 및 허위 심사자료 묵인 · 사업계획, 심의회 위원 명단, 세부방침 등 관련 정보 사전유출 – 특정 업체의 기술 · 공법 및 제품선정 유도 · 특정 회사의 제품이 선정될 수밖에 없도록 조건을 설계서에 명기 – 용역성과품 납품시 부실설계 묵인 · 공공공사 부실원인은 설계부적정이 조사대상 671건 중 258건(38.5%)으로 가장 높으나(감사원), 이에 대한 처벌은 미미 – 각종 심의(심사) 위원회 구성 · 운영 부적정 · 심의위원회 위원을 내부 직원들로만 구성하거나 이해관계자를 포함하여 구성 · 운영

표 2-33 **정부공사 주요단계별 부패유발요인(계속)**

주요단계	부패유발요인
입찰 및 계약단계	– 제한경쟁입찰의 참가자격 과다 제한 · 과도한 실적제한으로 특정 업체 이외의 업체는 입찰참가 불가 – 부당한 수의계약 · 신기술 · 신공법제도를 악용한 수의계약 · 별개의 공사를 인근의 기존공사 시공업체와 수의계약 · 수해복구를 이유로 긴급여부에 상관없이 특정 업체와 수의계약 · 경쟁입찰 대상공사를 소규모로 분할하여 수의계약 – 무분별한 턴키공사 발주 및 설계심의 비리 · 턴키대상공사가 아닌데도 업체와 유착하여 턴키공사로 발주 · 심사위원에 대한 로비 등으로 인한 심사과정의 공정성 의혹 · 턴키공사는 특수한 경우에만 설계변경이 가능한데 이를 악용하여 부당한 설계변경
시공 및 감리단계	– 부당한 설계변경 및 편의제공 – 소액공사(1억원 이하) 수의계약 후 설계변경을 통해 예산증액 – 설계변경시 단가를 과다하게 적용하여 특혜 부여 – 공사감독의 관행적 금품수수 – 하도급자 선정시 압력행사, 불법하도급 묵인 – 준공검사시 불법사항 묵인 및 관례적인 금품 · 향응제공 등 – 부실벌점 부과 및 부정당업자 제재의 실효성 상실 · 국가계약법에서는 계약의 입찰 · 낙찰 또는 계약의 체결 · 이행과 관련하여 관계 공무원에게 뇌물을 제공한 경우 부정당업자 제재를 할 수 있도록 규정하고 있으나 제재실적 미흡 · 부실벌점부과시 건설기술자, 감리원, 건축사 등 개인에게만 주로 부과하였고, 건설업자 및 감리업자 등 업체에 대해서는 미부과

자료: 국가청렴위원회(2005).「건설공사 부패방지를 위한 공사 · 계약분야 제도개선방안」.

수긍하지 않을 수도 있다. 최근 몇 년간 발주기관마다「반부패혁신기획단」이니,「청렴기획단」이니 하는 기구를 만들고, 강도 높은 부패방지대책을 수립하여 추진해 왔기 때문이다. 지금도 정부공사 조달과정에서 부패가 만연해 있다는 주장은 과거에 형성된 부정적 이미지 때문이라고 주장하기도 한다. 물론 최근 들어 전자조달제도(G2B)의 도입 등으로 인해 정부공사 조달과정의 투명성이 높아졌고, 각 발주기관마다 부패기관이란 오명을 벗기 위해 노력한 결과 상당한 정도의 개선이 이루어진 것은 사실이라고 본다. 실제로 국가청렴위원회에서 해마다 시행하는 304개 정부기관에 대한 청렴도 조사결과를 보면, 종합청렴도는 갈수록 좋아지는 추세고, 금품이나 향응제공률은 갈수록 낮아지는 추세를 보여주고 있다.

비록 과거보다 나아졌다고 하지만, 정부공사 조달과정에 관행화되어 있던 부정 · 부

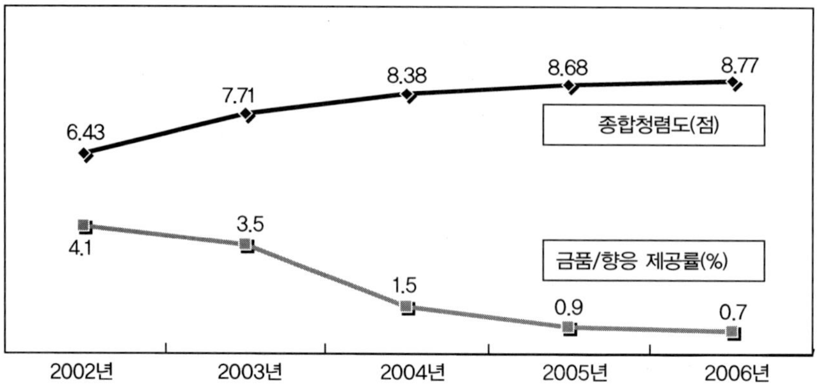

그림 2-17 국가청렴위원회의 정부기관 청렴도 조사결과 추이

자료: 국가청렴위원회(2006). 「2006년도 청렴도 조사결과」.

패 소지가 완전히 사라졌다고 장담할 수 있는 사람은 아무도 없다. 여전히 몇몇 정부공사 발주기관의 계약업무나 건설공사 점검 및 관리업무는 부패취약분야로 꼽혀 해마다 국가청렴위원회에서 시행하는 「부패방지시책평가」의 대상이 되고 있다[96]. 또한 정부공사 조달과정의 부패유발 요인만 하더라도, 정부조달과정 전체에 걸쳐 광범위하게 분포되어 있다. 그렇기 때문에 정부공사 조달과정의 부정 · 부패를 없애거나 줄이고자 한다면, 한두 가지 법령이나 제도개선에 그칠 것이 아니라 정부조달시스템 전반에 걸친 혁신이 필요하다.

96) 국가청렴위원회에서는 해마다 청렴도 조사시 금품/향응제공율을 기준으로 부패취약 업무를 선정하고, 해당 기관에게 부패방지시책을 수립하여 집행할 것을 요구하고 있다. 아울러 해마다 이들 부패방지시책에 대한 평가결과를 발표하고 있다.

제 3 장 전세계적 정부조달혁명, 어떻게 진행되었나?

01 전세계적 정부조달 혁명이라고?

이 장의 제목이 너무 거창하다고 느낄 독자가 많을 것이다. 정부조달제도의 "개선"이나 "혁신"이 아니라 "혁명(revolution)"이라고? 게다가 일부 "선진국"의 정부조달혁명이 아니라 "전세계적(global)" 혁명이라고? 하는 물음을 던져 보고 싶을 것이다.

"전세계적 정부조달혁명"이란 이 장의 제목은 필자가 지어낸 말이 아니다. 두 권의 외국서적[97]에서 사용하고 있는 제목을 이 장의 제목으로 활용한 것이다. "전세계적"이라고 하는데, 도대체 어느 나라에서 정부조달혁명이 일어났는지, 정부조달 "혁명"의 내용이 무엇인지를 보자.

1 세계 각국의 정부조달 혁신 동향

우리도 그렇지만, 다른 나라에서도 오랫동안 정부조달은 그다지 중요한 논란거리가 되지 못했다. 정부조달은 절차지향적이고, 지원기능에 불과하며, 비전문가인 조달공무

97) Sue Arrowsmith & Arwel Davies(eds.), *Public Procurement : Global Revolution.*, kluwer law international, 1998.
Sue Arrowsmith & Martin Trybus(ds.), *Public Procurement : The Continuing Revolution*, kluwer law international, 2003.
이들 책에서는 유럽연합(EU)이나 세계무역기구(WTO)의 출범 등을 계기로 1990년대 이후 각국 정부조달시장이 "전세계적 혁명(Global Revolution)"을 겪고 있으며, 언제 끝날지 모르겠다고 한다.

원이 집행하는 행정업무 정도로 취급해 왔다는 것이다. 이런 인식 아래서 정부조달시스템을 혁신하고자 하는 노력을 찾아볼 수 없었다는 것은 당연하다.

하지만 최근에는 상황이 달라졌다. 정부예산의 한계에 직면한데다가, 부패를 근절하기 위해 각국 정부는 “잘 조직된 조달시스템(well-organized procurement system)”이 필요하다는 사실을 인식하게 되었다. 그리고 “잘 조직된 조달시스템”이 있어야만 정부예산을 잘 사용할 수 있다는 믿음을 갖게 되었다. 이에 따라 많은 나라들이 정부조달시스템 혁신에 나서서 투명성과 효율성 및 법적 책임성을 높이는데 주력해 왔다.

경제발전단계를 고려할 때, 정부조달시스템 혁신을 추진한 나라는 크게 4가지 유형으로 나누어 볼 수 있다[98].

첫 번째 유형은 사회주의체제에서 시장경제체제로 전환한 나라들이다. 이런 나라들에서는 “경쟁적(competitive)” 정부조달에 대한 선례를 찾아보기 어렵다. 따라서 이런 나라들은 공개적이고, 경쟁적인 정부조달시스템을 새로 설계하는 일이 우선시될 수 밖에 없다.

두 번째 유형은 아르헨티나, 인도, 인도네시아, 칠레 등과 같은 저개발국이다. 이들 나라는 사회주의체제는 아니었지만, 오랫동안 비효율적인 정부조달시스템이 운용되어 왔다. 이제는 새로운 환경과 사회적 요구에 걸맞는 효율적이고 투명한 조달시스템을 만드는 작업이 이루어지고 있다.

세 번째 유형은 개발도상국(developing countries)이라고 부르는 나라들이다. 이런 나라에서는 무엇보다 정부조달시스템의 효율성을 높이고, 부패를 축소하는데 주력하고 있다.

네 번째 유형은 이미 산업화된 선진국이다. 선진국에서 정부조달시스템을 혁신하고자 하는 동기는 복합적이다. 서비스 조달의 증가나 민자유치사업의 증대에 따라 무엇을 어떻게 조달해야 하는가에 대한 문제, 새로운 정보통신 기술의 활용 문제, 「투자가치(value for money)」로 요약되는 새로운 조달행정 목표의 도입 문제와 이 같은 목표달

98) Robert R. Hunja, “Obstacles to Public Procurement Reform in Developing Countries”, Sue Arrowsmith & Martin Trybus(ds.), *Public Procurement : The Continuing Revolution*, kluwer law international, 2003.

성을 위한 조달기관의 재량권 부여 문제 등이 선진국에서도 정부조달시스템을 혁신하고자 하는 동기(motivation)를 제공해 주고 있다.

이 같은 4가지 유형의 나라들 모두가 정부조달시스템의 혁신을 추구하고 있기 때문에 "전세계적인" 정부조달혁명이 이루어지고 있다는 것이다. 우리나라는 4가지 유형의 나라들 중 어디에 속한다고 할 것인가? 경제규모나 국민소득 등과 같은 외형적인 요소를 기준으로 한다면, 이미 산업화가 이루어진 선진국에 속한다고 보아야 할 것이다. 최근 우리나라에서 "투자가치(value for money)"니 "최고가치(best value)"니 하는 용어가 정부조달정책과 제도개선의 핵심적인 과제가 되고 있는 것도 "선진국"이기 때문일 것이다. 하지만 우리나라에서는 여전히 정부조달의 "효율성"을 높이고, "부패"를 억제해야 한다는 요구도 강하기 때문에 "개발도상국" 정부조달제도 개혁과제를 아직까지 달성하지 못하고 있기도 하다.

2 정부조달제도의 혁명적 변화와 기본원칙

"혁명(revolution)"이란 과거와의 단절을 의미한다. 과거 제도나 관행의 점진적인 개선을 "혁명"이라고 부르지는 않는다. 계획경제에 기초한 사회주의 정부조달시스템이 시장경제에 기초한 경쟁적인 정부조달시스템으로 바뀌었다면, 그것은 분명히 혁명적인 변화다. 단순히 정부조달시스템의 효율성 제고나 부패방지 차원에서 이루어지는 법·제도 개선은 "혁명"으로 부를 수 없다. 그런데 이렇게 엄밀하게 "혁명"의 의미를 정의한다면, 사회주의체제에서 시장경제체제로 전환한 나라를 제외하고서는 혁명적인 변화가 이루어진 나라는 찾아보기 어려울 것이다.

이 책에서는 정부조달 "혁명"의 의미를 좀 더 완화시켜서 설명하고자 한다. 이 책은 사회주의체제에서 시장경제체제로 전환한 나라들의 정부조달시스템 변화를 소개하는 것이 아니다. 시장경제체제에 기반한 나라들이 과거와 시스템적인 측면에서 어떻게 차별화된 정부조달시스템을 구축했는가를 소개하는데 초점을 두고 있다. 예를 들어보자. 최저가 낙찰제에 기초한 입낙찰제도를 운영해 오면서 부분적인 제도개선(이를테면 저가 낙찰 방지를 위한 저가심의제도 개선 등)에 치중해 온 정부조달제도 개선은 혁신이나 혁명이란 용어가 어울리지 않는다. 하지만 최저가 낙찰제를 폐기하고, 대신에 최고가치(best value) 획득을 위한 정부조달시스템의 개선이 이루어졌다고 치자. 이 같은 변화는 비록 사회주의체제가 시장경제체제로 바뀐 정도의 극적인 체제전환은 아니지만, 정책기조의 분명한 변화와 관련 시스템의 변화가 수반되었다면 "혁명적인 변화"로 평가할 수 있다.

1990년대 이후 이루어진 전세계적인 정부조달혁명의 핵심적인 내용은, 국내적 시각(national perspectives)과 국제적 시각(international perspectives)으로 나누어서 정리해 볼 수 있다[99].

첫째, 국내적 시각에서는 "투자가치(value for money)" 내지 "최고가치(best value)" 달성이 정부조달정책의 목적으로 등장한 점이 가장 큰 혁명적 변화다. 최저 가격 입찰자를 낙찰자로 선정하기 보다는 발주자의 요구조건에 가장 적합한 자를 낙찰자로 선정해야 한다는 원칙이 강조되었다. 상품과 서비스 가격이 최저 가격(the lowest price)일 것만 요구하는 것이 아니라, 총생애비용(whole life costs)이나 유지 · 관리비용 및 품질 · 공기와 같은 비재무적 요인도 중시하는 경향을 보이고 있다.

둘째, 국제적 시각에서는 정부조달 관련 법 · 제도의 글로벌 스탠다드 수용과 전세계적인 정부조달제도의 균질화(均質化)가 과거와 구별되는 뚜렷한 혁명적인 변화일 것이다. 1990년대 이후 자유무역을 증진시키고자 하는 국제적인 노력이 가속화되면서 각종 국제협정들(international agreements)이 만들어졌다. 이들 국제협정은 가맹국의 헌법 위에 있는 상위규범이기 때문에 각국은 국제규범에 맞게 각국의 조달제도를 개선하지 않을 수 없게 되었다. 정부조달과 관련된 국제협정 중 널리 활용되고 있는 것은 WTO의 정부조달협정(GPA)과 유럽연합지침(EU Directives) 및 유엔무역법위원회의 조달기본법(UNCITRAL Model Law on Procurement of Goods, Construction and Services) 등이다. 이 같은 국제협정의 수용은 정부조달시장 개방대상 공사나 용역에 대해서 만큼은 글로벌 스탠다드 적용이 불가피함을 의미한다. 비록 개방대상이 아닌 영역에는 각국의 독자적인 규칙이 적용된다 해도, 개방대상에 관한한 글로벌 스탠다드 적용이 불가피하다는 사실은 분명히 1990년대 이전과 구별되는 혁명적 변화일 것이다.

국내적 시각에서의 조달제도 개혁이건, 국제협정에 부합되는 조달제도 개혁이건 간에 공통적인 개혁의 기본원칙은 다음 4가지로 요약할 수 있다(S. Arrowsmith & A.

99) Sue Arrowsmith & Arwel Davies(eds.), *Public Procurement : Global Revolution.*, kluwer law international, 1998.

Davis, 1998). 이들 원칙은 국제적으로 조달시장의 개방이나 경쟁 촉진에 기여하였을 뿐만 아니라, 국내적으로 투자가치와 공정성을 확보하는데 도움이 된 것으로 평가된다.

경쟁(Competition)의 원칙

이 원칙은 발주자가 요구하는 최상의 조건(the most favourable terms)을 제시하는 복수 계약자간 경쟁을 통하여 낙찰자가 선정되어야 한다는 것이다. 경쟁은 효율성을 획득하기 위해서나 조달공무원의 재량권 남용을 방지하고[100] 투명성을 확보하기 위해서도 중요하다. 이를 위하여 국가에 따라서는 경쟁성의 확보를 위하여 최소 입찰참가자 수를 규정하고 있다[101].

공개성(Publicity)의 원칙

공개성의 원칙은 경쟁의 원칙을 보완하는 것이기도 한데, 낙찰가능성이 있는 국내외 모든 잠재적 계약자들에게 당해 계약에 입찰할 수 있는 기회를 보장해야 한다는 것을 의미한다. 이를 위하여 대부분의 국내 조달 관련 법규와 유엔의 조달기본법(UNCITRAL Model Law), 정부조달협정(GPA), 유럽연합 지침(EU Directives)에서도 인위적으로 특정 업체나 물품 등을 배제하지 않도록 하는 의무조항을 포함하고 있다. 다만, 발주자의 요구조건에 부합되지 않는 입찰자(non-responsive bid)는 배제할 수 있도록 하고 있다.

유엔의 조달기본법(UNCITRAL Model Law)이 적용되는 많은 국가들은 투명성(transparency)보다 효율성(efficiency) 확보를 위하여 사전심사(PQ) 절차를 거친 기업만 입찰할 수 있도록 하는 제한경쟁 절차를 활용하고 있다. 이런 현실에 직면하여 정부조달협정(GPA)이나 유럽연합지침에서도 일반경쟁입찰과 제한경쟁입찰의 선택권을 공공부문에 부여함으로써 각국 현실을 수용하고 있다.

100) 정부조달의 공정성을 강조하는 국가일수록 형식적인 규제가 많다. 그런데 영국의 정부조달제도 개혁방향은 투자가치 확보를 위해 조달공무원에게 광범위한 재량권을 주고, 조달기법을 개발하며, 성과를 측정하는 것이었다. 재량권 남용의 방지는 국제규범에서 요구하는 투명성(transparency)과 경쟁(competition)의 원칙을 얼마나 받아들이느냐에 따라 좌우될 것이다.

101) 예컨대, 영국의 「공공건설 계약규정(The Public Works Contracts Regulations)」에서는 최소 입찰참가자 수를 3명으로 제한하고 있다.

상업적 기준(Commercial Criteria)의 원칙

국내외를 막론하고 조달정책 결정시 상업적 기준을 사용할 것을 요구하고 있다. 이 원칙은 낙찰자 선정시 기업의 계약이행 능력에 기초하여 개별 입찰자가 제시한 가격이나 품질 등과 같은 상업적 기준만을 활용해야 한다는 것이다. 국내적으로 이 원칙은 효율성을 확보하고 정책결정자의 자의성을 배제하는 것을 목적으로 한다. 국제적으로는 자국업체가 외국업체에 비하여 특별히 유리해지지 않도록 하는 것을 요구하고 있다.

산업정책적인 목적상 이 기준의 예외가 있긴 하지만, 대부분의 나라에서는 조달정책 결정시 이 기준을 적용하는 것이 출발점이 되고 있다. 미국 · 캐나다 · 일본 · 한국 등은 지역업체 우대조치와 같이 차별적인 정책을 유지하고 있긴 하지만[102], 이 같은 비상업적 기준은 투명성 확보에 장애가 되기 때문에 정부조달협정(GPA)은 이들 정책의 지속을 억제하는 효과를 갖게 될 것이다.

투명성(Transparency)의 원칙

정부조달 절차는 명확한(clear) 규칙과 수단에 의해 규정되어야 한다는 원칙이다. 국내외를 막론하고 투명성의 원칙은 4가지 특징을 공유하고 있다.

첫째, 모든 정부조달 참여자(잠재적인 참여자 포함)가 조달절차를 분명하게 알 수 있어야 한다.

둘째, 조달공무원의 재량은 공식적인 규칙의 위임 범위 내에서 이루어져야 한다.

셋째, 입찰결과나 낙찰자 결정과정 공개와 같이 조달규칙의 준수 여부를 증명할 수 있어야 한다.

넷째, 조달규칙에 대한 순응(compliances)을 확보하기 위해서는 조달 관련 정책결정을 사후에 정밀하게 감사할 수 있는 검증 메카니즘(verification mechanism)이 존재해야 한다.

이 책에서는 정부조달혁명이 이루어지고 있는 모든 나라를 연구대상으로 삼고 있지

---

102) 이처럼 외국의 연구자들이 지역업체 우대조치를 취하고 있는 나라로 미국 · 캐나다 · 일본 · 한국 등 4개국을 지목하고 있다는 점은 의미심장하다. 국내적 필요성에 따라 취해지는 보호주의정책은 정부조달시장의 개방이 가속화될수록 유지하기 어렵게 될 것이다. 이미 유럽의 경우는 지역업체 우대조치를 찾아보기 어렵다(이상호 · 한미파슨스, 2006).

는 않다. 경제규모나 건설산업의 국제경쟁력 등 여러 가지 면에서 우리보다 앞선 것으로 평가되고 있는 미국과 영국 등 서유럽국가들의 정부조달시스템 혁신노력을 중점적으로 살펴보고, 향후의 정책적 시사점을 도출하는데 초점을 둘 것이다.

02 정부조달 혁신의 주요 내용

1 조달정책 목표 : 최고가치(best value) 획득

미국과 영국은 말할 것도 없고, 서유럽 각국과 호주, 싱가포르 심지어 일본까지도 정부조달정책과 제도의 목표는 "최고가치(best value)" 획득을 지향하고 있다. "최고가치"란 용어는 우리나라에서도 최근 들어 많이 쓰이지만, 최저가 낙찰제와 다른 낙찰제도의 유형 정도로 너무나 편협하게 이해되고 있다. "최고가치"는 구체적인 입낙찰제도라기 보다는 정부조달정책이 달성하고자 하는 궁극적인 목표로 이해되어야 한다. "최고가치"와 관련해서는 특히 영국 사례를 중점적으로 소개할 것이다. 최고가치 획득을 위한 정부조달시스템 혁신과 관련하여 가장 체계적이면서 근본적인 변화가 이루어진 나라가 영국이라고 생각되기 때문이다.

미국 연방정부의 조달정책 목표 : 최고가치의 획득

조달정책 목표로서의 "최고가치(best value)"에 대한 개념 정의는 나라마다 차이가 있다. 미국 연방조달규정(Federal Acquisition Regulations : FAR Part 2)에서는 "정부조달 결과물이 발주자가 요구하는 총체적인 이익을 극대화"하는 것으로 정의하고 있다. 이처럼 미국의 조달정책이 최고가치를 지향하는 방향으로 정책목표 전환을 이룩한 시기는 1994년에 「연방조달규제 간소화법(Federal Acquisition Streamlining Act : FASA)」이 제정되면서 부터라고 한다. 그리고 미국 연방조달규정(FAR)에서는 다음과 같이 조달정책의 목표가 "최고가치"를 지향하고 있음을 분명하게 선언하고 있다.

연방조달시스템의 비전은 국민의 신뢰를 확보하고 정부정책의 목표를 수행하면서 수요자에게 가장 가치있는 물품이나 용역(best value product or service)을 제때 조달하는 것이다. 조달과정의 참여자들은 하나의 팀으로서 서로 협력해야 하고, 각자의 책임을 다할 수 있는 권한을 부여해야 한다.

연방조달시스템은 ① 비용, 품질, 적시성 측면에서 수요자를 만족시켜야 하고, ② 행정적인 운영비용을 절감해야 하며, ③ 공정하고 공개적으로 운용되어야 하고, ④ 정부의 정책목표를 달성해야 한다(FAR 1.102. Statements of Guiding Principles for the Federal Acquisition System)[103].

영국 지방정부 개혁프로그램 : 「최고가치(Best Value)」

영국에서 「최고가치(Best Value)」[104]는 노동당 정부에 의해 시행된 지방정부 개혁프로그램을 지칭한다. 영국 지방정부의 「최고가치」는 납세자가 수용할 만한 가격(a price acceptable)으로 목적에 적합한 품질의 서비스를 경제적, 효율적, 효과적으로 제공하는 것으로 정의하고 있다(Penny Badcoe, 2004).

이처럼 영국의 정부조달정책 목표가 최고가치 내지 투자가치를 달성하는데 초점을 둔 이유는 최저가 낙찰제에 기반한 경쟁입찰제도의 실패와 연관된다. 과거 대처수상으로 대표되는 영국의 보수당 정권 시절, 경쟁입찰과 최저가 낙찰제를 핵심으로 하는 강제경쟁입찰(Compulsory Competitive Tendering : CCT)제도가 오랫동안 시행되었다. '경쟁' 과 '입찰' 을 통해 강제경쟁입찰제도가 지방정부의 효율성을 높인 것은 사실이지만, 최저가 낙찰제를 통한 예산절감에 치중함으로써 오히려 비효율적인 것으로 평가되었다. '경쟁' 과 '입찰' 보다는 성과(performance), 투자가치(value for money), 품질서비스(quality services)가 더 중요한 것으로 인식되면서 마침내 강제경쟁입찰제

103) 미국 연방조달규정(FAR)의 이 조항은 제2장에서도 인용한 바 있다. 제2장에서 우리나라 국가계약법 제1조와 미국 연방조달규정 제1조를 대비시키면서, 미국과 달리 우리나라 국가계약법에는 정부조달정책의 목표나 기본원칙의 제시가 없다는 사실을 인식시키기 위해서였다. 미국의 조달정책 목표가 "최고가치" 획득에 있다는 사실은 인용한 연방조달규정만 보더라도 명확하다.

104) 영국 지방정부의 개혁프로그램인 「최고가치(Best Value)」는 고유명사처럼 대문자로 표기하고 있다.

도(CCT)는「최고가치(Best Value)」로 대체되었다.

「최고가치」와 관련된 정책은 1997년 총선을 앞둔 영국의 신노동당(New Labor)에서 개발되기 시작했다. 토니 블레어(Tony Blaire)가 이끄는 신노동당 정부는 집권 후 1999년에 공식적으로 강제경쟁입찰제도를 폐지했고, 2000년 4월부터 「최고가치」의 지방정부 적용을 의무화하였다. 「최고가치」가 도입되면서 건설공사 정부조달과정에서는 상세한 투입중심의 시방서나 가격에 초점을 둔 입찰자 평가, 적대적 계약관리 등과 같은 전통적 접근방법이 불신임을 받았다. 영국 지방정부의 「최고가치」는 투입(inputs)보다 결과물(outcomes)에 초점을 맞추었고, 정부조달과정 참여자들간의 동반자적 협력관계(partnership)를 중시했다[105].

영국 지방정부의 「최고가치」 도입과정에서 토니 블레어 같은 최고 정치지도자의 적극적인 지지가 있었다는 사실은 정부조달시스템의 혁신과정에서 큰 의미가 있다. 어느 나라를 막론하고 정부조달시스템 혁신이 제대로 되지 않는 이유는 정치적 지원이 부족하기 때문인데, 영국에서는 최고 정치지도자들부터가 정부조달시스템을 혁신하는데 적극적이었다.

「최고가치」 도입과 관련한 토니 블레어 수상의 언급을 보자[106]. 토니 블레어는 강제경쟁입찰제도(CCT)가 "유연성이 없고, 관료적이면서 비효율적(inflexible, bureaucratic and inefficient)"이라고 지적하고, "보다 유연하고, 장기적인 신뢰관계가 필요한데 … 국민에게 최고의 가치를 제공할 수 있는 새로운 시스템(new system)을 도입하기 바라며", 새로운 시스템의 강조점은 "누가 서비스를 제공하든지 최선의 가능한 결과(the best possible outcomes)"를 가져오는 것이라고 하였다. 또한 토니 블레어는 2000년 11월에 개최된 「전국최고가치회의(National Best Value Conference)」에 보낸 지원 서신에서 다음과 같이 말하고 있다.

「최고가치(Best Value)」는 표준(standards)의 수준을 높이고, 혁신(innovation)을 장려하면서 경쟁(competition)을 촉진한다. 민간부문의 기여도를 인정함으로써 장기적인 파트너

105) 영국 지방정부의 「최고가치(Best Value)」와 관련해서는 Penny Badcoe, "Best Value-A New Approach in the UK", Sue Arrowsmith & Martin Trybus, *Public Procurement : The Continuing Revolution*, kluwer law international, 2003.에서 주로 인용하였다.

106) 토니 블레어 수상의 말은 Nicholas Dobson, *Best Value : Law and Management*, Jordon Publishing Ltd., 2000.에서 인용한 것이다.

십을 강화한다. 특히 지역주민과 지역공동체를 다른 무엇보다 우선시한다.

영국 중앙정부 조달정책의 목표 : 투자가치(value for money) 획득

영국 중앙정부 차원의 조달시스템 혁신운동("Achieving Excellence")에서는 「투자가치(value for money)」 획득을 조달정책의 목표로 제시하고 있다[107]. 투자가치는 발주자의 요구조건에 적합한 생애주기비용(whole life costs)과 품질(quality)의 최적 조합(optimum combination)을 통해서 달성할 수 있다고 하면서, 다음과 같이 기술하고 있다[108].

조달절차의 선택에서 가장 중요한 고려사항은 서비스나 시설물의 전체 생애(whole life)에 걸친 총체적인 투자효율성(overall value for money)을 획득하는 것이다. 여기에는 운영 및 유지관리도 포함된다. 설계, 시공과 유지관리는 따로 따로 취급해서는 안된다. 바람직한 조달절차는 통합프로젝트팀의 구성원들이 설계, 시공, 서비스 공급 등 어느 활동과 연관되건 협력해서 일할 수 있도록 하는 것이다. 팀의 모든 구성원들이 사업초기부터 참여하여 설계의 시공성이나 시설물의 장기적인 유지관리에 관해 조언할 수 있도록 해야 한다.

영국의 정부조달시스템 혁신 움직임은 과거 정부조달사업의 성과가 시원치 않았다는 사실을 반성하는 데서부터 출발했다. 영국 감사원(National Audit Office : NAO)이 인용한 Bath 대학의 조사결과를 보면(NAO, 2001), 계약 건수의 73%가 당초 계약금액을 초과한 공사비 지출이 이루어졌고, 70%는 공기가 지연되었다고 한다. 이렇게 된 원인을 영국 감사원은 전통적인 조달 및 관리시스템에 있다고 평가하였다. 최저가낙찰제 위주의 조달제도에서는 투자가치 획득이 어렵고, 건설업계와 정부 발주기관간의 적대적 관계로 인하여 저조한 성과를 초래했다는 것이다.

영국 고속도로청(HA)의 최고가치 획득을 위한 조달시스템

최고가치 획득을 목표로 하는 조달시스템이 개별 발주기관 수준에서 어떻게 운영되

107) 하지만 그 내용은 지방정부의 「최고가치(Best Value)」와 다르지 않다. 여기서는 「최고가치」나 「투자가치」를 동일한 조달정책의 목표를 표현하는 용어로 보고자 한다.

108) 영국 정부상무청(http://www.ogc.gov.uk). *Achieving Excellence in Construction Procurement Guide 01 : Initiative into action.*

고 있는지를 영국 고속도로청(Highways Agency : HA)의 사례를 통해 간략하게 요약해 보자[109].

영국 고속도로청에서는 "최고가치"를 "지속적인 개선을 이루면서 가장 낮은 수용가능한(affordable) 가격으로 사업 목표를 달성하는 것"으로 정의하고 있다. 그리고 최고가치의 핵심 요소는 지속적인 개선의 입증에 의해 지지되는 효과성(effectiveness), 효율성(efficiency), 경제성(economy)이라고 하였다. 이 같은 의미의 "최고가치" 달성을 위하여 다음과 같이 「최고가치 획득을 위한 10대 원칙」을 제시하고 있다.

① 조달팀의 조기 편성(Early Creation of Delivery Team) : 더 넓은 범위의 혁신, 더 나은 리스크 관리, 그리고 작업 프로그램 및 자원의 계획과정에 계약자를 조기에 관여시킨다.

② 통합적이면서 인센티브가 부여되는 공급망(Integrated and Incentivised Supply Chain) : 공급망을 전문지식과 통합하고, 최고가치를 위한 혁신적 아이디어에 대하여 인센티브를 부여한다.

③ 경쟁적이고 지속가능한 공급망 유지(Maintaining a Competitive and Sustainable Supply Chain) : 고속도로청과 함께 일하는 데 있어 동기와 인센티브를 부여받는 좋은 품질의 공급자를 유지 관리한다.

④ 책임의 명확화, 불필요한 감독 제거(Clear Points of Responsibility, No Unnecessary Layers of Supervision) : 계약상의 접점(interface) 문제를 줄이기 위해 역할과 책임을 명확히 하고, 감독의 불필요한 단계로부터 발생하는 자원의 낭비를 제거한다.

⑤ 전자조달(E-Procurement) : 입찰 과정, 의사소통, 성과측정을 보다 효율적으로 하기 위함이다.

⑥ 최고가치에 기반한 공급자 선정(Selection of Suppliers on the basis of Best Value) : 제출되거나 계약된 품질을 확인하는 실질적 검토를 통해, 실제적이고 입수가능한 가치를 추가해 주는 품질의 여러 측면들을 확인한다.

⑦ 리스크의 공정한 배분(Fair Allocation of Risks) : 리스크는 그 리스크를 가장

109) 영국 고속도로청(http://www.highways.gov.uk). *Procurement Strategy Review 2005.*

잘 관리할 수 있는 곳에 할당되고, 고속도로청은 리스크를 관리하면서 그 결과를 통제하기 위하여 공급자와 협력하여 리스크를 수용한다.

⑧ 고품질 설계(High Quality Design) : 설계안은 정부상무청(Office of Government Commerce : OGC)의 관문점검절차(Gateway Review Process)와 총생애가치에 기반을 둔다.

⑨ 장기적 관계에 기반한 파트너십(Partnership Approach Based on Long-term Relationship) : 단기 프로젝트의 협력관계에서 기술 및 더 나은 자원의 보유와 작업을 위해 장기적인 파트너십으로 이행한다.

⑩ 지속적인 개선목표하의 성과 측정(Performance Measurement with Continual Improvement Targets) : 비용과 시간의 축소, 결점과 사고의 감소, 총생애가치와 결과물에 대한 만족 개선 등의 이익을 확인하기 위하여 고객헌장계획 아래 5년간에 걸친 개선프로그램을 수립한다.

"최고가치" - 기존의 조달정책 목표나 시스템과 어떻게 다른가?

조달정책 목표로서의 최고가치에 대한 논의가 다소 장황해진 감이 있다. 그렇다면 최고가치 획득을 목표로 하는 조달정책은 과거의 조달정책 패러다임과 어떻게 다른가?

조달정책의 목표가 최고가치 획득으로 바뀌게 된 것은 기존의 정부조달시스템 운용성과에 대한 반성에서 출발했다. 최고가치 획득을 위한 정부조달시스템은 「최저 가격(lowest price)」이 아니라 「품질(quality)」과 「성과(performance)」를 강조하고 있다. 미국 연방조달규정(FAR)에서도 명시하고 있듯이, 가격만 싸다고 해서 효율성을 달성할 수 있는 것은 아니며, 품질이나 성과가 나쁠 경우는 "거짓 효율성(false economy)"을 초래할 수 밖에 없다는 것이다.

최저 가격이라는 이유만으로 어떤 공급자와 계약을 체결할 경우, 만약 계약불이행이나 조달시기 지연, 혹은 또 다른 비용이 수반되는 불만족스러운 성과를 초래한다면, '거짓 효율성(false economy)'을 낳을 수 있다. 정부조달이 최저 가격에 기초해야 하는 것이 중요하기는 하지만, 최저 가격을 제시한 공급자만을 낙찰자로 해야 한다는 것은 아니다(FAR 9.103).

최고가치를 획득하기 위해서는 총생애주기비용(whole life cycle costs)과 품질과의 최적 조합이 필요하다. 총생애주기비용은 시공비만이 아니라 설계비나 유지관리비용 등 시설물의 생애주기에 걸쳐 소요되는 모든 비용을 의미한다. 총생애주기비용이란 관점에서는 시공비가 비싸다고 최고가치를 얻을 수 없는 것이 아니고, 반대로 시공비가 싸다고 "최고가치"를 얻을 수 있는 것도 아니다. 따라서 이 관점에서는 정부공사 조달과정의 각 단계별로 반드시 최저 가격 입찰자를 계약자로 선정해야 할 이유가 없다. 반대로 최저 가격 입찰자가 아니라 해도 총생애주기비용의 절감이란 관점에서 계약자로 선정할 수 있다.

최고가치 획득과 총생애주기비용의 절감을 위해서는 입찰자를 평가할 때 입찰가격만 평가해서는 안된다. 가격 외에 기술과 품질, 공기 등 여러 가지 요소에 대한 복합적인 평가를 통해 "발주자에게 가장 유리한 입찰자(=최고가치를 제공할 수 있는 입찰자)"를 낙찰자로 선정해야 한다.

발주자와 민간건설업체간의 장기적인 파트너십은 "최고가치" 획득을 위해 대단히 중요하다. 최저가 낙찰제에서는 서로가 적대적인 관계였기 때문에 잦은 클레임 발생과 공기 지연이 불가피했다. 하지만 "최고가치" 획득을 위해서는 발주자와 공급자가 하나의 팀을 형성하여 서로 협력해야 한다. 그리고 이 같은 협력관계는 일시적이서는 안되고, 신뢰에 기반하여 장기적으로 지속되어야 한다.

정부의 역할과 기능도 바뀌어야 한다. 과거에는 법 · 제도를 통한 규제와 통제가 핵심적인 발주자의 역할이었다. 하지만 최고가치 획득을 위해서는 민간과 협력해야 한다. 뿐만 아니라 혁신적인 아이디어에 대해서는 인센티브(incentive)를 부여해야 한다. 기존의 정부역할이 투입(input) 측면에 초점을 두었다면, 최고가치 획득을 위해서는 결과(outcomes)에 초점을 두어야 한다. 이를 위해서는 성과 측정과 평가가 필수적으로 요구된다. 아울러 발주자는 통합된 팀(integrated team)의 일원으로서 권한과 책임을 명확하게 해야 하고, 불필요한 감독기능은 대폭 줄여야 한다. 통합된 팀 내에서 리스크는 적절하게 배분되고 관리되어야 한다.

설계-시공-감리 등 정부조달사업의 단계마다 배타적인 업역 구분과 겸업제한 금지 등이 만연되어 있는 우리와 달리, 최고가치 획득을 위한 조달시스템에서는 가능한 한 설계를 비롯한 사업의 초기단계부터 관련된 공급자들의 참여를 유도하고 있다.

최고가치 획득을 위한 정부조달시스템의 운영을 위해서는 조달공무원의 전문성이 높아져야 하고, 기존 공무원들에 대한 교육과 훈련이 대폭 강화되어야 한다. 단순히 입찰가격만으로 낙찰자를 선정하는 조달시스템에서는 그럴 필요가 없다. 하지만 "최고가치" 획득을 위한 정부조달시스템을 운용하기 위해서는 발주자의 역량이 대단히 중요하다. 만약 발주자의 전문성이 취약하다면, 민간으로부터 아웃소싱(outsourcing)을 통해 보완받을 수 있는 길이 제도적으로 확보되어야 한다.

이처럼 정부조달정책의 목표가 최고가치 획득으로 바뀌면서 비용(costs)의 개념, 발주자의 역할과 기능, 발주자와 공급자간의 협력관계, 입찰계약제도, 조달공무원에게 요구되는 역량 등 정부조달시스템을 구성하고 있는 거의 모든 요소들이 과거와 다른 큰 변화를 겪게 되었다.

2 조달행정조직 : 정책기능 강화

집행기능의 분권화와 정책기능의 중앙집중화

조달행정조직이나 기능의 집권화가 바람직한가, 분권화가 바람직한가는 일률적으로 말하기 어렵다. 하지만 최근의 전세계적인 추세는 중앙집중화 보다는 분권화를 선호하고 있다. 이와 관련하여 Robert R. Hunja(2003)은 다음과 같이 기술하고 있다.

비록 조달행정조직은 나라마다 다르지만, 많은 개발도상국(developing countries)에서는 일반적으로 중앙집중화된 조달시스템을 운용해 왔다. 중앙집중화된 조달시스템에서는 중앙의 입찰위원회 같은 곳에서 일정범위 이상의 계약에 대한 사전 검토권한을 갖도록 의무화하거나, 보편적인 물품에 대한 집중구매 권한을 갖기도 하고, 수요기관에게는 권한 위임을 거의 하지 않는다. 하지만 중앙집중화된 조달시스템에 수반되는 비효율성과 법적 책임성 부족(inefficiency and lack of accountability)으로 인하여 많은 나라들에서 수요기관이 스스로의 필요성에 따라 모든 조달기능을 수행할 수 있는 보다 분권화된 조달시스템으로 전환되었다. … (그런데) 많은 나라에서는 분권화와 함께 중앙조달정책기관이 탄생하고 있다.

개발도상국은 최근에야 분권화된 조달시스템으로 전환하고 있다고 하지만, 지방자치의 역사가 오래된 미국[110]이나 일본과 영국을 비롯한 서유럽 각국은 이미 오래 전부터 분권화된 조달시스템을 운영해 왔다. 우리나라 역시 이런 추세의 예외는 아니다. 2010년에는 지자체도 전면 자체조달이 가능하도록 제도개선이 이루어질 것이다.

정책기능에 관한 한, 분권화보다는 중앙집중화가 대세다. 분권화된 조달시스템을 구축하고 있는 개발도상국에서도 중앙조달정책기관이 탄생하고 있다는 것이 앞서 인용했던 Robert R. Hunja의 지적이다. 정부 전체 차원에서 조달행정의 효율적인 수행을 위해서는 분권화된 수요기관의 효율적인 조달집행기능을 담보하기 위한 중앙조달정책기관이 필요했기 때문이다. 개발도상국만이 아니라 영국과 같은 선진국에서도 중앙조달정책기관이 탄생했다. 최고가치를 달성하기 위해서는 정부조달시스템의 전반적인 변화를 기획하고, 모범사례(best practices)를 개발하여 널리 보급하며, 수요기관의 변화를 유도할 수 있는 중앙조달정책기관이 필요했기 때문이다.

개발도상국이건 선진국이건 간에, 정부조달시장의 개방 폭이 확대되면서 국제적인 정부조달협상이 빈번하게 개최되자 이에 대응하기 위해서도 중앙조달정책기관이 필요했다. 정부조달협정(GPA)과 같은 국제협정의 내용을 자국 조달법령에 수용하는 과정에서도 중앙조달정책기관의 중요성은 높아졌다.

중앙조달기관의 역할과 기능 및 조직구조

외국의 중앙조달기관은 정책기관으로서의 역할과 기능이 특히 중요하긴 하지만, 집행기관으로서의 역할도 일부 수행하고 있고, 다른 정부기관에 대한 컨설팅기관으로서의 성격도 보유하고 있다[111]. 특히 최근에 설립된 이탈리아(Public Works Authority : PWA, 1999)나 영국(Office of Government Commerce : OGC, 2000)의 중앙조달기관은 EU나 WTO 등과 같은 국제기관에 대하여 영국의 조달기관을 대표하는 대표자로서 조달정책을 개발하고 전파하는 정책기관으로서의 역할을 두드러지게 수행하고 있다.

110) 미국에 중앙조달기관인 연방조달청(General Services Administration : GSA)이 있다고 하지만, 연방정부의 물품이나 용역 및 건축공사 조달과 관련한 업무를 수행하고 있으며, 우리나라 조달청처럼 토목공사 조달이나 지자체 조달업무까지 대행하고 있는 것은 아니다.

111) 이와 관련된 상세한 논의는 이상호 외(2004).「공공건설공사 발주기능 및 계약제도 Best Practice 사례조사」. 조달청.에서 논의하고 있다.

표 3-1 각국 중앙조달기관의 정부공사 조달관련 주요 기능 비교

주요 기능	미국	영국	캐나다	이탈리아	싱가폴	한국
시설공사 발주 및 계약	△ (연방정부 건축공사)	×	○ (연방정부 시설공사)	×	◎	◎
조달정책 개발 및 Best Practice 창출과 보급	◎	◎	△	◎	◎	△ (재정경제부 소관)
청사 · 부동산 등 자산관리	◎	◎	◎	×	◎	× (행자부 소관)
전자조달제도 운영	◎	△ (지원기능 수행)	◎ (2005년 부터)	◎	◎	◎
시설관련 컨설팅 서비스	◎	◎	◎	△	◎	△
대외협상시 국내 조달기관 대표	◎	◎	◎	◎	◎	△ (재정경제부 국고국)
원가계산	△	△	△	◎	◎	△ (건설교통부 소관)
공사감독 및 감사	△	△	◎	◎	◎	× (감사원 소관)
기술/기능 인력양성	×	×	△	×	◎	× (건설교통부 소관)
연구 · 조사	◎	◎	○	◎	◎	△
국고수납 및 지출	△	△	◎	△	△	△

주 : ◎(강함), ○(상당한 정도), △(미약함), ×(아주 미약함)
자료: 이상호 외(2004). 「공공건설공사 발주기능 및 계약제도 Best Practice 사례조사」. 조달청.

외국의 중앙조달기관은 조달정책의 혁신을 주도하고 있다. 영국의 정부상무청(OGC), 싱가포르 공공사업청(BCA)은 “Achieving Excellence”나 “Construction 21”과 같은 프로그램을 통해 정부조달 및 건설산업의 혁신을 주도하고 있는 대표적인 기관이다. 미국의 연방조달청(GSA)도 조달정책과 관련된 수많은 모범사례(best practices)를 제시하고 있다.

우리나라의 조달청 시설국 기능은 원가계산과 공사입찰로 대표되는 정부 시설공사

발주, 건설사업관리 및 초대형 국책사업의 사업비 검토라는 세 가지 주요 기능을 수행하고 있다. 하지만 외국의 중앙조달기관에서 수행하고 있는 기능은 우리나라의 조달청 시설국보다 월등하게 그 범위가 넓다.

우리나라 조달청에는 정책홍보본부나 전자조달본부도 있지만, 시설사업본부, 구매사업본부, 국제물자본부 등과 같은 구매조달업무의 분야별 집행부서를 근간으로 하고 있다. 외국 중앙조달기관에는 정책부서의 역할과 비중이 더 크다. 예컨대, 미국 연방조달청에는 조달정책국(OGP)이 있고, 영국 정부상무청의 경우는 집행업무를 담당하는 구매조달국(OGCbs)을 제외한 나머지 부서들 모두가 정책기능을 담당하면서 모범사례를 개발하여 보급하는 기관들이다.

중앙정부의 부동산을 비롯한 자산관리 기능을 담당하는 부서가 있는 것도 우리나라와의 차이점이다. 우리나라는 행정자치부에서 담당하지만, 외국에서는 중앙조달기관이 취득 및 관리주체의 역할을 수행하고 있다. 미국 연방조달청의 공공시설서비스국(PBS), 영국 정부상무청의 구매조달국(OGCbs), 캐나다 연방조달청의 부동산사업국(RPSB) 및 싱가포르 공공사업청의 건축기획관리국 등이 그와 같은 기능을 수행하고 있다.

IT기술의 진전과 전자조달제도의 급속한 확대, IT와 통신시설 구매의 비중 급증에 따라 관련 전담조직도 중앙조달기관의 중요한 부서로 자리매김 되어 있다. 미국 연방조달청의 기술조달국(Federal Technology Service), 영국 정부상무청의 조달혁신국(Successful Delivery Directorate) 및 구매조달국(OGCbuying.solution), 캐나다 연방조달청의 통신정보사업국(GTISB), 이탈리아 공공사업청의 조사국(Public Works Observatory), 싱가포르 공공사업청의 기술개발국(Technology Development Division) 등이 그와 같은 업무를 전담하는 조직들이다.

③ 조달사업 참여자간 관계 : 분리에서 통합으로

전통적인 계약관계와 한계

영국이나 미국에서도 전통적인 발주자와 계약자간의 입찰 및 계약관계는 설계자, 시공자 및 하도급자를 최저가 낙찰제에 기초하여 선정하는 것이었다. 하지만 영국이나 미국의 발주자들은 이 같은 전통적인 계약관계가 장기적으로 투자가치(value for money)를 제공해주기 어렵다는 사실을 인식하게 되었다. 영국 감사원은 이 문제를 이렇게 기술하고 있다(NAO, 2001).

경험적으로, 최저가 낙찰제는 최종 공사비나 생애주기비용 및 운용비용 등에 걸쳐 투자효율성을 제공해주지 못했다. 건설업계와 정부 발주기관의 관계는 갈등과 불신(conflict and distrust)으로 점철되었고, 빈약한 성과(poor performance)를 낳았다.

"빈약한 성과(poor performance)"의 사례로, 영국 감사원은 전통적인 계약관계에서 수행된 정부공사 중 73%가 예산한도를 초과했고, 70%의 공사는 공기 지연이 발생했다는 사실을 지적했다. 이처럼 빈약한 성과를 낳게 된 원인은 발주자, 설계자, 시공자, 하도급자 및 자재공급업자 등 정부조달과정의 참여자 모두에게 있다는 것이다.

발주자는 품질(quality)보다 최저 가격(lowest price)에 기초하여 계약자를 선정해왔다. 입찰시 수요자의 니즈나 요구되는 시설물의 기능에 대해 충분하게 알리지도 않았고, 사업성 검토 역시 부족했다. 혁신을 저해하는 처방적 시방서(prescriptive specification)를 활용하면서 투자가치를 얻을 수 있는 범위를 제한했다. 설계와 기획단계에서는 다양한 해결책을 간과했고, 가치관리(value management)나 표준화(standardization)의 중요성을 잘 이해하지 못했다. 설계자는 시공자와 별개로 선정했고, 뒤늦게 발주자의 요구에 따라 설계변경이 이루어지기도 했다. 발주자의 건설사업관리기술은 빈약했고, 적극적으로 리스크를 배분하거나 관리하기 보다는 떠넘기기에 급급했다. 적대적 관계에서 발생한 문제를 해결하고자 계약(contracts)에 의존하는 모습을 보였다.

설계자는 수주를 위해 저가 입찰을 감행했고, 그 결과 빈약한 설계물을 낳게 되었다. 수요자의 니즈를 충분하게 반영하지도 않았고, 공사목적의 적합성에 대한 고려도 제대로 하지 않았다. 설계팀의 통합도 이루어지지 않았고, 설계와 시공과정의 통합도 이루어지지 않았다. 가치관리도 제대로 하지 않았고, 표준화에 대해서는 저항하기도 했다. 공급망(supply chain)의 통합에 대해서도 저항했고, 리스크 관리에 대한 이해도 부족했다. 건설공사의 "진정한 비용(true cost)"이 무엇인지도 알지 못했다.

시공자도 수주를 위해 저가 입찰을 감행했고, 빈약한 시방서에 의존하여 이윤확보를 위한 계약금액 증액에 열중했다. 당연히 시방서의 문제점은 지적하지도 않았다. 설계과정에 관여하지 않았고, 빈약한 기획은 시공과정에서 비효율성과 낭비를 초래했다. 가치관리나 표준화도 거의 활용하지 않았다. 위기관리를 위한 건설사업관리기술도 시원치 않았고, 리스크의 확인과 관리도 제대로 하지 않았다. 발주자와 마찬가지로, 적대적 관계에서 발생하는 문제를 계약을 통해 해결하고자 했다. 하도급자나 자재공급자에게 대금을 제때 지급하지 않았다. 설계자와 마찬가지로, 건설공사의 진정한 비용이 무엇인지도 몰랐다.

하도급자와 자재공급업자도 저가 입찰을 감행하거나, 가격을 낮추도록 강요받았다. 설계단계에 전문업자나 자재공급업자의 경험과 지식이 기여할 길이 없었다. 가치관리에도 관여하지 못했다. 대금을 제때 지급받지 못하다 보니 현금흐름(cash flow)도 빈약했다.

영국 감사원(NAO)의 이 같은 지적을 읽고 있노라면, 이게 도대체 어느 나라 정부조달시장과 건설산업의 문제인지 혼란스럽다. 영국만 그랬던 게 아니라, 우리나라도 그렇지 않은가? 영국도 우리나라가 안고 있는 문제와 동일한 문제를 안고 있었던 게 아닌가? 하는 생각이 자연스럽게 떠오른다. 그런데, 영국은 이 같은 전통적인 계약관계가 안고 있는 문제점을 해소하기 위해 정부조달시스템의 혁신을 추진했다. 하지만 우리는 아직 혁신을 시작하지도 못했고, 더더욱 심각한 것은 제대로 된 문제의식조차 없다는 것이다.

이처럼 미국이나 영국의 문헌을 보면, 한결같이 최저가 낙찰제의 폐해를 주장하고 있다. 그렇다면 최저가 낙찰제가 정착된 나라의 "낙찰률(=정부예정가격 대비 낙찰금액)"은 얼마일까? 미국 사례를 보자. 1973년부터 2000년까지 미국 연방정부 고속도로 공사의 평균 입찰참가자 수는 4.7개사였고, 같은 기간 중 평균 낙찰률은 92.8%였다. 2000년 이후에는 어땠을까? 필자는 지난 2005년과 2003년, 두 차례에 걸쳐 미국 연방정부 고속도로청(U.S.DOT FHWA)과 버지니아주정부교통국(VDOT)을 방문한 적이 있다. 2000년대 들어서는 미국도 민간건설시장이 호황을 누리다 보니, VDOT 발주공사의 입찰참가자 수는 평균 3.5개사에 불과했고, 낙찰률은 100%를 넘어서는 경우가 많아 공무원들이 곤란을 겪고 있었다. 실적공사비를 활용하고 최저가 낙찰제를 근간으로 한다는 미국 주정부 교통국의 문제는 저가 낙찰이 아니었다. 정부예정가격의 100%를 넘어서는 최저가 입찰자와 100% 범위 내에서 계약을 체결하는 것이 문제였다. 이런 상황이다 보니 최저가 낙찰제에서도 정부예정가격보다 높은 금액으로 낙찰되는 사례도 많았다.

우리나라와 유사한 표준품셈을 활용하면서 오랫동안 최저가 낙찰제를 운용해 온 일본의 경우는 어떨까? 일본 국토교통성의 경우 평균 입찰참가자 수는 7~9개사 정도였고, 낙찰률은 일본 건설시장의 침체상황을 반영하듯 하락 추세를 보이고 있긴 하지만, 여전히 94~95% 수준이다.

미국이나 영국은 실적공사비제도가 정착된 대표적인 나라로 알려지고 있다. 그리고 미국이나 일본은 아직도 최저가 낙찰제가 낙찰제도의 근간을 이루고 있다. 미국이나 영국과 같이 실적공사비제도가 정착된 나라의 정부공사 낙찰률은 최저가 낙찰제가 적용되더라도 100%인 것은 논리적으로 당연하다[112]. 실제로 공사하는데 투입된 비용이 실적공사비의 의미라면, 정부는 건설업체에게 실적공사비의 100%를 지불해야 한다. 만약 발주자와 다른 시공법이나 시공기술을 활용하여 그보다 낮은 금액에 시공할 수 있다면, 그 경우는 100%를 지불하지 않아도 될 것이다. 시공자 제안입찰 내지 대안입찰의

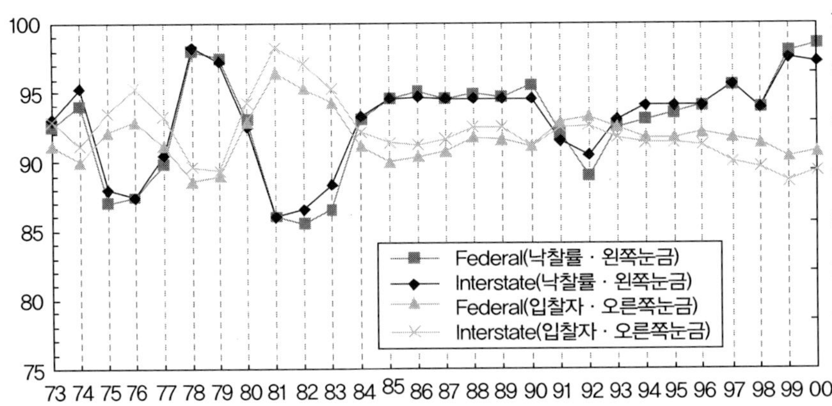

그림 3-1 미국 연방 고속도로공사의 입찰참가자 수와 낙찰 상황

주 : 1) 1973~2000년간 평균입찰자 수는 4.7개사
2) 동 기간 중 평균 낙찰률은 92.8%

자료 : Bid Opening Report(U.S Department of Transportation)에 기초하여 日本建設經濟研究所에서 작성(2003).

경우가 여기에 해당한다. 만약 정부가 조달제도를 통해 실적공사비가 100인데 60이나 70으로만 수주하게 만든다면, 그것은 발주자가 우월적 지위에서 행하는 공정거래법상의 "부당염매행위"가 될 수도 있다. 우리나라에서도 실적공사비와 최저가 낙찰제만 글로벌 스탠다드라고 주장할 것이 아니라, 낙찰률의 글로벌 스탠다드도 달성해야 하지 않겠는가?

아직도 우리나라에서는 낙찰률이 높건 낮건, 건설업체가 적자를 보건 말건, 감리만 철저하게 하면 최저가 낙찰제를 정착시킬 수 있다는 "아마추어"들의 발상이 큰 힘을 발휘하고 있다. 이 같은 발상은 마치 범죄를 줄이기 위해 경찰력만 강화하면 된다는 생각이나 다를 바가 없다. 또한 이 같은 발상은 건설업계의 "먹이사슬"이나, 경제주체의 인센티브 구조 내지 건설공사 시스템 등에 대한 고려가 전혀 없다. 저가 낙찰에 따른 부담은 현장 기능공에게 전가된다. 그 다음이 하도급자나 자재업자고, 최종적으로 원도급자의 손실로 귀결된다. 원도급자 중에서도 기업규모가 크고, 사업포트폴리오가 안정적

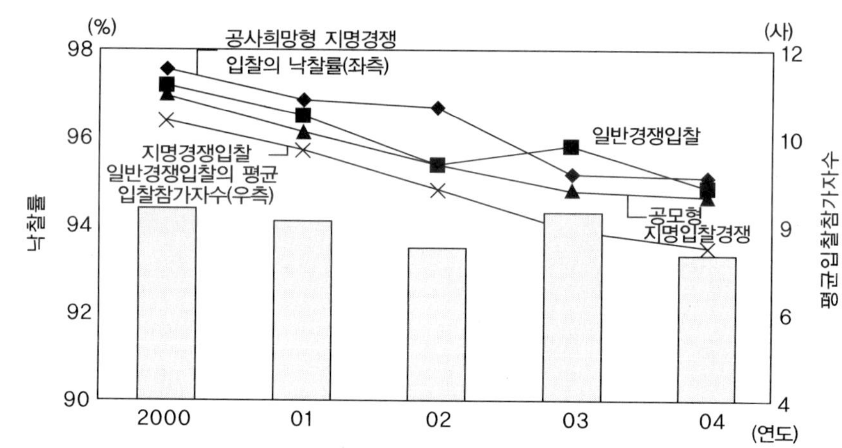

그림 3-2 일본 국토교통성의 평균 입찰참가자 수와 낙찰률 추이

자료 : Nikkei Construction(2005).

112) 영국의 경우는 2000년대에 들어서 최저가 낙찰제를 공식적으로 폐기했다. 그리고 낙찰률에 관한 발주기관의 통계자료도 구하기 어렵다. 하지만 영국의 최저가 낙찰제 역시 지명경쟁입찰을 근간으로 3개사 내외가 입찰에 참여했고, 낙찰률도 정부예정가격의 100%에 근접했던 것으로 알려져 있다. 현재 영국의 고속도로청(HA)은 가격평가 없이 100% 기술력 평가만으로 낙찰자를 선정하고 있는데, 이 경우의 낙찰률도 당연히 100%에 근접한 수준이다. 영국 고속도로청에서도 발주자는 예산금액 범위 내에서만 계약을 체결하면 된다고 한다.

인 대형 건설업체보다는 공공공사 의존도가 높은 지방중소건설업체에게 더 직접적인 타격을 주게 된다.

최저가 낙찰제 공사의 낙찰률이 정부예정가격의 100%에 근접한 미국이나 영국, 일본 등지에서도 건설시장 참여자간의 적대적 관계를 야기함으로써 건설산업의 기반을 파괴할 수 있다고 주장한다. 하물며 평균낙찰률이 정부예정가격의 65% 수준에 불과한 우리나라에서 최저가 낙찰제는 더 심각하게 건설산업의 기반을 파괴할 것이라는 우려를 하지 않을 수 없다.

새로운 관계 형성을 통한 성과향상

영국의 중앙조달정책기관인 정부상무청(OGC)과 각 발주기관은 정부조달사업의 성과를 높이기 위해 4가지 영역에서 새로운 발주자와 계약자 관계를 형성했다. 새로운 계약방식의 채택(different forms of contracting), 파트너링(partnering), 관문점검절차(gateway process), 성과측정(performance measurement)이 바로 그것이다 (NAO, 2001).

① 새로운 계약방식의 채택(different forms of contracting)

새로운 계약방식은 3가지가 손꼽히고 있다.

첫째는 민자유치방식(Public Private Partnerships, particularly Private Finance Initiative Projects)이다. 이 방식에서는 도로와 같은 시설물을 건설할 뿐만 아니라 그 시설물을 통해 제공하고자 하는 서비스도 함께 수행해야 한다. 서비스 제공에 수반되는 리스크는 그 리스크를 가장 잘 관리할 수 있는 자에게 이전된다. 서비스를 통해 제공하고자 하는 산출물(outputs)은 반드시 명확하게 정의되어야 한다.

둘째는 설계 · 시공 일괄방식(Design and Build)이다. 이 방식에서는 단일의 계약자가 설계와 시공을 책임진다.

셋째는 주계약자방식(Prime Contracting)이다. 주계약자는 믿을만한 공급자들로 잘 구성된 공급망을 갖고 있기 때문에 일관성과 표준화를 통해 품질향상과 투자가치를 높일 수 있을 것으로 기대된다. 주계약자는 공급망을 설계과정에 통합할 뿐만 아니라, 설계와 시공과정 전반에 걸친 조정과 관리업무를 수행한다.

이상과 같은 3가지 새로운 계약방식은 리스크를 가장 잘 관리할 수 있는 자에게 이전할 수 있도록 설계되어 있다. 정부공사 조달사업에 관련된 과정의 통합과 관리를 증진시키고, 비용 절감과 공기 준수를 위한 인센티브를 제공한다. 설계변경을 최소화하고, 최종 소비자의 니즈에 적합한 산출물을 제공하는데 초점을 둔다. 그리고 정부상무청(OGC)에서는 전통적인 설계/시공 분리계약방식은 앞서 언급한 3가지 새로운 계약방식보다 더 나은 투자가치(value for money)를 제공할 수 있을 때에만 사용하도록 권고하고 있다.

② 파트너링(partnering)

파트너링은 발주자, 설계자, 시공자 등 프로젝트 주요 수행주체들이 계약적 영역을 넘어서 상호 신뢰와 협력 관계를 바탕으로 팀워크를 추구하고 건설사업을 수행하는 방식을 의미한다. 민간부문에서는 이 같은 파트너링이 계속 증가하고 있는 추세이고, 영국 고속도로청(HA)과 같은 정부조달기관에서도 파트너링을 실제로 활용한 사례가 늘어나고 있다.

파트너링의 장점은 발주자와 시공자가 함께 설계품질을 제고하고, 설계변경을 최소화하며, 비효율성을 없애는 방법을 찾고, 과거의 좋은 사업수행방식을 다시 활용하면서 불필요한 법적 분쟁을 최소화하는데 큰 도움이 된다는 것이다.

파트너링을 한다고 해서 항상 발주자와 계약자의 관계가 원만한 것은 아니다. 파트너는 여전히 경쟁을 통해 결정하는 것이고, 명확한 개선목표가 설정되어야 하기 때문이다. 따라서 발주자와 계약자 모두가 지속적인 개선을 위해 헌신해야 하고, 회계도 투명해야 한다. 발주자가 계약자의 비용 및 효율성 개선에 대한 확신을 가져야만 한다.

③ 관문점검절차(gateway process)

영국의 정부상무청(OGC)이 2001년에 도입한 관문점검절차(gateway process)는 정부조달사업의 모범사례(best practices)를 표준화한 절차를 말한다[113]. 이것은 정부조달절차를 몇 개의 단계로 구분하고, 각 단계에서 다음 단계로 넘어갈 때 관문(gate)

113) 이와 관련해서는 김한수 · 한미파슨스(2006). 「발주자가 변하지 않고는 건설산업의 미래는 없다」. 보문당. 및 이상호 · 한미파슨스(2006). 「코리안 스탠다드에서 글로벌 스탠다드로」. 보문당. 등에서 상세하게 설명하고 있다.

마다 적정성에 대한 평가(review)를 하는 절차를 반복하도록 함으로써 투자가치(value for money)를 획득하고자 하는 제도를 말한다.

④ 성과측정(performance measurement)

"최고가치" 획득의 핵심 중 하나가 성과(performance)를 중시하는 것이고, 성과의 측정과 평가가 중요한 과제라는 것은 앞에서도 이미 여러 차례 언급하였다. 성과측정과 평가는 계획 대비 공사비 · 공기 · 품질목표의 달성도는 물론, 유사사업 성과와의 비교, 추가적인 성과향상 여력의 발굴, 잠재적인 다른 계약자와 당해 계약자의 역량 비교 등을 포괄한다. 이와 관련하여 영국의 환경 · 교통 · 지역부(DETR)는 건설업계와 공동으로 핵심성과지표(Key Performance Indicators : KPI)를 만들었고, 정부공사 발주자 패널(Government Construction Clients Panel : GCCP)과 정부상무청(OGC)도 공동으로 핵심성과지표를 개발하여 2001년부터 적용하고 있다.

영국 감사원에서는 이상과 같은 혁신방안이 국립의료자산청(NHS Estates), 국방자산청(Defence Estates), 고속도로청(HA), 환경청(Environment Agency) 등 4개 기관에 적용된 결과, 공사비 절감과 품질향상에 많은 기여를 한 것으로 평가하고 있다(NAO, 2001).

4 발주방식 : 설계 · 시공 일괄발주 및 건설사업관리 활성화

설계 · 시공 일괄발주(Design Build)는 영국에서만 늘어난 것이 아니라 유럽과 미국에서도 급증하는 추세를 보여주고 있다. 또한 발주자의 건설사업관리 기능을 대신하고 있는 건설사업관리방식의 발주가 늘어나고 있는 것도 전세계적인 추세다.

유럽의 발주방식 동향과 전망

유럽에서는 설계/시공 분리발주와 일괄발주, 설계-시공-운영(Design-Build-Operate) 일괄발주, 다양한 방식의 민간투자사업(Public-Private Partnership) 등 전통적인 발주방식에서부터 대안적인 발주방식까지 수많은 방식들이 활용되고 있다. 특히 민간 부문에 더 많은 리스크를 부과하고, 총생애주기 전체의 관리 및 운영을 맡기는 새로운 방식들이 속속 도입되고 있는 추세다[114].

표 3-2 각국의 발주 및 입낙찰제도 스팩트럼

독일	캐나다	네덜란드	핀란드	스코틀랜드	잉글랜드
설계/시공 분리발주					다양한 민간투자사업 발주
발주기관에서 설계 및 감독					컨설턴트가 설계 및 감독
최저가 조달					최고가치 및 자격심사 기반 조달
단가계약					총액 및 인센티브 계약

자료 : U.S.DOT FHWA(2005). *Construction Management Practices In Canada and Europe.*

표 3-3 네덜란드의 발주방식 동향과 전망

발주 유형	2004	2007
설계/시공 분리	67%	2%
설계-시공 일괄	5%	90%
성과기반 유지관리 계약 (Performance-based maintenance contracts)	25%	100%
컨세션(Concessions)	0%	0%
민간투자사업(PPP/DBFM)	3%	3%

자료 : U.S.DOT FHWA(2005). Construction Management Practices In Canada and Europe.

네덜란드에서도 전통적인 발주방식은 설계/시공 분리발주였다. 그러나 최근 4년 동안 네덜란드의 발주방식은 설계 · 시공 일괄발주 방향으로 바뀌었다. 주된 이유는 리스크를 민간 부문으로 이전시키고자 하는데 있었다. 그리고 정부조달의 효율성을 높이기 위해 공공부문의 기술인력(engineering staff)도 줄이고 있다.

핀란드 도로청(Finnish Road Administration)에서도 설계 · 시공 일괄발주가 늘어나고 있다. 전통적인 설계/시공 분리발주방식은 2002년에 건수 기준으로 전체의 75%를 차지하였지만, 총예산지출 기준으로는 35%에 불과했다. 설계 · 시공 일괄발주는 2002년에 건수 기준으로 전체의 25%, 총예산지출 기준으로는 65%를 차지하였다.

영국 고속도로청(Highways Agency : HA)의 발주방식은 1990년대 초까지 주된 방식이었던 설계/시공 분리발주 방식에서 엄청나게 변화했다. 고속도로청은 압도적으

114) 유럽의 발주방식에 대한 구체적인 설명은 U.S.DOT FHWA(2002). *Contract Administration : Technology and Practice in Europe*을 참조하였다.

로 많은 서비스를 제3자(시공자, 유지관리자, 컨설턴트 등)를 통해 발주하고 있다. 파트너십과 총생애주기에 초점을 맞춘 장기적인 관점의 발주방식을 사용하고 있는 것도 특

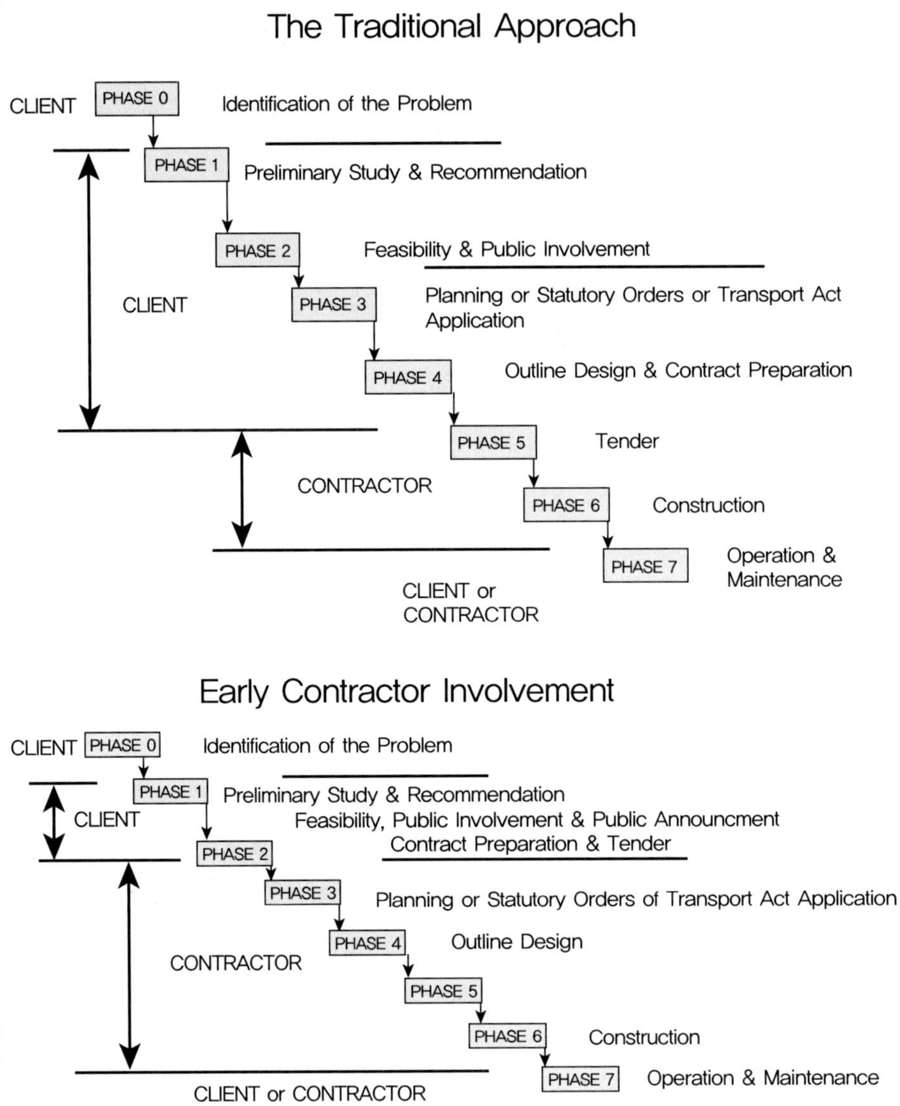

그림 3-3 영국 고속도로청의 입낙찰제도 비교

자료 : U.S.DOT FHWA(2005). Construction Management Practices In Canada and Europe.

징이다. 영국 고속도로청은 다음과 같은 5가지 발주방식을 주로 활용하고 있는 것으로 알려져 있다.

① 설계 · 시공 일괄발주 : 현재 주요 프로젝트에 활용

② 조기 계약자 관여 방식(ECI) : 설계 · 시공 일괄발주의 확장형으로 최근 대부분의 프로젝트에서 활용

③ 설계 · 시공 · 파이낸스 · 운영(DBFO) : 특정 계약에서 유료도로 방식과 연계하여 활용

④ 프레임워크(Framework) : 지역 프로젝트 및 설계 서비스 계약을 위해 도입

⑤ 유지관리 계약(Managing Agent Contractor : MAC)

영국 고속도로청의 발주방식이 이렇게 변화된 이유도 1990년대의 경험을 통해 가격에만 기초하여 낙찰자를 선정하는 전통적인 방식이 총생애 또는 운영단계 비용까지 고려할 때 투자가치(value for money)를 충분히 달성하지 못했다는 결론을 얻었기 때문이라고 한다[115].

영국 고속도로청의 발주방식 중에서 가장 최근에 도입된 방식이자, 가장 주목받고 있는 방식이 「조기 계약자 관여 방식(Early Contractor Involvement : ECI)」이다. 이 방식의 기본 전제는 전통적인 발주방식에서 프로젝트 개발을 위한 팀을 너무 늦게 조직한다는 것이다. 심지어 설계 · 시공 일괄발주방식도 시공성(constructibility)에 대한 검토 및 혁신의 여지가 거의 없다고 판단하였다. 조기 계약자 관여방식(ECI)에서는 설계 및 시공자들을 자격심사에 기반한(qualification-based) 입낙찰절차를 통해 사업 초기 단계에 선정한다.

영국 고속도로청(HA)의 조기 계약자 관여방식(ECI)은 조달사업 참여자의 통합적 관계형성을 촉진하고, 파트너링과 같은 새로운 계약방식을 통해 설계단계에서부터 시공자 등 관련자들의 지식과 경험을 활용할 수 있는데다가, 가격 대신 순수하게 기술적 요소만을 평가하여 낙찰자를 선정하는 새로운 발주방식이란 점에서 전세계적으로 많은 관심을 끌었다. 아울러 사업 초기에 계약자를 선정하기 위해 활용하고 있는 고속도로청의 「수행능력평가도구(Capability Assessment Toolkit : CAT)」[116] 또한 새로운 입찰

115) 이에 대해서는 Highways Agency(2001). *Delivering Best Value Solutions and Services-Highways Agency Procurement Strategy*에서 자세히 언급하고 있다.

자 평가시스템으로서 주목을 받고 있다.

미국의 발주방식 동향과 전망

미국 민간부문에서는 30여 년 전 부터 설계 · 시공 일괄발주(Design-Build : DB) 방식의 활용이 급증 추세를 보여 왔다. 최근에서는 산업 및 전력부문으로 확산되고 있다. 연방정부의 경우 2005년 현재 약 50% 이상의 시설공사를 설계 · 시공 일괄발주방식으로 추진하고 있다고 한다. 2015년경에는 미국 내 비주거용 건설공사의 50% 이상에 설계 · 시공 일괄발주방식이 적용될 것으로 전망하고 있다(http://www.dbia.org).

이처럼 미국에서 설계 · 시공 일괄발주방식이 증가하게 된 이유는 뭘까? 발주자 입장에서는 공기, 공사비, 품질면에서 전통적인 설계/시공 분리발주방식보다 장점이 월등하게 많다는 성과평가(performance evaluation) 보고서가 지속적으로 나왔고[117],

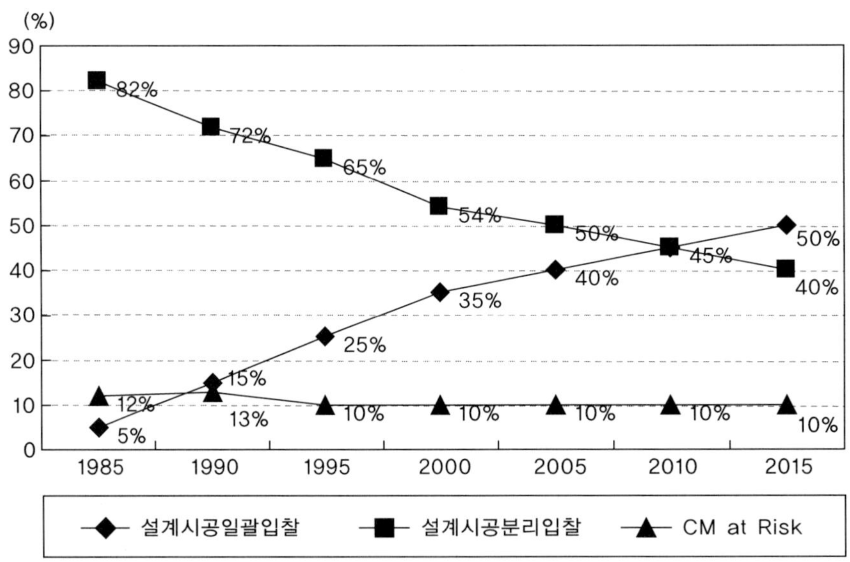

그림 3-4 미국의 비주거용 건설공사 발주방식 변화 추이와 전망

자료 : DBIA(2005).

116) CAT는 계약자가 스스로 그들의 역량을 평가하는 시스템인데, 그 역량은 자격심사 점수를 산출하기 위한 과거 성과의 평가점수와 결합되어 있다.

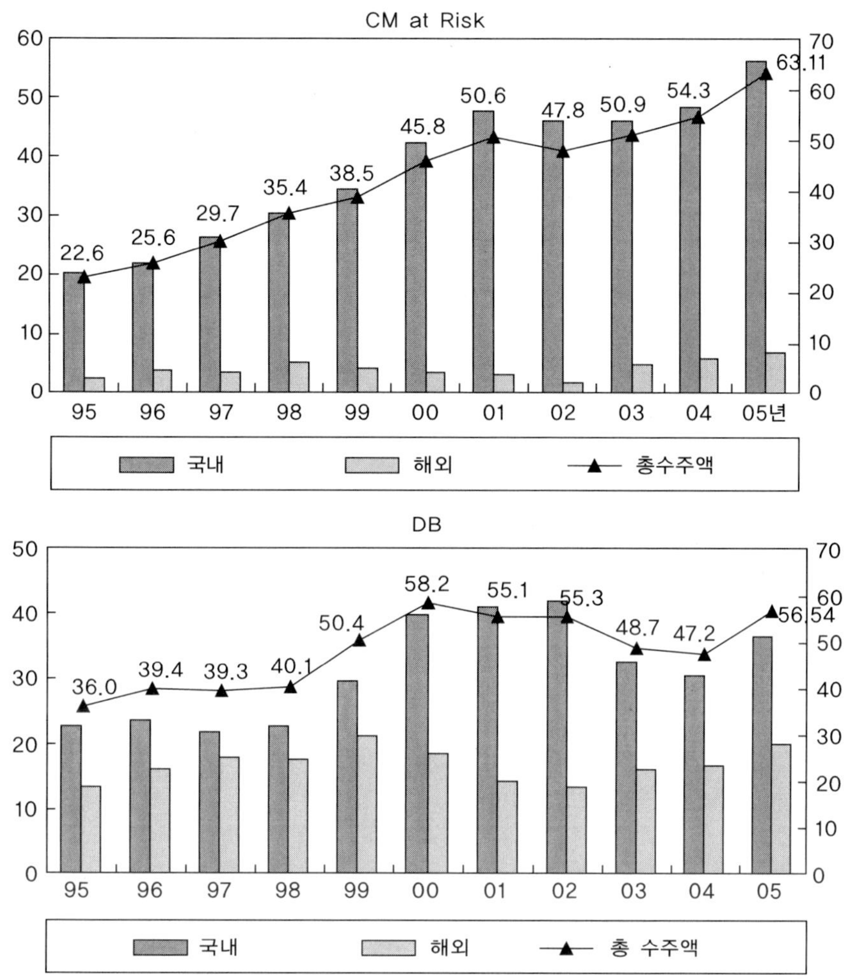

그림 3-5 미국 400대 건설업체의 책임형CM과 설계 · 시공 일괄발주 매출액 비교

(단위 : 10억불)

자료 : ENR. 장철기 외(2006). 「CM at Risk 방식 도입의 필요성 및 가능성 진단」. 한국건설산업연구원. 에서 재인용.

시공자 입장에서도 전통적인 설계/시공 분리방식의 공사보다 더 많은 이윤(profit)을

Tom Warne and Associates, LLC(May 2005). *Design-Build Contracting for Highway Projects : A Performance Assessment.*

117) CII(December 1997). *Project Delivery Systems : CM at Risk, Design-Build, Design-Bid-Build.* U.S.DOC NIST(National Institute of Standards and Technology, November 2002). *Measuring the Impacts of the Delivery System on Project Performance : Design-Build and Design-Bid-Build.*

확보할 수 있다는 장점이 있어 서로가 상생(win-win)할 수 있는 발주방식이라는 공감대가 형성되어 있다는 점이다.

건설공사 발주방식으로서는 일반적으로 설계/시공 분리방식과 일괄방식 외에 건설사업관리방식(CM at Risk)을 들기도 한다. 이 방식은 건설공사와 건설관리(Construction Management)에 대한 책임을 일괄적으로 부담하는 발주방식인데, 우리나라에서는 「책임형CM」으로 부르기도 한다. 미국에서 최근 급성장세를 보이고 있는 발주방식이 바로 책임형CM이다. 책임형CM은 민간분야에서 성장하여 점차 공공부문으로 확대 적용되고 있다.

최근 미국의 건설공사 발주방식 가운데 가장 급성장세를 보인 것이 책임형CM(CM at Risk)과 설계 · 시공 일괄발주(DB)방식이다. 미국 400대 건설업체의 매출액을 보면, 2002년까지는 일괄발주(DB) 매출액이 더 컸지만, 2003년부터 책임형CM의 매출액이 추월한 상태다(장철기 외, 2006). 그런데, 여기서 한 가지 주의할 사항이 있다. 앞서 미국의 「비주거용」 건설공사 발주방식 변화추이를 볼 때, 책임형CM의 비중이 10% 수준에 그칠 것으로 전망한 자료와 아래 그림을 혼동하지 말았으면 하는 것이다. 책임형CM은 주거용(residential) 건축공사 시장에서 강세를 보이고 있고, 설계 · 시공 일괄발주는 비주거용(non-residential) 건설공사에서 강세를 보이고 있기 때문이다.

비록 미국 연방정부에는 책임형CM이 아직 제도화되어 있지 않지만[118], 최근 5년 동안 많은 주정부(State)들이 정부조달사업에 이 방식의 적용이 가능하도록 하는 법안을 통과시켰다. 뉴욕, 플로리다, 텍사스, 캘리포니아, 애리조나 주정부 등에서 먼저 책임형CM방식을 허용했고, 2005년에는 켄터키주를 비롯하여 6개 주에서 이 방식의 도입과 관련된 15개 법안을 통과시켰다. 특히 몇몇 주정부는 학교시설공사에서 이 방식의 적용을 가장 선호하고 있다. 이처럼 주정부를 비롯한 공공부문에서 책임형CM은 발주자의 사업관리능력이 부족할 때, 학교시설공사와 같이 단순 · 반복적인 사업에 많이 활용되고 있다(장철기 외, 2006).

일반적으로 건설공사 발주방식(Project Delivery Method)의 유형이라고 하지는 않지만, 「용역형CM(CM for Fee)」도 확대되는 추세다. 용역형CM은 발주자의 대리인

118) 미국 연방조달규정(FAR)에는 책임형CM에 대한 언급이 전혀 없다.

으로서 건설사업관리 서비스를 제공하고 용역비만 지불받는 일종의 "컨설팅업무"로 볼 수도 있다. 용역형CM은 설계/시공 분리발주나 일괄발주 등 어떤 발주방식에서도 활용 가능하다. 특히 공공부문의 구조조정이 이루어지고, 컨설턴트를 고용하는 것이 일상화되어 있는 영국이나 미국의 정부조달시장에서 용역형CM은 그 활용도가 대단히 높다. ENR자료만 보더라도, 100대 CM기업의 용역형CM시장은 1994년 이후 매년 약 50억불 이상의 매출규모를 보이고 있다. 앞서 언급한 책임형CM시장의 10분의 1정도에 불과할 정도로 규모가 작아 보이지만, 그 이유는 총사업비의 극히 일부분에 불과한 "용역비(fee)"만 매출액으로 계산했기 때문이다(장철기 외, 2005). 만약 총공사비의 약 5%가 건설사업관리비라고 가정한다면[119], 용역형CM이 활용된 전체 공사규모는 책임형 CM이나 설계 · 시공 일괄발주공사 규모의 2배에 달할 정도로 크다.

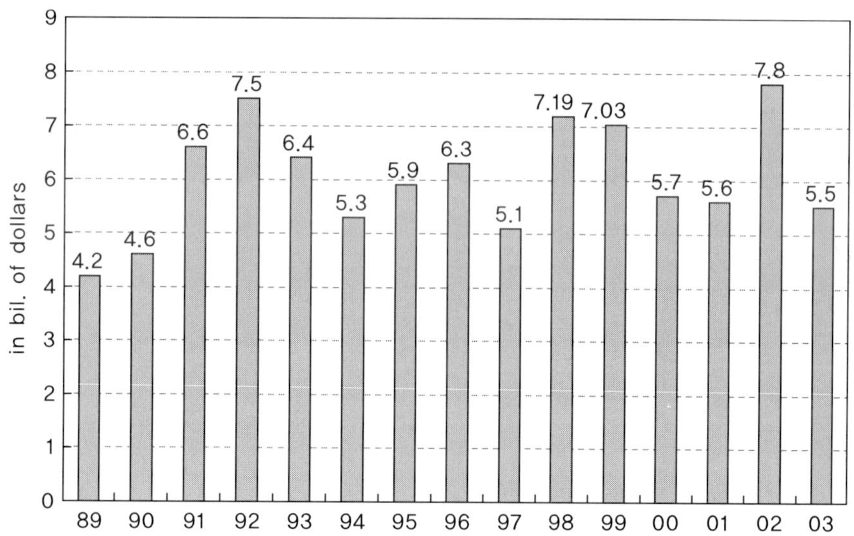

그림 3-6 **100대 CM기업의 용역형CM(CM for Fee)의 매출액 추이(1989-2003)**

자료 : ENR. 장철기 외(2005). 「국내 용역형CM/PM시장 활성화를 위한 개선방안」. 한국건설산업연구원.에서 재인용

119) 미국 텍사스주 휴스턴시 도시교통국의 사업관리 산정기준에서 건설사업관리(CM)비는 총사업비의 5%라고 한다(한국건설산업연구원, 2007).

5 최고가치 획득을 위한 다양한 입찰계약제도

정부조달정책의 목표가 최고가치 획득으로 전환되면서, 최고가치 획득을 위한 다양한 입찰계약제도의 활용도가 갈수록 높아지고 있다. 설계 · 시공 일괄입찰 및 계약, 파트너링, 주계약자계약 등 앞에서 설명했던 것과 같은 새로운 입찰이나 계약방식도 최고가치 획득을 위한 입찰계약제도의 범주에 속한다. 현재 우리나라에서 쟁점이 되고 있는 것은 최저가 낙찰제와 구별되는 최고가치 획득을 위한 낙찰제도 도입이기 때문에, 여기서도 일단 입낙찰제도에 초점을 두고자 한다. 용어상의 혼란이 다소 있지만, 이 책에서는 일단 "최고가치 획득을 위한 낙찰제도"를 줄여서 「최고가치 낙찰제도」라고 부르자[120].

「최고가치 낙찰제도」란?

유럽연합지침(EU Directives)이건 정부조달협정(GPA)이건 간에, 낙찰자 선정방식은 크게 2가지로 구분된다. 하나는 "최저가격 입찰자"를 낙찰자로 선정하는 것이고, 다른 하나는 "발주자에게 가장 유리한 입찰자"를 낙찰자로 선정하는 것이다. 최고가치 낙찰제도는 "발주자에게 가장 유리한 입찰자"를 낙찰자 선정기준으로 한다. 전세계적인 낙찰제도의 글로벌 스탠다드가 1990년대 중반 이후 최저가 낙찰제에서 최고가치 낙찰제도로 전환된 이유는, 앞에서도 여러 번 언급하였듯이, 최저가 낙찰제의 성과가 빈약했고, 투자가치(value for money)를 달성하지 못했기 때문이다.

최고가치 낙찰제도는 가격만으로 낙찰자를 선정하거나(=최저가 낙찰제), 가격을 낙찰자 선정기준에서 전혀 고려하지 않는 낙찰제도(=자격심사낙찰제)와 달리, 「가격과 비가격요소를 함께 고려하여 낙찰자를 선정하는 제도」라고 정의할 수 있다[121].

우리나라에서도 최고가치 낙찰제도를 도입하고자 하는 움직임이 가시화되고 있다. 예컨대, 규제개혁기획단의 「건설산업규제 합리화 방안(2005.11)」이나, 대통령자문 건설기술 · 건축문화선진화위원회의 「건설기술 · 건축문화 선진화전략(2006.6)」 및 조달청의 「정부공사제도 개선방안(2007.5)」 등에서는 최고가치 낙찰제도의 도입을 주창하고 있다.

---

120) "최고가치(best value)"는 정부조달정책이 지향해야 할 목표지만, 미국에서는 최저가 낙찰제와 구별되는 낙찰제도의 하나로 "최고가치 낙찰제도(Best Value Selection)"란 용어를 쓰기도 한다(AGC&NASFA, 2006.1).

121) 최고가치 낙찰제도의 개념과 핵심적인 내용 등에 관해서는 이상호 · 이승우(2006.1). 「최고가치 낙찰제도 도입을 위한 기초연구」. 한국건설산업연구원. 및 이상호 · 이승우(2006.10). 「최고가치 낙찰제도 도입방안 연구」. 한국건설산업연구원. 등에 상세하게 기술되어 있다.

최고가치 낙찰제도의 실무적인 운용방안도 문제지만, 그 이전에 최고가치 낙찰제도라는 용어와 개념에 관한 혼란부터가 심각하다. 혹자는 "가치평가입찰"이라고 부르고, 혹자는 "가치지향 발주"라고 부르기도 한다. 혹자는 설계·시공 일괄입찰제도가 최고가치 낙찰제도라고 주장하기도 한다. 이 같은 개념상의 혼란이 발생하는 원인은 관련 전문가들조차 기본적으로 발주제도, 입찰제도, 낙찰제도, 계약제도 등에 관한 교과서적인 기본개념의 습득이 이루어지지 않은데 있다고 본다.

최고가치 낙찰제도는 최저가 낙찰제와 마찬가지로 낙찰제도의 한 유형이다. 최저가 낙찰제는 가격만으로 낙찰자를 선정하는 것이고, 최고가치 낙찰제도는 가격 외에 다른 요소들도 낙찰자 선정기준으로 활용하는 것이다[122]. 최저가 낙찰제나 최고가치 낙찰제도는 설계/시공 분리발주제도건, 일괄발주제도건 어디에서나 적용할 수 있는 낙찰제도의 유형이다.

	#of CONTRACTSW	
SELCTION TYPES	Desigher & Contractor (2 separate contracts)	Design/Builder (1 combined contract)
Low Bld Total Construction Cost is sole criteria for final selection (Total Construction weighted 100%)	Desigh-Bid-Build	Desigh-Build Low Bid
Best Value Total Construction Cost and other criteria are weighted factors in the final selection (weighted between 0 & 100%)	BEST VALUE	Desigh-Build Best Value
Qualifications Based Selection Total Construction Costs are not a factor in the final selection criteria (Total Construction weighted 0%)	CM at-Risk	Desigh-Build QBS

그림 3-7 최고가치 낙찰제도의 개념

자료 : AGC & NASFA(2006.1). *Best Practices for Use of Best Value Selections.*

유럽의 최고가치 낙찰제도

설계 · 시공 일괄(Design Build)발주방식을 활용하는 나라에서는 최고가치 낙찰제도가 널리 사용되고 있다[123]. 뿐만 아니라 상당수의 국가에서는 설계/시공 분리발주 공사에서도 최고가치 낙찰제도를 활용하고 있다. 최고가치 낙찰제도에서는 앞서 검토한 자격심사 및 과거 성과 요소를 이용할 수 있으며, 안전 · 교통 · 환경 등의 관리계획 제안, 프로젝트의 품질을 제고시키는 기술적 해법의 제시 등도 허용된다.

핀란드, 잉글랜드, 스코틀랜드 등은 거의 대부분 최고가치 낙찰방식을 활용하고 있다. 독일이나 캐나다 온타리오 주는 일반적으로 최저가 낙찰제를 활용하고 있지만, 프로젝트 성격상 최고가치 낙찰제도의 활용이 장점을 가질 경우 선택권을 가질 수 있다[124]. 네덜란드는 이보다 더 최고가치 낙찰제도를 많이 사용하며, 모든 설계 · 시공 일괄발주 프로젝트와 특정한 설계/시공 분리발주공사에 활용한다.

미국의 최고가치 낙찰제도

미국에서도 연방정부건 지방정부건간에 다양한 최고가치 낙찰제도를 운용하는 사례가 증가하고 있다[125]. 특히 연방정부가 보다 공격적으로 최고가치 낙찰제도의 도입과 상대적인 성과 측정을 시도하는 사례가 늘어나고 있다. 예컨대, 미국 연방조달청 공공건축국(General Service Administration Public Building Services)에서는 신규 건축공사 및 리노베이션시 100% 최고가치 낙찰제도를 활용하고 있다. 미국 44개 주정부 고속도로 건설사업 관련 기관의 66%가 최고가치 낙찰제도를 활용하고 있다는 조사결과도 있다. 이들 기관이 최고가치 낙찰제도를 주로 활용하는 영역은 설계 · 시공 일괄입찰공사(Design-Build)였다.

연방정부와 주정부를 막론하고, 최고가치 낙찰제도의 도입을 위한 입법례도 증가하

122) 최고가치 낙찰제도는 우리나라의 현행 일괄 및 대안입찰공사의 적격심사제도와 같이 모든 평가요소의 점수를 합산하여 최고 득점자를 낙찰자로 선정하는 방식만 있는 것이 아니다. "기술기준 적합/최저가 낙찰(Meets Technical Criteria/Low-Bid)"도 최고가치 낙찰방식의 일종이라는 사실도 알아야 한다. 실제로 미국 연방조달규정(FAR)의 "최저 가격의 기술적으로 수용가능한(lowest priced technically acceptable process : LPTA)" 낙찰방식도 최고가치 낙찰제도의 한 유형이다.

123) 설계 · 시공 일괄발주제도 자체가 최고가치 낙찰제도는 아니며, 최저가 낙찰제가 적용되기도 한다는 것은 앞에서 이미 지적하였다. 설계 · 시공 일괄방식은 발주제도이고, 최저가 낙찰제나 최고가치 낙찰제도는 낙찰제도라는 사실을 기억해야 한다.

124) 예컨대, 설계 · 시공 일괄발주공사나, 기술적으로 복잡한 프로젝트, 작은 수의 계약자만 활용가능할 경우 등이 여기에 해당된다.

125) 미국의 최고가치 낙찰제도 동향에 관해서는 NCHRP Project No.10-61(2005). *Best-Value Procurement Methods for Highway Construction Project(Preliminary Draft Final Report)*.에서 주로 인용하였다.

고 있다. 연방조달규정(FAR)에서는 최저가 낙찰제가 '거짓 효율성(false economy)'를 초래할 수 있다는 사실을 지적하면서, 최고가치 낙찰제도의 유형으로 「최저 가격의 기술적으로 수용가능한 절차(Lowest-Priced Technically Acceptable Process : LPTA)」 및 가격과 다른 요소들간의 가치교환분석(Tradeoff) 방식을 제시하고 있다(Part 15)[126]. 미국 연방우체국(U.S. Postal Service), 육군(Army), 해군(Navy), 퇴역군인부(Department of Veterans Affairs), 연방교도소(Federal Bureau of Prisons)에서도 최고가치 낙찰제도의 운용절차와 지침을 도입하여 조달사업에 적용하고 있다. 콜로라도, 델라웨어, 켄터키 등 많은 주정부에서도 최고가치 낙찰제도와 관련한 입법이 이루어졌다.

2005년 현재 미국에서 실제로 활용되고 있는 최고가치 달성을 위한 낙찰자 선정기준은 다음 7가지 유형이라고 한다(NCHRP Project No.10-61, 2005).

① 기술기준 적합/최저가 낙찰(Meets Technical Criteria/Low-Bid) : 입찰자의 기술제안(technical proposal)을 평가한 뒤, 통과업체를 대상으로 최저가 낙찰방식을 적용한다. 기술제안 평가는 Pass/Fail 방식이나 통과점수를 미리 정하고, 이를 바탕으로 점수를 부여하는 방식을 사용할 수 있다. 당연히 기술제안을 통과하지 못하면 가격을 개봉하지 않는다.

② 조정 입찰(Adjusted Bid) : 기술제안에 대한 점수가 결정된 뒤, 입찰가격을 기술점수로 나누어 조정(adjusted)된 수치가 가장 낮은 업체를 낙찰자로 선정한다.

③ 조정 점수(Adjusted Score) : 기술점수에 예정가격을 곱한 수치를 입찰가격으로 나누어 조정된 점수가 가장 높은 업체를 낙찰자로 선정한다.

④ 가중치 기준(Weighed Criteria) : 기술점수와 가격점수에 가중치를 부여하여 각각 평가한 뒤, 둘을 합산하여 최고득점자를 낙찰자로 선정한다.

⑤ 정량적 가격-기술 가치교환(Quantitative Cost-Technical Tradeoff) : 기술점수와 가격점수의 증가분(increment)을 계산한 다음, 각각의 증가분의 차이를 검토하는 방식이다. 높은 가격점수 증가분이 더 이상 기술적 가치를 높일 수 없는 최저가격 입찰자를 낙찰자로 선정한다.

126) 미국 연방조달규정(FAR)에 제시되어 있는 최고가치 낙찰방식의 유형은 이상호 · 이승우(2006.1). 「최고가치 낙찰제도 도입을 위한 기초연구」에서 상세하게 소개한 바 있다.

⑥ 정성적 가격-기술 가치교환(Qualitative Cost-Technical Tradeoff) : 정성적 가격-기술 가치교환 방식은 연방조달규정(FAR)에 따라 많은 연방정부기관에서 활용하고 있다. 이 방법의 최종 결정은 평가, 상대적 장점에 대한 분석, 가치교환 등으로 이루어지며, 계약담당공무원의 주관적 판단(subjective judgement)에 의존하고 있다. 계약담당공무원은 입찰제안서의 차이를 분석해야 하고, 사실과 특정한 조달환경에 기초하여 합리적 결정을 내려야 한다. 그 결정은 계약담당공무원의 합리적이고 독립적인 판단을 표현해야 하고, 제안서의 비교 분석에 기초해야 하며, 입찰안내서상의 평가항목과 일치해야 한다.

⑦ 가격고정/최고제안(Fixed Price-Best Proposal) : 발주자가 계약금액의 최대한도나 고정가격을 설정했을 때 활용하는 방법이다. 입찰참가자는 한정된 금액범위 내에서 기술제안서를 제출해야 한다. 여기서는 최고의 기술제안서를 제출한 입찰자를 낙찰자로 선정한다.

이상과 같은 최고가치 낙찰방식 중 실제 활용도는 정성적 가격-기술교환분석(Qualitative Cost-Technical Tradeoff)이 26%로 가장 높았고, 그 다음은 가중치 평가방식(Weighted Criteria)이었다.

미국 주정부에서 발주하는 설계 · 시공 일괄발주공사는 최고가치 낙찰제도가 적용되는 경우가 많다. 미국 연방교통부 고속도로청에서 1990년에 시행한 설계 · 시공 일괄발주방식의 성과평가보고서(Special Experimental Project Number 14 : SEP-14)를 보면[127], 최저가 낙찰제의 활용비율이 54%였고, 최고가치 낙찰제도의 활용비율은 42%로 여전히 최저가 낙찰제의 활용비율이 높았다. 하지만 이 보고서에서도 가격 외에 관리, 품질 통제, 사업자의 명성 등 여러 가지를 고려할 수 있기 때문에 발주자들은 최저가 낙찰제 보다는 최고가치 낙찰제도를 선호하고 있다는 사실을 강조하고 있다. 그리고 미국 SEP-14 프로젝트에서 활용되고 있는 최고가치 낙찰방식 중 가장 많이 활용되고 있는 방식은 입찰가격을 기술점수로 나눈 조정입찰(Adjusted Bid)방식이었고, 현재 우리나라 일괄 · 대안입찰제도에서 활용되고 있는 것과 같은 가중치 기준(weighted criteria) 방식의 활용도 또한 높은 편이었다.

127) U.S. DOT Federal Highway Administration(January 2006). *Design-Build Effectiveness Study*(http://www.fhwa.dot.gov).

최고가치 낙찰제도는 유럽과 미국에서만 활성화되고 있는 것이 아니다. 일본에서도 최저가 낙찰제 시행에 따른 덤핑 방지, 투자가치 획득, 최고가치 달성 등을 위하여 「종

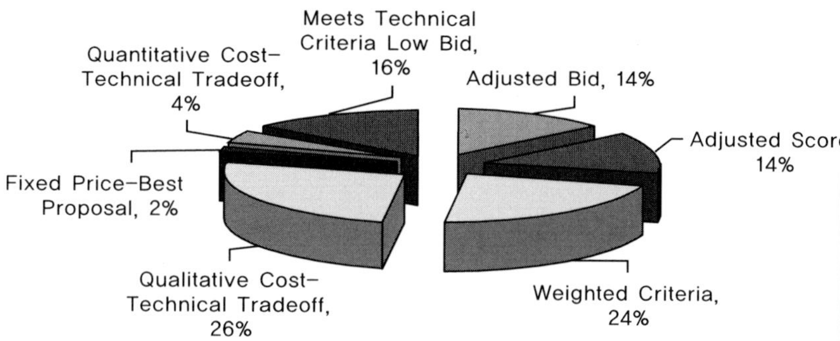

그림 3-8 **미국의 7개 최고가치 낙찰방식 활용도**

자료 : NCHRP Project No.10-61(2005). *Best-Value Procurement Methods for Highway Construction Project(Preliminary Draft Final Report).*

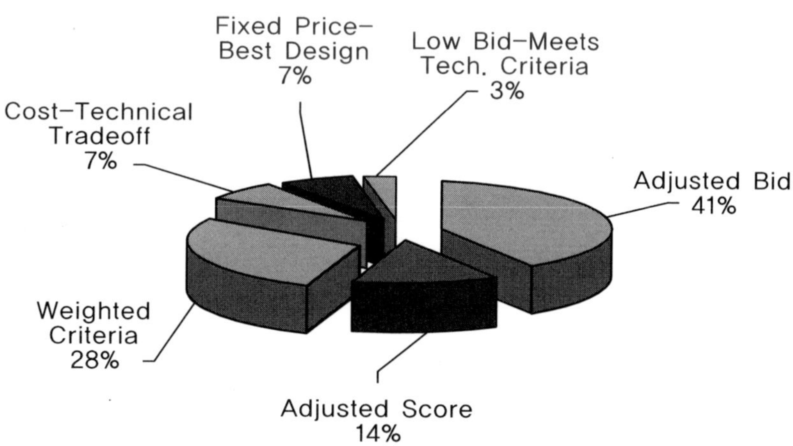

그림 3-9 **미국 SEP-14 프로젝트의 최고가치 낙찰방식 활용도**

자료 : U.S. DOT Federal Highway Administration(January 2006). *Design-Build Effectiveness Study* (http://www.fhwa.dot.gov).

합평가낙찰방식」이 도입되어 확대되고 있다[128].

6 조달사업 집행과 관리기능 효율화

유럽 각국과 캐나다 및 미국의 교통시설에 대한 건설사업관리[129] 실상을 보여주는 자료가 있다. 미국 연방교통부 고속도로청(U.S. DOT Federal Highway Agency : FHWA)에서 발간한 것인데, 우리식으로 표현하자면, 2005년에 산 · 학 · 연 · 관의 전문가들로 구성된 팀이 캐나다, 독일, 영국, 스코틀랜드, 네덜란드, 핀란드의 주요 교통시설 발주기관들을 방문한 결과를 정리한 자료다[130].

유럽, 캐나다, 미국의 교통시설 담당기관이 당면한 구조적 환경은 서로 비슷한데, 이 같은 구조적 환경은 변화의 동인(drivers for change)이기도 하다. 예컨대, 인프라 시설에 대한 수요 증대, 부적절한 예산제도, 담당 인력 부족과 감소 추세, 프로젝트 니즈를 충족시키기에는 혁신 부족, 공기 지연, 참여자간의 적대적 관계, 공사비 상승, 클레임 지향적 문화, 유지관리의 비효율성 등이 바로 비슷한 구조적 환경이자 변화의 동인이 되었다. 이처럼 유사한 정치적, 재정적 환경과 더불어 미국의 전문가팀이 발견한 것(observations and key findings)은 다음과 같다.

유럽 각국에서는 조달사업 참여자들이 공동의 목표를 달성할 수 있도록 통합을 증진시키는 조달방법이 활용되고 있다. 전통적인 설계/시공 분리발주에서는 참여자간의 적대적 관계가 불가피한데, 유럽 각국에서는 미국보다 설계 · 시공 일괄발주나 민자유치제도 등과 같은 대안적인 조달방법을 널리 활용하여 「경쟁을 제한」하고, 민간부문에 보다 많은 리스크를 떠넘기고 있다는 것이다. 유럽에서는 이 같은 대안적 조달방법이 보다 효율적이고, 지속가능하며, 장기적으로 발주자에게 더 큰 가치를 제공하는 것으로

128) 이 방식은 가격 이외 요소를 중시하는 필요가 있는 경우에는 가격에 추가하여 기술 · 성능 등과 같은 조건도 포함하여 입찰에 부치되, 예정가격제한 범위 내에 있는 자중 가격 이외 조건과 가격을 종합적으로 평가하고, 발주자에게 더욱 유리한 자를 계약자로 선정하는 방식이다. 일본의 「종합평가낙찰방식」은 일본판 최고가치 낙찰제도인 셈이다. 국토교통성의 경우, 종합평가낙찰방식은 1999년에 2건, 2000년에 6건, 2001년에 35건에 적용되다가 2002년에 452건, 2003년에 559건, 2004년에 411건으로 급격하게 늘어났다. 특히 종합평가낙찰방식의 가이드라인이 정비되고, 2005년에 「공공공사 품질확보 촉진에 관한 법률」이 제정되면서 발주기관에서 '가격과 품질에서 종합적으로 우수한 조달'을 중시하게 됨에 따라 앞으로 종합평가낙찰방식은 더욱 광범위하게 적용될 전망이다. 국토교통성은 2006년 전체 공사발주 건수의 50% 이상(전체 공사 발주금액의 80% 이상)에 종합평가 낙찰방식을 실시할 계획이다(박우열, 2006).

129) 여기서 말하는 건설사업관리(Construction Management)는 발주방식으로서의 "CM"이 아니다. 교통시설의 입낙찰절차와 기준, 계약체결 방식, 기성금 지급, 하자보증 등과 같이 공사의 실제 집행에 관한 사항을 의미한다.

130) U.S. DOT FHWA(2005). *Construction Management Practices in Canada and Europe*(http://international.fhwa.dot.gov).

믿고 있다. 또한 유럽 각국은 리스크 분석과 배분 기법에 많은 관심을 갖고 있으며, 각 발주기관에서 개발한 리스크 분석기법을 통합적으로 활용하고 있다.

미국에서는 단가계약(unit price contracts)이 주로 활용되는데 반하여, 유럽 각국은 총액계약(lump sum payment)이 활용되는 경우가 많다. 미국에서 단가계약은 물량변경에 따른 리스크를 적절하게 배분하기 위해 활용되지만, 공사의 조기완공에 대한 인센티브는 없다. 전 세계적으로 널리 활용되는 총액계약에서는 공사준공을 위한 마일스톤(milestone) 인센티브를 활용한다. 이 방식은 발주자의 행정부담을 완화하면서, 시공자가 효율적으로 공기를 단축할 수 있는 인센티브를 제공한다.

미국과 마찬가지로, 유럽 각국의 발주기관도 건설사업관리 기능의 상당부분을 민간부문의 컨설턴트에게 이관하였다. 가장 큰 이유는 역시 공공부문의 구조조정으로 발주기관의 전문인력이 줄어들었고, 불충분하다는데 있다. 그리고 공사품질도 발주자의 감독기능 강화가 아니라, 시공자가 입찰시 제출하는 품질관리시스템(contractor designed quality management system)에 의존하고 있다. 발주기관은 최고가치 및 과거 성과를 낙찰자 선정기준으로 활용하는 사례가 늘어나다 보니 품질 감사 역할(quality audit role)을 더 많이 수행하고 있다.

많은 미국 주정부 교통국에서는 원도급자의 직접시공비율을 부과하거나, 하도급을 줄 수 있는 최대비율을 설정하고 있다. 캐나다의 온타리오주나 독일에서는 미국과 유사한 규제가 있다. 예컨대, 온타리오주에서는 특별한 경우를 제외하고는 계약금액의 40%를 반드시 원도급자가 직접 수행해야 한다. 독일에서도 연방정부 공사는 30%를 원도급자가 직접 수행해야 한다. 하지만 네덜란드, 스코틀랜드, 핀란드, 영국에서는 하도급 규제가 없다. 그 이유는 원도급자가 전체 공사를 하도급할 것으로 보지 않는데 있다고 한다. 스코틀랜드는 사업관리(project management)만큼은 하도급을 줄 수 없도록 하고 있다. 독일만 유일하게 발주자가 하도급 승인을 하는 나라고, 나머지 다른 국가에서 하도급자의 선정은 원도급자에게 맡겨져 있다.

유럽 각국의 발주기관들은 발주기관 인력의 점진적인 축소와 노후화된 인프라 시설의 효율성을 높이기 위해 네트워크 관리(network management)에 주력하고 있다. 이전에 직접 수행하던 기획, 설계, 시공관리, 운영, 유지관리 등과 같은 업무의 대부분은 민간부문으로 넘어갔다. 이제는 민간건설업계의 기술지원과 계약관리 능력에 의존하고 있다.

7 조달기관 구조조정과 민간부문 활용 확대

미국과 유럽 각국에서는 오래 전부터 공공부문의 구조조정이 이루어졌다. 그 결과, 발주기관에서 전문성을 갖춘 조달인력을 충분하게 확보하는 것이 어렵게 되었다. 이에 따라 민간부문의 컨설팅 업계가 커졌고, 건설사업관리(CM) 시장이 커졌다는 것은 익히 알려진 바와 같다.

교통시설을 담당하는 정부발주기관의 구조조정이 어느 정도였는지를 보자. 예컨대, 미국 연방고속도로청(2003)에 따르면, 미국 주정부 교통국의 정규고용(full-time employment)은 5.3% 줄어든 반면, 예산은 56%나 늘었다고 한다. 미시간주정부 교통국(Michigan DOT)의 경우, 1974년에 5,200명이었던 정규직원 수는 1994년에 3,659명으로 줄어들었다. 2004년에는 2,867명으로 더 줄어들었다. 이처럼 정규직원이 급감했지만 고속도로시설에 대한 투자액은 1995년에 5억 9천만불이었던 것이 해마다 늘어나서 2004년에는 13억 5천만불 수준에 달했다.

유럽도 마찬가지였다. 유럽 각국에서 전통적인 발주기관의 업무를 얼마나 민간부문을 통해 수행하고 있는지 미국 출장팀의 조사결과를 보자. 미국 출장팀은 독일과 네덜란드 정도가 미국과 비슷하게 상당한 규모의 내부 인력을 유지하고 있는 것으로 판단하고 있다. 특히 독일은 시공부문만 제외하고, 고도의 전문성 있는 분야나 특수한 분야가 아닌 한, 대부분을 내부 기술인력이 수행하고 있는 유일한 나라였다. 네덜란드만 해도 거의 20%나 인력 감축이 이루어졌다. 핀란드는 상대적으로 적은 내부 기술인력을 보유하고 있고, 교통시설사업에 정부관여를 줄이겠다는 목표를 갖고 있다. 대신에 컨설턴트와 장기협약을 맺어서 내부 기술인력 축소에 따른 지원을 하도록 하였다.

영국과 스코틀랜드는 내부 인력 문제에 관한 한 미국과 크게 다른 것으로 평가되고 있다. 1991년에 민간투자방식(PFI)이 도입되면서 영국 고속도로청(HA)은 지출액의 95%를 민간으로부터의 아웃소싱에 의존하고 있다. 내부 기술인력은 소수이며, 엔지니어링 서비스를 제공하기 보다는 감독하는 기능을 수행하고 있다. 고속도로청(HA) 스스로도 엔지니어링 서비스기관이라기 보다는 네트워크 운영자(network operator)로 인식하고 있었다. 마찬가지로 스코틀랜드 역시 컨설턴트가 기획, 설계, 시공관리업무의 대부분을 수행하고 있다. 1990년 이전까지만 해도 스코틀랜드는 어느 정도 내부 인력을 보유하였지만, 스코틀랜드 교통그룹(The Scottish Executive Transport Group)

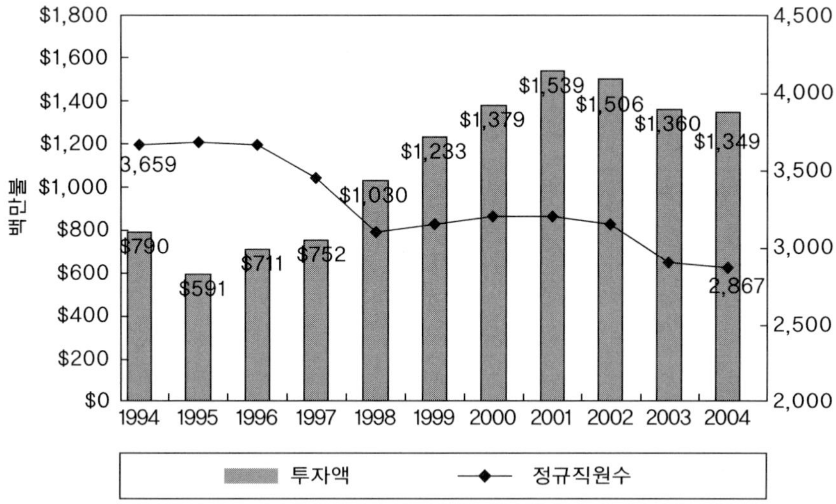

그림 3-10 미국 미시간주정부 교통국의 정규직원수와 고속도로시설 투자액 추이

자료 : U.S. DOT FHWA(2005). *Construction Management Practices in Canada and Europe.*

표 3-4 유럽 및 캐나다 조달사업 집행과 관리기능의 외주 비율 추정

외주업무	캐나다 온타리오	독일	영국	스코틀랜드	네덜란드	핀란드
설계	80-90%	30-100%	100%	100%	70%	100%
시험	100%	50%	100%	100%	100%	100%
시공	100%	100%	100%	100%	100%	100%
시공계약	95%	0%	90%	100%	50%	0%
유지관리	100%	0%	100%	100%	100%	100%

자료 : U.S. DOT FHWA(2005). *Construction Management Practices in Canada and Europe.*

에 따르면, 지금은 약 50명의 엔지니어링 인력과 약 50명의 행정인력이 전체 스코틀랜드 고속도로의 운영을 담당하고 있다.

최근에는 캐나다 온타리오주도 영국과 스코틀랜드 모델을 따르고 있다. 온타리오 교통부는 1996년에 그 기능을 민간으로부터 아웃소싱하기로 결정했다. 경제성 분석 결과, 민간부문이 교통부의 기능을 훨씬 더 효율적으로 수행할 수 있는 것으로 판명되었기 때문이다. 1996년부터 2004년까지의 아웃소싱 결과 12%의 비용절감 효과를 거두었다는 것이 온타리오 교통부의 평가다.

이처럼 유럽 각국의 교통시설 조달기관은 내부인력 축소와 민간부문 컨설턴트 활용 증대라는 모습을 보여주고 있다. 심지어 최근에는 상대적으로 많은 내부 기술인력을 보유한 독일과 네덜란드의 발주기관들조차 대대적인 인력감축 계획을 발표하고 있다.

8 조달전문인력 확보와 양성

어느 나라건 간에 정부조달정책의 목표를 달성하기 위해서는 조달전문인력의 확보와 양성을 위한 노력이 필요하다. 특히 정부조달정책의 목표가 「최고가치(best value)」 내지 「투자가치(value for money)」 획득을 지향하게 되면서 이 문제는 더욱 중요한 과제가 되었다. 미국과 유럽의 여러 발주기관 가운데 가장 혁신적인 조달기관으로 손꼽히고 있는 영국 고속도로청(HA)의 사례를 보자[131].

1990년대 말까지만 해도 영국 고속도로청 직원의 대부분은 엔지니어와 기술자들이었다. 하지만 대부분의 엔지니어링 업무와 시공기능이 민간부문으로 넘어간 지금은 전체 인력의 28%가 엔지니어와 기술자들이고, 67%는 행정인력으로 구성되어 있으며, 나머지 5%는 환경 관련 전문가들이다. 요구되는 기능도 전통적인 엔지니어링, 사업관리, 기술적 전문성 보다는 교통시설 기획, 고객관리, 커뮤니케이션, 정보서비스와 기술, 조달과 협상, 계약관리, 기업관리, 전략기획 등으로 바뀌었다. 이에 따라 영국 고속도로청은 연간 약 260만불(직원 1인당 연평균 1,500불)의 교육훈련 예산을 책정해 두고, 다양한 프로그램을 통해 훌륭한 관리자와 리더를 양성하는데 주력하고 있다. "국가계약법령 강습회" 정도에 그치고 있는 우리나라의 조달교육과는 확연한 차이가 있다.

영국 고속도로청만이 그런게 아니고, 미국과 유럽 각국 발주기관들도 나름대로 교육훈련 프로그램을 운용하고 있다(U.S.DOT FHWA, 2003). 독일 발주기관(Bavarian highway agency)에서는 매년 일주일씩 지속적으로 교육을 받도록 하고 있다. 기술인력들은 매년 기술교육을 이수해야 한다. 영국 고속도로청과 마찬가지로 스코틀랜드(Scottish Executive)에서도 기관 내부의 전문성을 전수하기 위한 멘토 프로그램(mentoring program)을 두고 있다. 기술인력에 대해서는 기술적 전문성보다 효과적

131) 미국과 유럽 각국 교통시설 조달기관의 인력정책과 관련된 사항은 U.S.DOT FHWA(2003). *European Practices in Transportation Workforce Development*를 참고하였다.

인 관리기법(effective management skill)을 교육하는데 주력하고 있다. 네덜란드 역시 멘토링과 내부 인력의 교육훈련을 위한 폭넓은 프로그램을 운영하고 있다.

미국과 유럽 각국 발주기관들은 지난 10년간 내부 인력 축소를 경험했고, 대신에 컨설턴트의 활용도가 급증했다. 이에 따라 한편에서는 내부 인력을 위한 교육훈련 프로그램을 운영하고, 다른 한편에서는 컨설턴트나 건설업계의 파트너들을 대상으로 발주기관이 새로운 발주방식이나 조달 및 품질보증과 관하여 무엇을 고려하고 있는지를 알려주고 있다.

9 조달 관련 법 · 제도 : 글로벌 스탠다드 수용

전세계적 정부조달혁명이 이루어진 배경 중 하나는 유럽연합(EU)과 세계무역기구(WTO) 출범에 따라 각국의 조달 관련 법 · 제도를 유럽연합지침(EU Directives)이나 정부조달협정(GPA)에 일치하는 방향으로 바꾸지 않을 수 없었다는데 있다. 그렇기 때문에 유럽연합지침(EU Directives)과 정부조달협정(GPA)은, 최소한 가맹국에 한해서는 각국 헌법의 상위법이자 강행규범이다. 문자 그대로 「국제표준(Global Standard)」을 의미한다. 동구의 공산국가들이 시장경제체제로 전환할 때, 새로 도입하고자 한 조달법령의 모델이 되었던 유엔무역법위원회의 「조달기본법(UNCITRAL Model Law)」도 유럽연합지침이나 정부조달협정과 동일한 기본원칙 및 내용을 담고 있다.

정부조달 관련 법 · 제도의 글로벌 스탠다드는 투명성(transparency)과 공개성(openness), 공정성(fairness)과 함께 투자가치(value for money)의 달성을 강조하고 있다. 가능한 한 정치적 목적이나 형평성(equity) 확보 차원에서 추진되는 지역업체나 중소업체 보호정책은 수용하지 않고, 효율성(efficiency)의 증진을 위하여 경쟁성(competitiveness)을 높이는데 주력하고 있다. 이처럼 글로벌 스탠다드의 내용은 단순히 "전세계적으로 널리 활용되는 법 · 제도"라는 의미만 있는 것이 아니라, "정부조달도 시장경쟁의 틀 속에 맡기라"는 "시장지향적인 법 · 제도"를 의미한다. 이미 시장경제체제가 확고하게 뿌리를 내린 영국이나 미국에서는 이 같은 의미의 글로벌 스탠다드가 자국의 조달 관련 법 · 제도와 별 차이가 없다.

문제가 되는 것은 우리나라와 같이 시장경제체제가 확실하게 뿌리를 내리지 못했거나, 정부주도 성장을 추구하고 있는 개발도상국들이다. 정부주도 성장을 추구해 온 나라에서는 정치적 · 정책적 기준이 상업적 · 경제적 기준보다 우선시되는 경우가 많다. 경쟁보다는 보호와 육성을 더 강조하는 경향이 많다. 법 · 제도 및 이에 근거한 규제가 시장의 가격결정 메카니즘을 대신하는 경우도 많다. 이런 나라들도 유럽연합이나 정부조달협정에 가입하게 되면, 최소한 시장개방 대상에 대해서 만큼은 자국의 법 · 제도를 글로벌 스탠다드에 맞게 수정해야 한다. 하지만 이름만 그럴듯하게 바꾸면서, 실제로는 과거와 다를 바가 없는 법 · 제도를 운용하는 사례가 많다. 정부조달시장의 개방으로 글로벌 시장이 형성되었지만, 법 · 제도는 여전히 과거의 틀 속에서 헤어나질 못하고 굼벵이 걸음을 하고 있다.

03 정부조달 혁신의 장애요인과 추진전략

1 혁신의 장애요인

어느 나라 정부나 조달시스템을 혁신하는 과정에서 많은 장애요인에 부닥치게 된다. 그 결과 성공하는 나라도 있고, 실패하는 나라도 있다. 1990년대 이후 전세계적인 정부조달혁명이 진행되는 과정에서 비교적 성공적으로 근본적인 변화를 이룩한 나라는 크게 두 가지 부류로 보인다. 첫째는 영국이나 호주, 뉴질랜드, 미국 등 시장경제체제가 뿌리를 내린 선진국들이다. 특히 영국의 정부조달시스템 혁신사례는 전세계적인 벤치마킹의 대상이 되고 있다. 둘째는 사회주의체제에서 시장경제체제로 전환한 동구 공산권 국가들이다. 동구 공산권 국가들은 공개경쟁이나 투명성과 시장원리에 기반한 정부조달시스템이 원래 없었다. 하지만 이들도 시장경제체제로 전환하는 과정에서 유엔무역법위원회의 조달기본법(UNCITRAL Model Law)을 따라 정부조달시스템의 근본적인 전환이 이루어졌다. 또한 동구 공산권 국가들 중 유럽연합(EU) 가입국[132]이 늘어나고 있는 것도, 이들 국가의 정부조달시스템이 유럽연합지침(EU Directives)이라는 글로벌 스탠다드를 수용하는 계기가 되고 있다.

132) 예컨대, 체코, 헝가리, 슬로바키아, 슬로베니아 등은 이미 유럽연합(EU)의 일원이다.

그 외 다른 나라에서는 정부조달시스템의 근본적인 혁신이 이루어졌다고 보기 어렵다. 식민지배에서 벗어난 나라의 조달 관련 법 · 제도만 해도 과거 식민지 시절의 법 · 제도나 별반 차이가 없고, 개혁의 내용도 기존의 틀에서 조금 개선된 정도에 불과하다. 왜 그럴까? Robert R. Hunja(2003)는 대부분의 개발도상국(developing countries)에서 정부조달시스템 혁신이 실패하는 이유로 다음 3가지를 들고 있다. 이들 중 가장 큰 이유는 "최고 정치지도자의 정치적 의지 부족(lack of political will at the highest levels of government)"에 있다고 한다.

기득권 구조의 고착화와 정치적 의지 부족

기존의 정부조달시스템으로 인해 형성된 기득권 구조의 뿌리가 깊고도 튼튼한데 반해, 정부조달시스템을 혁신하겠다는 정치적 의지는 박약하기 때문이다. 많은 개발도상국가에서 정부조달시스템은 정경유착(政經癒着) 구조와 연계되어 있고, 이들은 "현상(status quo) 유지"를 위해 노력하고 있다. 관료조직도 기존 정부조달시스템의 기득권자 중 한 축이기 때문에, 이들도 현상유지를 위해 혁신운동에 동참하지 않거나, 혁신프로그램의 집행을 게을리 하거나 왜곡하기도 한다. 또한 정부조달시스템을 혁신하자고 하면, 무엇을 어디까지 혁신해야 할 것인지에 대해 끝없이 소모적인 논쟁만 되풀이하기도 한다. 논쟁이 진행되는 동안 혁신은 시작될 수 없기 때문이다.

조달시스템 혁신을 위한 지식과 역량 부족

정부조달시스템 혁신에 필요한 지식과 역량의 부족도 문제다. 대부분의 정부조달 실무자들은 조달절차 등과 관련한 기술적 · 집행적인 지식만 갖고 있을 뿐이다. 조달정책에 대한 이해의 폭도 협소하고, 혁신을 성공시키기 위해 필요한 기획, 관리, 집행 역량을 갖고 있지도 않다. 정부조달 문제에 관한 기술적 지식을 갖춘 전문가도 찾아보기 어렵다. 그러다 보니 정부조달시스템 혁신을 외국 컨설턴트에게 용역을 의뢰하기도 한다. 하지만 자국 조달시스템에 대한 충분한 투입(inputs)이 이루어지지 않는다면, 외국 컨설턴트에게 의뢰한 용역결과물 또한 용역조달능력의 부족을 보여주는 증거물에 불과할 것이다.

조달시스템 혁신과제 자체의 복잡성

정부조달시스템의 혁신과정에서 당면하게 되는 실무적이고 복합한 문제들도 혁신의 장애요인이 된다. 예컨대, 어떤 유형의 법률체계(legal instrument)를 가져 갈 것인가 부터가 문제다. 영국 모델에 기반한 이른바 관습법 국가(common law-countries)[133]에서는 조달정책에 관한 몇몇 일반적인 법률(some generic statue) 외에 수많은 매뉴얼(manuals)과 지침(instructions)에 따라 정부조달이 이루어지고 있다. 그런데 이 같은 법률체계는 몇 가지 문제를 안고 있다. 법원의 판결이나 매뉴얼, 지침 등은 일관성을 확보하기 위한 체계적인 노력 없이 부분적인 수정만 이루어질 뿐이다. 게다가 규제와 관련된 재량권은 공무원 손에 달려 있고, 건설업계 입장에서는 정부조달시스템을 지배하는 법규가 무엇인지 정확하게 알기 어렵다. 또한 조달기관마다 조달규칙이 제각각 다르다는 문제도 있다. 그러다 보니 최근에는 영국도 유럽연합지침(EU Directives)의 적용을 받지만, 영국 모델을 이어받은 다른 나라들도 정부예산으로 운영되는 모든 조달기관에 적용되는 포괄적인 조달법령을 입법하고 있는 추세다. 하지만 여기에 대해서는 자국의 법률 전통과 일치하지 않는다는 저항이 일어나기도 한다.

제정법(code)에 의한 규제가 이루어지는 이른바 대륙법 국가에서도 문제가 있다. 법률에는 무엇을 담고, 법률의 하위규정에는 무엇을 담아야 하는가 하는 문제다. 필수적인 절차와 원칙만 법률사항으로 하고, 나머지 집행과 관련된 절차적인 사항은 하위 규정에 담자고 하지만, 그렇게 명확하게 구분하기 어렵다. 특히 하위 규정이 법률에서 정한 목표를 위반하거나, 희석시키거나, 절충시키는지에 대해서 각별한 주의를 기울여야 한다.

중앙조달과 분산조달 중 어느 쪽을 선택할 것인지도 문제다. 많은 개발도상국들이 중앙집중조달제도를 운영해 왔다. 하지만 지금은 중앙집중조달에 수반되는 비효율성(inefficiency)과 법적 책임성 부족(lack of accountability) 등을 이유로 개별 수요기관이 자신의 니즈에 따라 조달하도록 하는 분산조달제도로 전환되고 있다. 이때 분산된 조달기관을 어떻게 관리하며, 모든 기관에 공통적으로 소요되는 물품의 중앙조달 필요성과는 어떻게 균형을 맞추며, 개별 조달기관의 역량을 어떻게 높일 것인가 하는 문제

133) 영국이나 미국 등의 관습법 국가에서는 법원의 판결이 제정법과 동일한 효력을 갖고 있다. 그리고 관습법 또는 법원의 판결에서 가장 중요한 근거가 되는 것은 계약(contract)이며, 당사자간의 계약 자체를 법의 근원으로 보고 있다(김예상 · 한미파슨스, 2003).

가 제기된다. 이 문제에 대처하기 위해 많은 나라들이, 한편에서는 중앙조달 권한을 개별 조달기관에 위임하면서, 다른 한편에서는 감독과 책임성 확보를 위한 중앙조달정책기관을 함께 만들고 있는 추세다.

조달 관련 법·제도와 실제 집행을 위한 현실과의 차이로 인하여 발생하는 실효성 문제도 있다. 조달규칙이 모호하고 현실성이 부족하면, 서로 다른 해석과 집행 관행이 발생할 수밖에 없다. 이렇게 된 원인은 조달규칙 그 자체의 결함에 기인한 것이다. 조달기관의 규칙 위반시 입찰자들이 수정을 요구할 수 있는 권리를 강화하든가, 조달사업 추진과정에서 투명성을 강화하든가, 감사와 같은 제도적 감독기능을 강화하는 것이 해결책이 될 수 있다. 하지만 이 경우에도 실효성 확보를 위한 메카니즘이 조달시스템의 비효율성을 야기하지 않도록 적절하게 균형을 잡아야 한다.

Robert R. Hunja(2003)는 이상과 같은 정부조달시스템 혁신의 장애요인들을 극복하기 위해서 시스템 내부의 장애요인을 찾아내고, 해결책을 도출한 다음, 혁신을 위한 현실적인 전략(strategy)을 수립하라고 권고하고 있다. 세계 각국의 경험을 볼 때 이 같은 전략에 대한 최고 정치지도자의 강력한 지지가 없을 경우, 총체적인 시스템 혁신(wholesale, systemic change)이 이루어지기 어렵다는 점도 강조하고 있다. 또한 정부조달시스템의 혁신을 총체적인 정부혁신운동의 한 부문으로 추진할 때 성공가능성이 높아진다는 점도 지적하고 있다[134]. 그래야 정부조달시스템의 혁신에 저항하는 기득권 집단의 반발을 누그러뜨릴 수 있고, 강력한 정치적 지원을 받을 수 있기 때문이다.

2 혁신을 위한 6단계 전략

"좋은 정부조달시스템(good public procurement system)"을 만들기 위한 전략을 구체화해 보자. Cynthia Walker(2003)[135]는 전세계적으로 다음과 같은 6단계 전략이 보편적으로 활용되어 왔고[136], 효과적인 정부조달시스템을 만드는데 기여했다고 한다. 이들 6단계 전략 중 하나라도 빠지면 성공가능성은 줄어들고, 모두 다 갖추면 그만큼

134) 성공적이었다고 평가되는 미국이나 영국의 정부조달시스템 혁신은 정권교체와 더불어 추진된 총체적인 정부혁신프로그램의 일환이었다고 볼 수 있을 것이다.

135) Cynthia Walker(2003). "Setting up a Public Procurement System : The Six Step Method". S. Arrowsmith and M. Trybus(eds.). Public Procurement : The Continuing Revolution. kluwer law international.

136) 중부 및 동유럽과 아프리카, 아시아지역에서 이 같은 6단계 전략이 작동하고 있음을 확인했다고 한다.

성공가능성이 높아진다는 말도 덧붙이고 있다.

"좋은 정부조달시스템"을 만들기 위한 6단계(Six Step)는 ① 최고 정치지도자의 지원, ② 새로운 조달시스템의 장점 홍보, ③ 정부와 민간부문의 협력, ④ 성공적인 조달을 위한 교육훈련, ⑤ 성공적인 조달시스템을 만들기 위한 입법, ⑥ 중앙조달 정책기관의 설립으로 구성되어 있다.

제1단계 : 최고 정치지도자의 지원

Robert R. Hunja(2003)와 마찬가지로 Cynthia Walker(2003)도 정부조달시스템의 혁신을 위해서는 최고 정치지도자의 지원을 강조하고 있다. 일단 대통령부터가 혁신의 필요성을 인식하고, 새로운 시스템의 장점에 대해서 확신을 가져야 한다는 것이다. 그래야 혁신에 반대하는 자를 정부조달기관의 주요 공직자로 임명하지 않게 된다.

유럽연합(EU)이나 세계무역기구(WTO)와 같은 국제기구의 힘을 빌리는 것도 한 방법이다. 국제규범의 준수가 불가피하다는 사실을 인식시킴으로써 혁신에 따른 저항을 극복할 수 있다는 것이다.

제2단계 : 새로운 조달시스템의 장점 홍보

새로운 조달시스템의 장점을 홍보하는 것도 효과적인 방법이다. 성공적인 정부조달시스템을 만들기 위해서는 일반국민들이 새로운 시스템의 장점에 대해서 확신을 가져야 하기 때문이다. 홍보는 정부 공무원만을 대상으로 할 것이 아니라 민간기업에 대해서도 이루어져야 한다.

일반국민들은 새로운 조달시스템이 최종사용자의 니즈에 맞춰 더 적은 돈으로, 더 빨리, 더 많은 물품과 서비스를 제공해 줄 것이라는데 사실에 대해 민감하다.

지역업체 보호제도가 없더라도 지역경제가 더 번창할 수 있다는 사실도 일반국민들에게 홍보할 수 있어야 한다. 특히 이 문제는 자국 내 지역업체 보호제도가 많은 나라일수록 중요하다. 하지만, 유럽연합의 경험에 비추어 볼 때 외국업체의 정부조달시장 진입실적은 미미하다. 따라서 장기적으로는 별 문제가 없지만, 단기적으로는 정치 쟁점화됨에 따라 지역업체 시장은 정부조달시장 개방의 예외가 되기도 한다.

제3단계 : 정부와 민간부문의 협력

성공적인 정부조달시스템을 만들기 위해서는 정부와 민간부문의 협력이 필수적이다. 민간부문이 취약한 나라에서는 강한 민간부문을 창출해야 하고, 비효율적이고 부패한 정부가 있는 나라에서는 민간부문과의 협력을 통한 통치체제(governance)를 확립하고, 국정관리의 효율성을 높여야 한다.

정부와 민간부문은 상호간의 제약요인(constraints)을 알고 있어야 한다. 예컨대, 민간부문은 투명성 확보를 위한 정부의 요구사항을 수용해야 하고[137], 정부는 민간부문에서 그와 같은 요구를 충족하는데 돈과 시간이 든다는 사실을 알아야 한다.

제4단계 : 성공적인 조달을 위한 교육훈련

"조달업무는 전문직업인의 영역이 되었다(Procurement has become a sophisticated profession)." 조달업무를 담당하는 전문직업인(procurement professionals)들은 훌륭한 기본교육과 함께 국내외의 최근 동향에 대해서도 끊임없이 교육을 받아야 한다.

교육훈련은 공무원만 필요한 것이 아니라 민간기업인들도 필요하다. 최근 들어 MBA과정에서도 조달업무 전공자에게 학위를 주는 대학이 있고, 많은 나라에 국가조달협회 등이 있어 여러 가지 교육훈련 프로그램을 제공해 주기도 한다. 영국의 가장 대표적인 기관으로는 CIPS(Chartered Institute of Purchasing and Supply, www.cips.org)가 있다. 국제기구로부터 원조를 받을 때 조달업무와 관련된 교육훈련을 함께 받기도 하고, 외국인 컨설턴트를 고용하여 그들의 경험을 배우는 것도 한 방법이다.

제5단계 : 성공적인 조달시스템을 만들기 위한 입법

성공적인 조달시스템을 만들기 위한 입법은 전체 조달시스템의 등뼈(backbone)에 해당한다. 입법의 형태는 매우 다양하다. 몇 개 조문으로 구성되기도 하고, 엄청나게 길고 방대한 분량을 갖기도 한다. 입법의 길이나 내용은 국제적으로 지켜야 할 의무사

137) 이를테면 각종 입찰서류 등을 준비해야 하고, 조달규칙에서 요구하는 절차를 준수해야 하는 등을 의미한다.

항과 국내 정치현실을 잘 아는 공무원에 의해서 정해져야 한다.

제6단계 : 중앙조달 정책기관의 설립

성공적인 조달시스템을 만들기 위해서는 중앙조달 정책기관(a central policy-making body)이 필요하다. 이 기관은 조달업무를 직접 수행하는 것이 아니라 국가의 조달정책과 감독책임을 져야 한다[138]. 중앙조달 정책기관이 수행해야 할 최소한의 임무는 ① 조달관련 입법안 작성, ② 표준계약서 작성, ③ 특정 유형의 모든 계약에 적용될 일반조건 작성, ④ 표준조달 규칙과 절차 작성, ⑤ 공공조달백서 발간(조달전망, 과거 계약실적, 통계, Q&A 등 포함), ⑥ 조달 기획, 계약서 및 일반적인 성과 등에 관한 통계와 정보수집, ⑦ 정부조달연보 발간, ⑧ 정부조달에 관한 정보의 홍보, ⑨ 정부조달에 관한 국가적인 교육훈련 프로그램 작성, ⑩ 중재인(arbitrators)의 자격요건 설정 등 10가지를 예시하고 있다.

조달담당공무원의 윤리강령(code of ethics)은 강화되어야 하고, 조달공무원은 최고 수준의 정직성과 윤리의식을 가져야 한다는 지적도 중요하다.

138) Cynthia Walker(2003)에 따르면, 과거에는 몇몇 작은 나라(small countries)에서 일정 금액 이상의 조달업무를 1개의 중앙조달기관에서 수행한 경우도 있었지만, 최근에는 분권화(decentralization)가 강조되면서 거의 없어졌다고 한다. 게다가 1개의 중앙조달기관에서 모든 입찰이 이루어진다면, 부패를 조장할 가능성이 더 크다고 보고 있다.

04 우리에게 주는 교훈

조달정책의 목표 전환 : 최저 가격 대신 최고가치 내지 투자가치 중시

전세계적인 조달정책의 목표는 「최저 가격(lowest)」이 아니라 「최고가치(best value)」 내지 「투자가치(value for money)」 획득으로 바뀌었다. 우리도 시대착오적인 최저가 낙찰제 확대를 지향할 것이 아니라 「최고가치 획득을 위한 조달시스템(best value procurement system)」을 만드는데 주력해야 한다.

조달정책기능의 강화

정부조달 집행기능은 분권화되고(decentralized), 정책기능은 중앙집중화되면서(centralized) 새로운 중앙조달 정책기구를 만드는 것이 전세계적인 추세다. 오랫동안 중앙조달제도를 운용해 온 우리나라도 집행기능의 분권화가 이루어지고 있다. 반면에 조달정책기능은 대단히 취약하다. 우리도 정부조달시스템의 선진화를 위해서는 조달정책기능의 획기적인 강화가 필요하다.

조달참여자간 협력관계 구축

정부조달의 수요자인 정부와 공급자인 민간기업간의 관계는, 과거처럼 적대적인 관계가 아니라 공동의 목표 달성을 위한 협력적 관계로 바뀌고 있다. 그 원인은 최저가 낙찰제 위주의 조달시스템이 최고가치 획득을 위한 조달시스템으로 바뀌게 된 것과도 직결된다. 하지만 여전히 우리나라 정부와 민간기업 관계는 「갑(甲)-을(乙)」이라고 하는 수직적이고 적대적인 관계의 틀을 벗어나지 못하고 있다. 우리도 정부조달사업 참여자 간에 협력적 관계를 형성하고자 한다면, 조달시스템 전반의 선진화가 이루어져야 한다.

설계 · 시공 일괄 및 건설사업관리(CM) 활성화

최저가 낙찰제에 기반한 설계/시공 분리발주제도 보다는 설계 · 시공 일괄발주나 건설사업관리(CM at Risk)와 같은 대안적인 발주제도가 확대되고 있는 것이 전세계적인 흐름이다. 「최고가치」를 획득하는데 일괄발주나 CM이 더 바람직한 것으로 평가하고 있기 때문이다. 우리나라에서도 일괄발주나 CM의 활용도가 높아지고 있긴 하지만, 여전히 미흡하다. 우리나라의 대안적인 발주제도에 대한 논의는 「최고가치」 달성과 같은 발주자나 수요자의 시각보다, 공급자인 건설업체의 시각에 매몰되어 있는 경향이 크다. 성과(performance)나 가치(value)의 객관적인 평가결과를 토대로, 대안적인 발주제도의 정상화와 활성화를 동시에 추구할 필요가 있다.

다양한 입낙찰제도의 도입과 활성화

「최고가치」는 단일의 입낙찰제도만으로 달성할 수 있는 것이 아니다. 미국의 최고가치 낙찰제도(best value selection)만 해도 7가지 유형이 실제로 활용되고 있다. 영국의 고속도로청(HA)에서는 100% 기술능력에 대한 평가만으로 입찰자를 선별하여 계약을 체결하는 「조기 계약자 관여방식(ECI)」과 같은 혁신적인 입낙찰제도를 운영하고 있기도 하다. 우리도 최저가 낙찰제와 "운찰제(運札制)"라는 비난을 받고 있는 적격심사제도만 운용할 것이 아니라, 공사특성이나 발주기관의 여건 등을 감안한 다양한 입낙찰제도를 도입하여 최고가치를 달성할 수 있도록 해야 한다.

조달사업의 집행과 관리방식 혁신

유럽과 미국의 교통시설 조달기관에서 이루어지고 있는 조달사업의 집행과 관리방식은 많은 변화가 있었다. 입찰이나 낙찰 및 계약방식, 혹은 기성대가 지급방식도 과거와 상당한 차이가 있고, 건설사업관리기능의 상당부분을 민간부문 컨설턴트에게 넘겼다. 정부조달사업의 투입(input) 요소를 관리하기 보다는 결과물(outcomes)에 해당하는 공사 품질에 대한 감사 역할을 더 많이 수행하고 있다. 품질관리도 참여자간의 협력관계 강화에 따라 시공자에게 크게 의존하고 있다. 건설사업관리 업무의 대부분이 민간부문의 아웃소싱에 의존하게 되면서 네트워크 관리(network management)가 조달기관의 핵심업무가 되었다. 우리나라 정부조달사업에서도 이 같은 변화가 가시화되도록 하기 위해서는 법 · 제도의 개선만이 아니라 정부조달시스템을 구성하고 있는 모든 요소의 총체적인 변화가 수반되어야 한다.

조달기관의 구조조정과 민간위탁 활성화

유럽과 미국에서 민간위탁이 활성화된 가장 큰 원인은 정부조달기관의 구조조정 때문이라고 생각된다. 정부조달사업은 정부예산의 효율적인 운용과 관련된 사업이고, "효율성"에 관한한 민간부문이 더 우월하다는 것은 인류역사가 증명해 주었다고 볼 수 있다. 하지만 우리나라에서는 여전히 정부에 대한 환상이 존재하고 있다. 민간기업은 틈만 나면 "폭리(暴利)"를 취하거나 담합을 일삼는 집단으로 매도되기 일쑤고, 정부가 나서서 주택문제를 비롯한 여러 가지 사회경제문제를 "(이윤을 추구하지 말고) 싼값에, 공정하고 정의롭게" 해결해 주기를 바란다. 정부나 정치권의 최고 지도자들도 국민 여론을 빌미로 무차별적인 규제와 시장개입을 일삼아왔다. 이런 상황이다 보니 우리 정부의 몸집은 갈수록 비대해지고, 규제도 강화되고 있다. 반면에 민간부문은 축소되고, 건설사업관리(CM) 활성화나 민간 컨설턴트 활용 증대는 먼나라 이야기가 되고 말았다. 「큰 정부, 작은 시장」은 후진국의 표상이고, 시대착오적인 흐름이다. 「작은 정부, 큰 시장」이 전세계적인 변화의 정상적인 흐름이다. 정부조달시스템의 선진화와 더불어 「투자가치(value for money)」, 혹은 「최고가치(best value)」 획득을 위해 정부조달기관의 구조조정과 시장기능을 활성화시키는 일이 무엇보다 중요한 시대적 과제다.

조달전문인력 양성을 위한 교육훈련 강화

미국이나 유럽에서는 정부조달업무를 "전문직업인(professional)"의 업무영역으로 규정하고 있다. 그렇기 때문에 어떻게 우수한 전문인력을 채용해서, 계속 근무하게 만들고, 중장기적인 관점에서 능력향상을 위한 교육훈련 프로그램을 운용할 것인가 하는 문제를 가지고 고민해 왔다. 반면에 우리나라에서는 아직까지 정부조달업무를 전문직업인의 업무영역이라고 주장하는 사람조차 찾아보기 어렵다. 공무원들에게도 조달, 계약 및 회계업무는 기피 대상 업무다. 별로 생기는 것도 없고, 감사 부담만 잔뜩 지게 될 가능성이 높기 때문이다. 순환보직제의 틀 속에서 잦은 인사이동이 이루어지다 보니 조달업무를 담당하는 공무원의 전문성이 생길 리가 없다. 조달전문교육이란 것도 내용을 보면 "국가계약법령 강습회" 수준에 불과하다. 이런 구조다 보니 미국과 유럽 각국에서 조달기관의 전문인력(혹은 민간 컨설턴트)들이 운용하는 제도를 우리나라의 비전문인력들이 제대로 운용할 수가 없고, 아예 그런 제도를 도입할 생각도 없다. 그렇다고 해서 미국이나 유럽 각국의 조달기관처럼, 민간부문으로부터 건설사업관리 기능을 아웃소싱하지도 않는다. 아무리 훌륭한 법 · 제도를 만들어 놓더라도, 이를 운용할 수 있는 있는 전문인력의 양성이 이루어지지 않는다면 정부조달시스템의 실질적인 혁신은 기대할 수 없다.

조달 관련 법 · 제도의 글로벌 스탠다드 수용

정부조달제도의 글로벌 스탠다드 수용은 전세계적인 현상이다. 유럽연합지침(EU Directives)이나 정부조달협정(GPA)은 조달 관련 법 · 제도의 글로벌 스탠다드이다. 글로벌 스탠다드의 핵심은 공개경쟁과 효율성을 중시하는 시장경제 원리다. 하지만 우리나라에서는 시장경제 원리보다 정치적 · 정책적 고려를 오랫동안 우선시 해왔다. 비록 정부조달시장 개방으로 "어쩔 수 없이" 조달 관련 법 · 제도의 형식적인 개선이 이루어지긴 했지만, 근본적인 변화가 이루어졌다고 말하기 어렵다. 글로벌 스탠다드와의 격차는 여전하다. 정부조달시스템을 실질적으로 혁신하고자 한다면, 마지못해 하는 적응적인(reactive) 법 · 제도 개선에 그쳐서는 안된다. 「최고가치」 내지 「투자가치」의 획득을 원한다면, 우리도 적극적인(proactive) 법 · 제도 개선을 통해 시장경제 원리를 근간으로 하는 글로벌 스탠다드를 수용해야 한다.

혁신의 장애요인 식별 및 극복전략 수립

정부조달시스템의 혁신과정에서 부닥치게 될 장애요인도 만만치 않다. 기존 시스템에서 기득권을 누리고 있는 이해관계 집단의 반발도 클 것이고, 혁신을 하는데 필요한 지식이나 역량의 부족도 큰 문제가 될 수 있다. 또한 정부조달시스템은 총체적인 국가 운영시스템과도 직접 연계되어 있기 때문에 법 · 제도 개선시 어려움에 부닥칠 우려도 있다. 특히 최고 정치지도자의 적극적인 지원이 없는 정부조달시스템 혁신운동은 실패할 가능성이 높다. 따라서 혁신을 위한 추진전략을 수립할 때에는 반드시 혁신의 장애요인을 파악하고, 이를 극복할 수 있는 전략을 수립해야 한다.

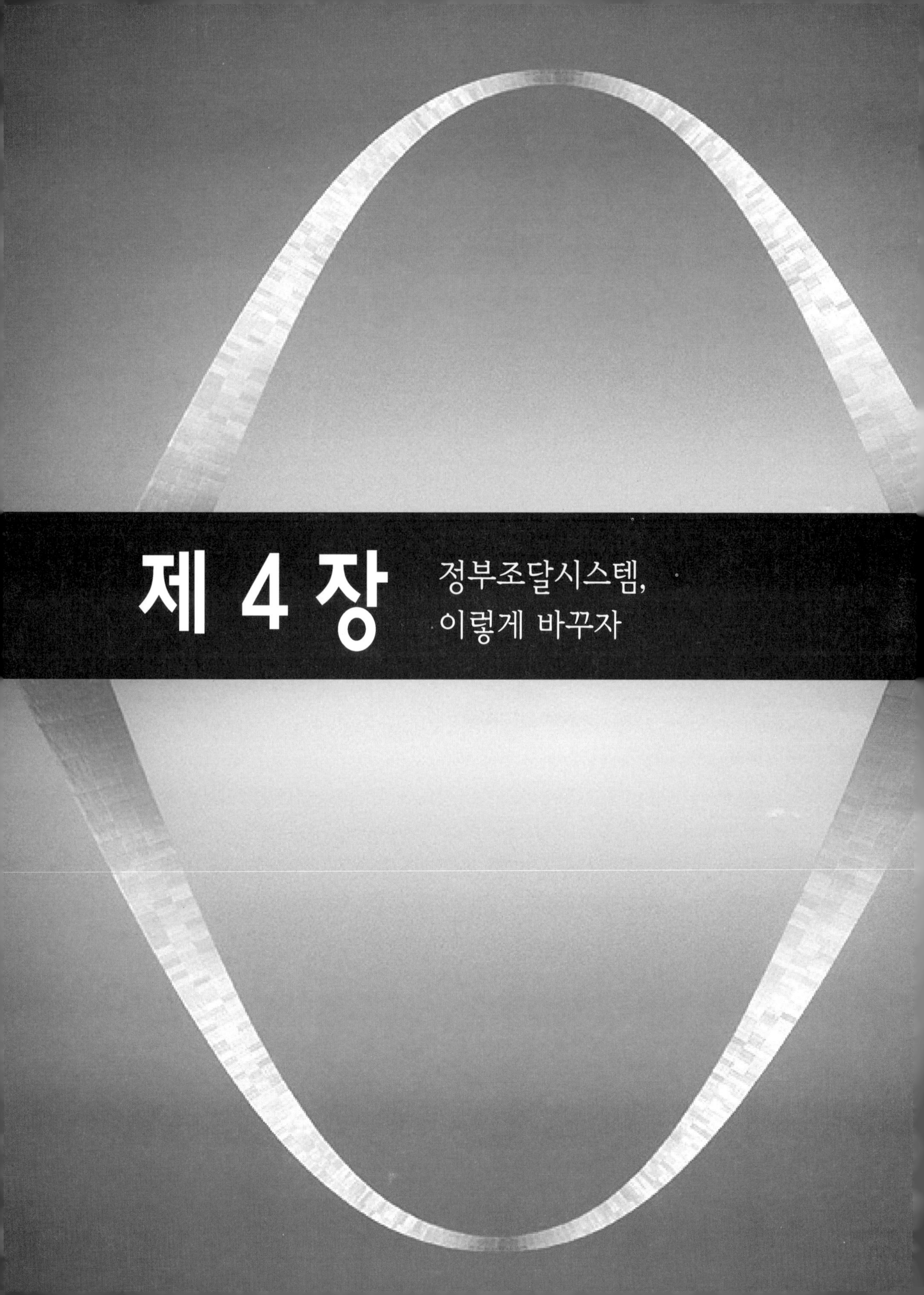

제 4 장 정부조달시스템, 이렇게 바꾸자

01 조달시스템 혁신을 위한 인식의 전환

제4장에서는 다음 3가지 문제를 집중적으로 다룰 것이다.

첫째, 혁신의 대상이 누구인가?

공급자인 건설업체를 혁신의 대상으로 삼아야 하는가, 아니면 수요자이자 발주자인 정부를 대상으로 삼아야 하는가?

둘째, 혁신을 할때 무엇을 바꿀 것인가?

조달절차나 관련 법 · 제도를 바꾸자는 것인가, 아니면 그보다 더 넓고 큰 차원에서 조직 · 인력 등을 포함한 조달시스템 전반을 모두 다 바꾸자는 것인가? 조달시스템을 구성하는 개별 요소들의 내용은 어떻게 바꿀 것인가?

셋째, 어떤 방법으로 혁신방안을 추진할 것인가?

점진적인 방법으로 추진할 것인가, 아니면 혁명적인 방법으로 추진할 것인가? 실무자 중심으로 추진할 것인가, 아니면 대통령을 비롯한 최고 정치지도자의 지지를 확보하여 정부혁신 차원에서 추진할 것인가?

이들 3가지 문제를 본격적으로 다루기에 앞서, 정부조달시스템을 혁신하는데 필요한 인식의 전환부터 먼저 논의했으면 한다. 인식의 전환을 통해 정부조달제도를 포함한 총체적인 정부혁신의 방향성이나 건설산업의 바람직한 미래상에 대한 사회적 합의(合

意)를 도출하는 것이 구체적인 법·제도 개선방안보다 더 중요하다. 새롭게 요구되는 인식은 구체적인 조달정책이나 제도 개선방안을 논의할 때 나침반과 같은 구실을 할 것이다.

쇄국(鎖國)에서 개방(開放)으로

정부조달시장에서는 쇄국주의(鎖國主義)를 주창하는 사람들이 여전히 많다. 국내 정부조달시장에 외국 건설업체들이 진출할까봐, 국내 지역중소건설업체 보호제도가 외국 건설업체의 국내시장 진입으로 무너질까봐 두려워하기 때문이다. 편협한 애국심(愛國心)에 사로 잡혀 국내 조달시장을 방어하기 위해서는 글로벌 스탠다드가 아니라 전세계 어디에도 없는 "코리안 스탠다드(Korean Standard)"를 유지하는 것이 도움된다고 주장하는 사람도 있다. 국내 건설업계 내부에도 시장개방에 저항한다는 의미에서 쇄국주의를 고수하고 있는 집단들이 많다.

오늘날 전세계적인 정부조달혁명이 이루어진 결정적인 원인은 시장개방에 있다. 유럽연합(EU)과 세계무역기구(WTO)의 출범, 자유무역협정(FTA)의 체결 확대에 따라 더 이상 정부조달시장에서도 쇄국주의를 고수하기 어렵다. 그렇기 때문에 앞으로는 시장개방을 전제로 한 정부조달시스템의 혁신을 추구해야 한다. 조달 관련 법·제도의 글로벌 스탠다드를 수용해야 하는 이유도 여기에 있다. 정부조달시장을 외국에 개방하는 것과 더불어 국내의 독점적이고 폐쇄적인 건설시장도 개방을 통해 경쟁적인 시장으로 전환해야 한다. 외국업체에 대해서건 국내에서건 간에 개방이 이루어져야 경쟁이 촉진되고, 그 결과 공급자의 경쟁력이 높아지면서 소비자 후생도 증가할 것이다.

정부(政府)에서 시장(市場)으로

정부조달절차를 거쳐 공급받는 시설물은 이른바 공공재(public good)다. 공공재의 적정한 생산과 공급을 위해서는, 이른바 "시장의 실패(market failure)"를 방지하기 위한 정부의 개입이 필요하다. 그래서 어느 나라를 막론하고 도로, 항만 등과 같은 사회간접자본 시설물은 시장에서 공급되기 어렵다는 이유로 정부가 조달해 왔다. 적어도 1970년대 말까지는 이 같은 이론이 통용되었고, 전세계적인 정부팽창이 이루어졌다.

하지만 1980년대부터는 상황이 달라졌다. "시장의 실패"보다는 "정부의 실패

(government failure)"가 더 심각한 것으로 평가되었다. 영국을 비롯한 유럽 각국과 미국 등에서는 규제완화(deregulation), 민영화(privatization) 등이 국가적인 정부혁신과제로 등장했다. 제3장에서 상세하게 언급했지만, 정부조달사업의 영역도 다르지 않았다. 교통시설 관련 예산은 늘어났어도 발주기관의 공무원 수는 계속 줄어 들었다. 전통적으로 정부에서 수행해야 할 역할의 대부분이 시장으로, 혹은 민간부문 컨설턴트 등에게로 이관되었다. 공공재라 할지라도, 정부보다 민간부문을 통해 조달하는 것이 투자가치(value for money)를 획득하는데 더 효과적이라고 확신하였기 때문이다.

불행하게도 우리나라에서는 시장경제체제나 시장의 효율성에 대한 믿음이 박약하다. 경제문제를 도덕적 관점, 심지어 "사회정의(社會正義)"라는 관점에서 보기도 한다. 정부는 공공선(公共善)을 추구하는 기관이고, 민간기업은 "돈벌이에 눈먼" 집단으로 보기도 한다. 그렇기 때문에 정부는 시장과 기업을 관리(管理)해야 한다고 주장한다. 관리의 수단이 법(法)과 제도(制度)요, 규제(規制)다. 이런 인식이 판을 치다보니, 정부조달기관의 구조조정이나 조달기능의 민간위탁은 논의대상 조차 되지 못하고 있다. 전세계는 정부의 조달기능을 시장에, 민간에 위탁하고 있는데, 우리나라에서는 거꾸로 시장을 불신하면서 정부기능을 키워가고 있는 시대착오적인 상황이 벌어지고 있는 것이다. 정부조달시스템의 혁신을 위한 방향은 「큰 정부, 작은 시장」이 아니라 「작은 정부, 큰 시장」을 지향해야 한다. 이를 위해서는 정부의 공정성과 효율성에 대한 환상부터 먼저 무너뜨려야 한다. "정부의 실패"는 "시장의 실패"보다 더 심각한 문제를 야기할 수 있다.

집권화(集權化)/획일화(劃一化)에서 분권화(分權化)/다양화(多樣化)로

우리나라는 오랫동안 집권적이고 획일적인 문화가 지배해 왔다. 중앙조달기관인 조달청만 해도 집권적이고 획일적인 행정문화와 직접적인 연관성이 있다. 국가계약법령과 운용과정도 집권적이고 획일적이다. 법령의 틀 속에서 제한적이나마 개별 발주기관에게 재량권을 주어도, 제대로 행사하는 기관이 드물다. 이렇게 된 원인은 수요기관에만 있는 것이 아니라 공급자인 건설업계에도 있다. 수요기관에서는 독자적인 조달권한이나 재량권을 줘도 운용기반이 없기 때문에 행사하기 어렵고, 감사 부담을 의식해서 국가계약법령에 정해진 대로 따르고자 하는 경향이 강하다. 건설업계는 건설업계대로 전국 각 발주기관에 공통된 하나의 법령과 규칙을 선호한다. 발주기관마다 다를 경우는 혼란스럽다는 이유로, 심지어는 발주기관마다 "로비"를 별도로 해야 하기 때문에 바람직하지 않다는 것이다. 그러다 보니 예컨대, 국가계약법령에 "최저가 낙찰제는 추정가격 300억원 이상 공사에 적용해야 한다"는 식의 획일적인 강제규정이 난무하고 있다. 만약 개별 발주기관마다 조달방식이나 절차가 다를 경우, 재량권이 광범위하게 허용될 경우, 부패 가능성이 더 높아진다는 이유도 집권적 · 획일적인 조달제도를 옹호하는 근거 중 하나다.

선진사회는 분권화 · 다양화를 특징으로 한다. 선진화된 정부조달시스템도 마찬가지로 분권화 · 다양화를 특징으로 한다. 발주방식이건, 입낙찰방식이건, 계약방식이건 간에 다양한 방식을 중앙조달정책기관에서 일종의 메뉴판처럼 제시하고, 개별 발주기관에서는 공사특성(project specific) 등을 감안하여 가장 발주자에게 이익이 되는 방식을 선택하도록 하는 것이 선진화된 정부조달시스템이다. 선택의 자유 없이, 국가계약법령에 정해진 한 두 가지 발주방식이나 입낙찰방식만을 기계적으로 적용하는 중앙집권적 · 획일적인 정부조달시스템은 경제사회의 변화에 역행하는 시대착오적이고 비효율적인 시스템이다. 분권화와 다양화라는 관점에서 집권적 · 획일적인 현행 정부조달시스템을 새롭게 바꾸어 나가야 한다.

공급자(供給者) 시각에서 소비자(消費者) 시각으로

정부조달시스템은 정부가 소비자 입장에서 운용하는 조달시스템이다. 하지만 우리나라 정부조달시스템은 소비자보다는 공급자 시각이 더 우세한 경우가 많다. 이런 양상은 특히 공사발주제도나 입낙찰제도를 논의할 때 두드러지게 나타난다. 예를 들어보자. 최저가 낙찰제가 무슨 문제를 안고 있는가? 이 물음에 대해 우리는 너무도 쉽게 "저가낙찰"이라고 답한다. 이 같은 답변이 공급자 시각의 답변이다. 하지만 소비자 시각은 다르다. 앞서 언급했던 영국 감사원(NAO, 2001)의 답변을 보자. 영국 감사원은 최저가 낙찰제가 유지관리비를 포함한 생애주기비용 관점에서 발주자에게 투자가치(value for money)를 제공할 수 없고, 건설업계와 정부간의 적대적 관계로 인한 잦은 클레임과 공기 지연으로 빈약한 성과(poor performance)를 초래하기 때문에 문제라고 한다. 동일한 사항을 두고 공급자 시각에서 보는 것과 소비자 시각에서 보는 것이 이렇게 다르다.

설계 · 시공 일괄입찰에 대한 논의도 공급자 시각이 우세하다. 일괄입찰의 문제점으로 가장 많이 지적되는 것 중 하나는 "대기업 위주의 편중 수주"요, 일괄입찰이 확대되면 "중소기업의 수주기회 축소"가 이루어지기 때문에 바람직하지 않다고 한다. 제도개선 방안은 중소기업의 참여 확대를 위해 설계비 보상을 늘여 주고, 대형공사는 공구분할을 활성화해야 한다고 한다. 이런 식의 문제제기와 제도개선 방안은 "대기업과 중소기업간의 공사물량 나눠먹기 논의"에 지나지 않는다. 반면에 미국에서는 일괄입찰 공사의 확대 여부와 관련하여 공사비, 공기, 품질 등의 측면에서 다른 발주방식보다 얼마나 성과가 큰 지를 실증적으로 검토하는데 주력하고 있다.

건설사업관리(CM)를 활성화하자든가, 전문건설업체들의 원도급 내지 공동도급 기회를 확대하자든가, 분리발주 내지 분할발주를 확대하자든가 하는 주장도 소비자 시각보다는 공급자인 건설업역별 이익집단이나 중소기업 수주기회 확대 차원에서 제기되는 경우가 허다하다.

최저가 낙찰제나 일괄입찰제도가 안고 있는 문제는 대단히 많다. 건설사업관리 활성화도 필요하다. 하지만 문제의 제기나 제도개선 방안이 공급자 시각에만 매몰된다면, 시민단체나 언론 및 일반국민의 비판적 여론에 대항하기 어렵다. 기본적으로 정부는 국민의 대리인이고, 발주자이자 소비자다. 공급자 보호가 필요한 경우도 있고, 공급자인 건설업계의 발전이 궁극적으로 건설산업의 발전과 국가경제의 성장에 기여한다고 주장할 수는 있다. 하지만 정부조달행정의 성격이 복지(福祉)행정이 아니라 경제행정이고, 효율성을 근간으로 해야 한다면, 소비자의 시각에서 품질, 공사비, 공기와 같은 성과측면에 기초하여 조달시스템의 개선방안을 강구해야 할 것이다.

발주자의 발주방식과 입낙찰방식 선택권을 너무나 제약하는 것도 문제다. 소비자이자 발주자인 정부는 자신에게 최고가치(best value)를 제공해 줄 수 있는 발주방식이나 입낙찰방식을 선택할 권한이 있어야 한다. 하지만 우리나라의 국가계약법령이나 조달행정시스템에서는 「발주자 선택권」이 지나치게 제한적이다. 예컨대, 왜 전기나 정보통신공사를 토목이나 건축공사와 분리발주해야 하는가? 그 이유를 통합발주했을 때는 전기공사업체나 정보통신공사업체가 건설업체의 하도급자가 되고, 이 경우 저가 하도급 때문에 중소기업 보호가 어렵다는 식으로 답하는 경우가 허다하다. 이런 답변이 전형적인 공급자 중심의 시각이다. 발주자는 영세한 공급자를 위해 항상 발주방식의 선택권을 박탈당한 채 분리발주만 해야 할 것인가? 발주자의 판단에 따라 통합발주가 발주자에게 최고가치를 제공해 준다면 통합발주를, 분리발주가 그렇다면 분리발주를 선택할 수 있도록 발주자에게 선택권을 주어야 하지 않겠는가? 그 결과에 대해서는 성과평가를 통해 검증하면 된다. 그리고 실제로 발주자가 선택권이나 재량권을 행사하느냐 안 하느냐의 문제는 부차적이다. 최소한 법 · 제도만큼은 발주자에게 선택권과 재량권을 부여해야 한다. "소비자 주권"이니 "소비자 선택권"이니 하는 용어는 시장경제의 핵심을 표현하는 것이다. 같은 맥락에서 "발주자 주권" 내지 "발주자 선택권"을 확립할 수 있도록 정부조달시스템을 혁신해야 한다.

가격(價格)에서 가치(價値)로

우리나라 정부조달시스템에는 아직까지 「최고가치(best value)」 내지 「투자가치(value)」라는 개념이 제대로 도입되어 있지 않다. 외국 사례를 본받아 이제서야 논의를 시작하는 단계에 접어들었을 뿐이다. 입찰자를 평가할 때도 입찰자가 제공하는 가치(value)를 평가하여 낙찰자를 결정하는 것이 아니라, 대개 입찰가격(price)에 따라 낙찰자가 결정되는 제도를 운영해 왔다. 그 가격에 대한 평가라는 것도, 최저 가격보다는 발주자가 임의로 정한 가격 내지는 입찰자의 평균 입찰금액에 얼마나 근접하는지에 따라 낙찰이 좌우되는 구조였다. 물론 비가격요소도 입찰자 평가기준에 있긴 하다. 하지만 대부분의 입찰자는 비가격요소 평가에서 만점을 받아 왔고, 입찰참가자간의 차이를 나타내 주는 변별력이 없었다. 생애주기비용(life cycle costs) 개념을 도입하자는 주장도 많았지만, 조달제도에서 그 개념이 제대로 반영된 영역을 찾아보기 어렵다. 시공자의 기술제안을 요구하는 제도는 설계 · 시공 일괄이나 대안입찰제도를 제외하고는 없다.

가격중심의 조달제도는 객관성과 투명성을 높이고, 예산절감과 함께 부패소지를 줄일 수 있다는 장점이 있다. 하지만 가격중심의 조달제도로 고품격 · 고품질 시설물을 조달할 수 있다고 장담하기 어렵다. 행정중심 복합도시나 혁신도시를 건설할 때 300억원 이상 공사에 모두 최저가 낙찰제를 적용한다면, 세계적인 명품도시를 만들 수 있겠는가? 기술적 난이도가 낮고 경제성이 중요한 공사라면, 최저가 낙찰제가 적합하다. 공기단축이 중요한 공사는 대개 최저가 낙찰제를 적용하지 않아도 무방하다. 발주자는 공기단축을 통해 얻는 이익이 있기 때문이다. 기술적 난이도가 높고, 공사 품질이 중요한 공사는 가격경쟁력을 갖춘 업체보다 기술력 있는 업체를 계약자로 선정해야 한다. 이처럼 공사특성이나 발주자가 처한 상황에 따라 요구되는 조건이 다르다. 때로는 가격일 수 있고, 때로는 기술력일 수 있고, 때로는 공기 단축일 수 있다. 그렇기 때문에 가격중심의 조달시스템이 아니라, 가격을 포함한 더 넓은 의미의 가치중심 조달시스템이 필요한 것이다. 제3장에서 상세하게 설명하였듯이, 이미 1990년대 이후 전세계적인 정부조달제도의 흐름은 가격이 아니라 가치를 중시하는 방향으로 바뀌었다. 우리도 이 같은 세계적 흐름의 낙오자가 되지 말아야 한다.

갑-을관계(甲-乙關係)에서 협력관계(協力關係)로

우리나라에서 발주자인 정부와 계약자인 건설업체의 관계는 흔히 「갑-을관계(甲-乙關係)」라고 부른다. 갑(甲)은 발주자고, 계약자인 을(乙)보다 우월적인 위치에 있다. 일종의 상하관계(上下關係) 내지 주종관계(主從關係)로 인식되기도 한다. 하지만 미국이나 영국의 발주자와 계약자는 모두가 한 팀의 일원으로서, 파트너로서 협력하는 관계를 만들기 위해 노력하고 있다. 물론 미국이나 영국도 처음부터 발주자와 계약자간의 협력관계를 강조했던 것은 아니다. 오랫동안 최저가 낙찰제 위주의 조달제도를 운용하다 보니 적대적인 관계가 지속되었고, 그 결과 클레임 증가, 공기 지연, 공사비 증가와 같은 빈약한 성과(poor performance)를 초래했다는 반성에서 협력관계 형성의 중요성을 강조하게 된 것이다.

우리나라에서도 발주자 우위의 계약관행이 문제라는 지적은 많았지만, 권력관계의 불균형이라는 점에서 불공평하다는 식의 심정적인 비난이 주류를 이루었다. 정부조달사업의 성과(performance) 측면에서 무슨 문제가 있는지에 대한 분석은 거의 없었고, 반성도 찾아보기 어렵다.

원래 발주자와 계약자간의 수직적인 상하관계는 발주자가 계약자보다 우월할 때 가능하다. 하지만 지금은 발주자인 정부가 기술력이나 전문성면에서 민간 건설업체보다 우월하다고 보기 어렵다. 이제는 우리도 정부와 건설업체가 동등한 파트너로서 사업의 목적달성을 위해 협력하는 관계를 형성해 나가야 한다. 이를 위해서는 전통적인 갑-을관계(甲-乙關係)에서 추진한 사업의 성과에 비해 협력관계(協力關係)에서 추진한 사업의 성과가 얼마나 좋은지를 시범사업(pilot program)을 통해 비교해 보았으면 한다.

투입규제(投入規制)에서 성과관리(成果管理)로

최고가치 조달을 지향하는 나라는 정부조달사업 추진과정에서 투입(inputs) 보다 산출(outputs) 내지 결과(outcomes)에 초점을 두고 있다. 하지만 우리나라에서는 아직도 정부조달사업의 투입과 절차에 대한 통제에 초점을 두고 있다. 예정가격제도, 입낙찰제도, 하도급제도, 건설기술관리제도의 대부분이 사실상 투입규제라고 해도 과언이 아니다. 투입요소에 대한 규제강화는 효율성의 저하를 초래할 수밖에 없다. 시공법은 표준품셈에서 사전에 결정해 두고, 공동도급이나 하도급을 통한 건설생산체계도 규제하고 있는 상황에서 시공자가 창의성을 발휘하기 어렵다.

조달사업 수행과정에서 감리 · 감독 강화를 통해 공사품질을 확보하고자 하거나, 부실시공에 대한 처벌 강화를 통해 공사품질을 확보하고자 하는 법령은 많다. 하지만 정작 조달사업의 성과에 대해서는 상대적으로 무관심하다. 성과평가도 형식적이지만, 성과평가 결과의 활용도 역시 없는 것이 다를 바 없다.

우리도 유럽 각국의 발주기관에서처럼, 발주자의 핵심적인 역할을 투입규제가 아니라 성과관리에 두자. 구체적인 시공방법의 선택은 시공자에게 맡기고, 품질관리도 제3자인 감리 · 감독 강화에 의존할 것이 아니라 생산자인 건설업체의 책임으로 돌리자. 이렇게 하고자 한다면 조달사업 관련 규제의 상당부분은 폐지 내지 대폭 완화되어야 할 것이다. 대신에 발주자는 시설물의 품질, 공사비, 공기 등에 대한 성과평가를 철저히 하고, 그 결과의 활용도를 높이는 방안을 강구할 필요가 있다.

평준화(平準化)에서 수월성(秀越性) 추구로

교육분야에서 오랫동안 첨예한 논쟁거리였지만, 정부조달제도에서도 평준화를 지향할 것인지, 아니면 수월성(excellence)을 지향할 것인지에 대한 기본원칙을 정립했으면 한다. 원칙적으로 입낙찰절차나 제도는 가장 우수한 입찰자를 가려내는 과정이다. 하지만 우리나라의 입낙찰제도는 최소한의 요건을 갖춘 자 중에서 누가 최저 가격으로 입찰했는지(최저가 낙찰제), 누가 운 좋게 낙찰하한율을 맞추었는지(적격심사제도)에 따라 낙찰자가 결정된다. PQ심사기준의 변별력은 시간이 흐를수록 약화되었고, 그 결과 시간이 흐를수록 입찰참가자 수는 늘어나고 있다. 갈수록 하향평준화되고 있는 셈이다.

미국이나 영국 등 유럽 각국의 입낙찰제도 운용사례를 보면, 최저가 낙찰제라도 입찰참가자 수는 평균적으로 3~5개사에 불과하다. 그 이유는 누가 낙찰되더라도 괜찮은 우수한 업체를 먼저 뽑아놓고, 그 다음에 최저 가격 입찰자를 낙찰자로 선택해 왔기 때문이다. 우리나라에서처럼 50개, 100개씩 PQ심사에서 통과시켜 놓고, 최저가격 입찰자를 낙찰자로 선정하는 사례는 찾아보기 어렵다.

그런데, 우수한 업체를 선별하기 위해 변별력을 강화하고자 하면, 반대하는 업체가 절대 다수다. 변별력을 강화하자는 주장은 대기업의 논리라는 비판부터 받게 된다. 경쟁력이 취약한 업체라도 경쟁력 있는 업체와 공존(共存)해야 한다는 생각이 만연해 있고, 이런 생각을 가진 업체가 다수이기 때문에 정치적으로도 큰 영향력을 발휘한다. 하지만 정부조달시스템이 하향평준화된 업체만 양산한다면, 조달사업의 성과가 빈약해질 뿐만 아니라, 건설산업 전반의 경쟁력 저하를 초래하게 된다. 우수한 건설업체가 정부조달시장에서 계속 성장할 수 있고, 경쟁력을 상실한 업체는 퇴출되도록 해야 한다.

일반화(一般化)에서 전문화(專門化)로

우리나라의 정부조달시스템에서는 전문화된 건설업체가 성장하거나 존재하기 어렵다. 도로공사를 하더라도 발주자가 만약 교량이나 터널만 모아서 발주한다면, 교량이나 터널 전문업체가 생길 수 있다. 하지만 우리나라에서는 일반적으로 교량이나 터널공사는 일반도로에 포함해서 공구별로 분할발주를 하는 것이 일반적이다. 이 경우, 만약 어떤 건설업체가 여러 개의 공구를 한꺼번에 수주했다고 치자. 아마도 언론이나 정치권에서는 특정 업체에 대한 특혜의혹을 제기할 것이다.

입찰자 평가기준만 해도 그렇다. 건설산업의 경쟁력 강화와 대-중소기업간의 바람직한 역할분담을 위해서는 중소기업일수록 전문분야별로 특화된 시공능력을 갖추도록 해야 한다. 하지만 현재의 입찰자 평가기준은 전문분야별 공사실적(예 : 터널, 교량, 항만 등)을 평가하기는 커녕, 등급제한 입찰제도에서처럼 등록업종(예; 토목공사업, 건축공사업, 조경공사업 등) 실적으로 평가하는 경우가 많다. 그래야 실적이 부족한 중소건설업체의 입찰참가기회가 늘어난다는 논리다.

이런 정부조달시스템에서는 전문화를 할 필요가 없다. 대기업이건 중소기업이건, 모든 공종과 모든 업종에 걸쳐 필요한 최소한의 실적을 골고루 갖추어 두는 것이 최상의 영업전략이다. 이런 구조다 보니 건설업체마다 독특한 전문분야를 찾아보기 어렵고,

모두가 비슷비슷한 사업구조를 형성하고 있다. 전문화되지 않고, 일반화된 건설업체간에는 인수합병(M&A)을 하더라도 시너지(synergy) 효과를 기대하기 어렵다. 따라서 우리나라 건설업계에는 여러 개의 계열사를 보유하고 있는 업체들이 많은 반면, 인수합병(M&A)을 통해 거대기업으로 키우는 사례는 찾아보기 어렵다.

건설산업의 경쟁력을 높이고자 한다면, 정부조달시스템이 전문화된 건설업체가 탄생할 수 있는 토대를 마련해 주어야 한다. 일반화된 건설업체들로서는 해외건설시장에서 경쟁력을 갖기 어렵다. 아울러 국내시장에서도 중소건설업체들의 전문화 촉진을 위한 발주제도와 입낙찰제도의 개선이 필요하다.

보호(保護) · 육성(育成)에서 경쟁(競爭)으로

정부조달은 경제적 효율성만 추구하는 민간조달과 다르다. 정부는 모범적인 발주자로서 경제적 효율성도 추구하지만, 사회복지나 약자 보호차원에서 지역기업, 중소기업, 여성기업 등에 대한 육성책도 추진해야 한다. 이 같은 원칙론적인 입장은 대체로 찬성하지 않을 수 없을 것이다. 하지만 보호 · 육성책은 사회적 약자기업이나 중소기업만을 대상으로 하는 것이 아니다. 때로는 대기업도 건설시장의 주요 참여자고, 건설산업정책의 대상이기 때문에 보호 · 육성정책의 대상이 되기도 한다.

그런데 어떻게 하는 것이 건설업체를 진정으로 보호하고, 육성하는 길인가? 이처럼 방법론에 관한 문제로 들어가게 되면 상황이 달라진다. 우리 정부조달시스템에서 전통적으로 사용해 온 보호 · 육성책은 낙찰하한률 설정 등을 통한 수익성(收益性) 확보와 수주물량(受注物量) 확보였다. 이 같은 보호육성책은 1988년까지 건설업 면허제도를 통해 시장진입을 통제하던 때까지만 해도, 건설업체들이 성장하는데 큰 기여를 했다고 본다. 하지만 건설업 면허개방으로 업체 수가 급증하면서부터는 상황이 달라졌다. 건설업 등록을 통해 시장진입만 하면 보호 · 육성을 받게 될 경우, 등록업체 수는 늘어나기 마련이다. 예컨대, 적격심사제도가 적용되는 300억원 미만의 정부공사는 낙찰하한율 보장으로 수주만 하면 수익성을 확보할 수 있고, 지역제한입찰제도, 지역의무공동도급제도, 유자격자명부에 의한 등급제한 입찰제도, PQ심사시 지역중소업체와 공동 도급시 가점 부여제도 등을 통한 수주기회가 열려 있다면, 그리고 입찰제도의 변별력 부족으로 입찰참가업체간 낙찰확률이 동등하다면, 건설시장 진입업체 수는 당연히 증가하게 된다. 그 결과 중소기업의 수주기회가 줄어들면서 보호 · 육성되지 못하는 역설적 상황(paradox)이 벌어지게 된다. 지금 우리가 당면한 문제가 바로 이 같은 "보호 · 육성 정책의 역설"이다[139].

대기업 중에서 세계적 건설업체가 여럿 탄생했고, 일반건설업체 수가 13,000여개에 달하는 지금은 공급자 수가 부족하다거나, 공급자의 규모나 자질이 부족하기 때문에 보호 · 육성해야 한다고 주장하는 것은 시대착오적이다. 중소기업을 비롯한 사회적 약자기업에 대한 우대 필요성은 있지만, 그 방법으로 정부규제를 동원한 수익성과 수주물량 확보가 적절한 지에 대해서는 심각한 검토가 요구된다.

이제는 공급자 보호가 아니라 소비자 시각에서 경쟁력 있는 업체를 선별할 수 있는 정부조달시스템을 구축하는데 주력해야 한다. 사회적 약자기업에 대한 우대정책에도 경쟁 개념이 반영되어야 한다. 그리고 경쟁은 가격이건 기술이건 간에 "실질적"인 경쟁 요소를 포함하고 있어야 한다. 입찰참가자 수만 많다고 해서 경쟁성이 높다고 말하기 어렵다. 이미 입찰참가자 수가 1,000개, 2,000개를 넘어서는 경우가 많은 소규모 적격심사 공사 사례를 생각해 보라. 입찰참가자 수는 놀랄 정도로 많지만, 낙찰자가 되기 위해서는 예정가격을 "운(運)좋게" 잘 맞추는 방법 밖에 없다. 이처럼 "요행에 의한 낙찰"이 이루어지는 입찰제도에서는 입찰참가자 수가 제 아무리 많아 봤자 실질적인 경쟁이 있는 것도 아니고, 건설업체의 경쟁력이 생길 수도 없다[140].

정부조달시스템에서 실질적인 경쟁이 이루어져야 무자격 부실건설업체의 시장진입이 억제되거나 시장퇴출이 가능해질 것이다. 공사품질 향상이나 공사비 절감, 공기 단축 등과 같은 성과 향상도 경쟁지향적 정부조달시스템이 정착되어야 기대할 수 있다.

139) 이 문제는 이미 이상호 · 한미파슨스(2003). 「한국 건설산업 대해부」. 보성각.에서 언급한 바 있다.

140) 김광희(2005)는 "운찰제"가 반(反)시장적 행태를 유발하고 있다는 비판을 가하고 있다. 수 백개의 업체가 입찰에 참가할 정도로 경쟁이 심하고, 입찰자를 제한하는 것도 아니기 때문에 경쟁성 측면에서 "운찰제"가 문제없다고 속단한다면, 그것은 착시현상이고 착각이라고 한다. "운찰제"에서는 경쟁의 실효성이 전혀 구현되지 못하고, 가격결정 메카니즘이 작동하지 못하기 때문에 자원배분의 효율성을 거둘 수가 없다는 것이다.

02 혁신의 대상 : 발주자인 정부의 조달시스템

1 건설업계가 아닌 발주자 혁신

이 책에서는 발주자인 정부를 혁신의 대상으로 정했다. 얼핏 생각하면, 정부조달 혁신의 대상은 당연히 정부지 왜 건설업계냐고 반문할지 모르겠다. 하지만 우리나라 정부 조달정책과 제도의 실제 내용을 보면, 건설업계에 대한 처벌과 규제강화를 통해 정책이나 제도의 목적을 달성하고자 하는 경향이 대단히 강하다. 예컨대, 건설산업의 현안으로 자주 논의되어 온 부실공사 방지와 경쟁력 강화 대책을 보자(건설제도개혁기획단, 1996). 발주자인 정부의 사업관리 인력이 적고, 전문성이 부족하며, 법 · 제도나 규제가 현실과 유리되어 있다는 등의 자기반성에 관한 언급은 별로 없다[141]. 그보다는 건설기술력이 취약하고, 기술 및 기능인력이 양적 · 질적으로 부족하며, 시공현장의 하도급이나 고용체계가 불합리하다는 등 건설업계의 문제점에 초점을 맞추기 일쑤다. 이처럼 원인진단이 건설업계의 문제점에서 출발하다 보니, 대책 역시 건설업계의 변화와 처벌 강화를 요구하는데 초점을 두는 경향이 강하다. 건설기술 및 기능인력 육성, 부실업체와

141) 국제관행에 부합되지 않는 법 · 제도와 발주자 우위의 계약관행이 오랫동안 지속되고 있다는 정도의 언급은 있다. 하지만 이 같은 문제를 해결하기 위한 본격적인 혁신작업은 거의 없었다고 본다. 발주자의 전문성과 자율성을 높이자는 주장도 있었지만, 구체적인 실천방안은 거의 없었다.

기술자에 대한 처벌강화, 감시 · 감독(=감리)기능 강화, 하도급 규제 강화 등이 단골메뉴다.

물론 우리 건설업계나 현장이 안고 있는 문제는 대단히 많다. 하지만, 영국의 정부 보고서에서는 이 같은 "건설업계의 부정적 행태는 발주자의 부정적 행태를 비춰주는 거울"이라고 반성하고 있다(김한수 · 한미파슨스, 2006). 우리나라에서는 공급자인 건설업계의 부정적인 행태와 관행이 발주자의 잘못에서 비롯되고 있다는 지적을 찾아보기 어렵다. 정치권이건, 언론이건, 시민단체건, 일반국민이건 간에, 건설산업이 안고 있는 문제는 발주자와 관계없이 "돈벌이에 급급한 건설업자"들의 이윤추구 과정에서 발생하는 것으로 치부하는 경향이 더 강하다. 이런 인식하에서는 발주자 혁신보다는 공급자인 건설업체의 혁신을 우선적으로 요구하기 마련이다.

국가 차원의 거창한 발주자 혁신사례는 아니지만, 국내 일간지에 소개된 서울시 영등포구의 혁신사례를 보자(매일경제신문 2007년 5월 16일자). 영등포구에서는 2005년부터 2006년 사이에 준공된 공사현장 중 신길동 구민체육관 천장 누수와 같은 부실 · 하자공사가 무려 180건이나 발생했다. 이 같은 부실공사를 퇴출하기 위해 영등포구에서는 모든 공사현장 정보를 전산화하여 투명하게 공개했다. 현장에는 360도 회전이 가능한 웹카메라를 설치하여 주민들이 울타리 안 공사모습을 실시간으로 볼 수 있게 했다. 주민들이 동영상을 보고 올린 의견은 공사관계자들이 바로 확인하게 된다. 현장관리 및 감독업무에는 민간인을 대거 포함시켰다. 인허가권자인 공무원과 건설업체간에 발생할 수 있는 비리를 사전에 예방하기 위해서였다. 영등포구에서 진행되는 공사의 규모는 3억원 내지 100억원 규모였고, 2007년 5월 현재 총 42건에 달한다고 한다. 공사규모가 작다보니 "운찰제"라고 부르는 적격심사제도가 적용되는 공사들이 대부분인 셈이다. "운찰제"의 속성상 능력있는 건설업체가 수주하기 보다는 "운좋은" 건설업체가 수주하게 된다. 요행히 수주업체가 기술력과 책임감을 갖춘 업체라면 다행이겠지만, 그렇지 않다면 공사품질을 확보하기 어렵다는 것은 두말할 필요도 없을 것이다. 이런 제도적 환경 속에서 영등포구는 민간인 중 토목 · 건축 전문가와 공무원으로 「공사품질관리위원회」를 구성하고, 현장을 수시로 방문해 부실여부를 평가하도록 했다. 부실로 인하여 벌점이 누적된 건설업체는 향후 공공공사 입찰참가가 어렵도록 하고, 우수업체에 대해서는 표창을 주도록 했다. 또한 지역주민들로 구성된 「구민 감사관제」를 도입하

표 4-1 부실공사 퇴출을 위한 서울시 영등포구의 혁신사례

문제점	• 구민 체육관 천장 누수 등 하자 180건 발생(2005~2006년)
	⬇
개선과정	• 공사과정 전산화 및 투명화 • 공사품질관리위원회 구성 – 재시공 및 부실벌점 결정 • 시공업체 평가관리제 도입 – 우수업체 표창 및 부실시 벌점 부과 • 구민 감사관제 도입 – 주 1회 이상 주민 현장 점검 실시 – 2006년 중 63개 현장방문, 650건 시정 • 기술자 실명제 – 불법 하도급 예방
	⬇
효과	• 부실공사 대폭 감소 – 2006년 1분기 23건 → 2007년 5월 현재 1건 • 공사관리비 연간 7억원 절감 – 인건비 1억원, 유지관리비 6억원 절감 • 관리감독 업무 일수 감축 – 기존 90일 → 72일

자료 : 매일경제신문(2007.5.16).

여 2006년 중 영등포구 내 63개 현장을 방문하도록 하였다. 현장방문 후 내린 시정조치만 650건이었다. 영등포구청의 이 같은 노력은 큰 성과를 거두었다. 2006년 1분기에 23건에 달했던 공사 부실 사례만 해도 2007년 5월 현재까지 단 1건 밖에 없었다. 현장별 관리감독 일수는 기존의 90일에서 72일로 18일 가량 단축되었고, 공사관리비는 연간 7억원 가량 절감될 것으로 보고 있다.

만약 서울시 영등포구에서 부실공사를 방지하기 위해 건설업체에 대한 처벌 규정만 강화했다면, 지금과 같은 성과는 기대하기 어려울 것이다. 발주자인 영등포구 스스로가 부실방지를 위한 여러 가지 시스템을 구축하여 실천에 옮겼기 때문에 부실사례가 급감한 것으로 보아야 한다. 이 같은 성과는 발주자가 변했기 때문에 가능했다고 할 수 있다.

기본적으로 건설산업은 수주산업(受注産業)이다. 수주산업에서 공급자는 수주를 위해 발주자의 요구조건을 따를 수밖에 없다. 발주자가 싼 가격에 공급해 줄 것을 요구한다면, 건설업체는 저가 입찰을 할 수 밖에 없다. 발주자가 공기 단축 방안을 요구한다면, 건설업체는 공기 단축 방안을 제시해야 한다. 발주자가 고품질의 시설물을 요구한다면, 건설업체는 고품질의 시설물을 공급할 수 있어야 한다. 이처럼 공급자인 건설업체는 수요자인 발주자의 요구에 반응하고, 적응해야 하는 존재다. 그렇기 때문에 수주산업에서 우선적인 혁신대상자는 공급자인 건설업체가 아니라 발주자인 정부가 되어야 한다.

사실 정부는 공급자인 건설업체에게 혁신을 요구할 필요도 없다. 발주자인 정부의 합법적이고 정당한 요구에 불응하는 건설업체는 언제든지 법적 · 제도적 제재를 가할 수 있다. 정부 정책이나 시장상황의 변화에 적응하지 못하는 민간 건설업체는 부도나 파산 등으로 언제든지 시장에서 퇴출될 가능성이 있다. 뿐만 아니라 민간 건설업체는 지속적인 혁신이 수반되지 않는다면, 생존과 성장이 불가능하다. 예컨대, 시공능력평가 제도를 도입한 1961년 이래 지금까지 계속 상위 10대 업체에 머무르고 있는 건설업체는 단 2개 밖에 없다. 수많은 건설업체들이 시장에서 퇴출되거나, 다른 기업에 인수합병(M&A)되었고, 대기업에서 중기업, 혹은 중기업에서 소기업으로 쪼그라 들었다. 반면에 발주자인 정부는 시장퇴출이 불가능하다. 의도적인 구조조정과 혁신을 통한 효율성 제고 노력이 없는 한, 정부는 지속적으로 비대화되면서 효율성을 상실하는 것이 일반적이다. 과거 우리나라에서도 IMF 외환위기와 김대중 정부의 출범을 계기로 한 때 공공부문 구조조정과 민영화가 추진된 적이 있다. 하지만 그것은 어디까지나 한 때의 해프닝에 불과했다. 최근 몇 년 동안은 특히 대한주택공사나 한국토지공사를 비롯한 정부 발주기관의 비대화가 이루어졌고[142], 민간부문의 주택공급 위축을 공공부문의 공급 확대를 통해 대처하겠다는 식의 시대착오적이고 반(反)시장적인 정책이 남발되고 있다. 우리나라 공공부문의 비대화는 재정적자를 누적시키고, 비효율성을 초래하는데서 끝나는 것이 아니다. 민간기업이 담당해야 할 역할까지 공공부문이 직접 담당하면서 민간시장을 축소시키고, 이에 따라 민간기업의 존립 기반이 줄어드는 문제까지 안고 있다. 그 결과 발생하게 될 "정부의 실패(government failure)"가 가시화되는 데는 그리 많은 세월을 요하지 않을 것이다.

제3장에서 보았듯이, 전세계적인 정부조달혁명의 흐름은 발주자인 정부를 대상으로 강도 높은 구조조정을 추진하고, 정부기능은 과감하게 민간부문에 위탁함으로써 효율성을 높이는 것이었다. "작지만 효율적인 정부"를 지향했던 것이다. 우리나라 정부조달 혁신의 대상도 공급자인 건설업체가 아니라 발주자인 정부여야 하고, "작지만 효율적

142) 대한주택공사의 부채는 2002년에 9조 7,663억원이었던 것이 2004년에는 17조 1,646억원, 2006년에는 28조 7,849억원에 달했고, 국민임대주택 건설계획 등이 예정대로 추진될 경우 2015년경에는 70조원으로 예상된다. 임직원 수는 2002년에 3,076명이었던 것이 2006년에는 4,246명으로 늘었다. 한국토지공사의 부채는 2003년에 10조 2,255억원이었던 것이 2006년에는 19조 2,500억원으로 늘었고, 임직원 수는 2002년에 1,820명이었던 것이 2006년에는 2,805명으로 늘었다(한국경제신문 2007년 2월 일자).

인 정부조달시스템"을 만들어야 한다.

❷ 법 · 제도를 포함한 시스템 혁신

해마다 몇 차례씩 정부조달 관련 법 · 제도는 "개선"이란 이름으로 "변경"이 이루어졌다. 그럼에도 불구하고 무엇이 좋아졌는가? 정부조달사업의 성과가 향상되었는가, 아니면 공급자인 건설업체의 불만이 줄어들었는가? 이렇게 질문해 보면, 그렇게 많은 법 · 제도 변경이 있었어도 별로 달라진 게 없다거나, 오히려 더 나빠졌다고 답할 사람이 많을 것이다.

실질적인 법 · 제도 개선의 효과를 누리기 위해서는 조달행정조직과 인력구조 같은 운영기반도 함께 바뀌어야 한다. 앞에서 소개했던 서울시 영등포구의 혁신사례만 해도 법 · 제도 개선에 그친 것이 아니라, 공사관리시스템 전반의 개선이 이루어진 사례다. 거듭 강조하고 싶은데, 조달시스템을 구성하고 있는 요소의 전반적인 혁신이 법 · 제도 개선과 함께 이루어져야 실질적인 성과를 기대할 수 있다.

그런데 일상적인 법 · 제도 개선이나 변경 작업은 수시로 가능하지만, 조달시스템 혁신은 언제나 가능한 것이 아니다. 미국이나 영국의 경험을 보더라도 레이건 대통령과 클린턴 대통령, 대처 수상과 토니 블레어 수상이 집권하면서 정부혁신 차원에서 조달시스템 혁신이 이루어졌고, 큰 성과를 거두었다. 우리나라에서도 법 · 제도를 포함한 정부조달시스템의 근본적인 혁신은 새로운 정부의 출범과 더불어 시작될 정부혁신 차원이 아니라면 기대하기 어렵다고 본다. 그런 시기는 대통령 임기가 끝나는 매 5년마다 오고 있지만, 정작 정부조달의 중요성에 대한 인식 자체가 없기 때문에 계속 혁신의 기회를 놓치고 있다. 그렇다고 해서 언제까지 이런 상황이 지속되리라고 보지 않는다. 급증하는 국가채무와 재정의 한계 때문에 연간 예산규모가 50조원대를 상회하는 정부시설공사 조달사업의 효율화가 국가적 관심사로 부상되는 시기가 곧 도래할 것이다. 최근 들어 급팽창한 공공부문의 비효율성이 본격적으로 노출될 때, 다시 말해서 "정부의 실패"가 가시화될 때에도 정부조달시스템 혁신이 쟁점으로 부각될 것이다. 이때를 대비해서 법 · 제도만이 아니라 조달행정조직과 인력 등 총체적인 조달시스템 전반의 혁신을 유도하기 위한 작업을 준비할 필요가 있다.

이 책에서는 정부조달시스템 혁신을 위한 10대 과제를 제시해 보았다. 각 과제는 오랫동안 논의되어 온 것도 있고, 아닌 것도 있다. 이 책에서는 각 과제별로 단기적인 개선방안을 제시하기 보다는, 제3장에서 본 전세계적인 정부조달혁명의 추세에 부합되고, 시장경제 원칙에 적합한 중장기적인 개선방안을 제시하고자 한다.

03 조달시스템 혁신을 위한 10대 과제

1 조달정책의 목표 정립 및 수단과의 연계성 확보

우리나라 국가계약법의 목적은 "계약사무의 원활한 수행을 도모"하는데 있다고 선언하고 있다. 반면에 미국이나 영국에서는 「최고가치(best value)」 혹은 「투자가치(value for money)」 획득을 조달정책의 목적으로 삼고 있다. 정부가 원하는 것이 공사비 절감일 수도 있고, 공기 단축일 수도 있고, 품질확보일 수도 있기 때문에 「가치(value)」라는 단어를 통해 조달정책의 목표를 포괄적으로 표현하고 있는 것으로 보인다.

중요한 것은 조달정책의 목표를 듣기 좋은 단어로 치장하는 것이 아니다. 잘 설정된 목표를 효과적으로 달성할 수 있는 수단을 확립하는 일이 실질적으로 중요한 과제다. 미국의 대통령 직속기관인 관리예산처(OMB)의 「자본투자지침(Capital Programming Guide)」이나 영국의 중앙조달 정책기관인 정부상무청(OGC)의 「관문 점검 절차(Gateway Review Process)」가 바로 조달정책의 목표 달성을 위해 기획단계부터 유지관리 및 폐기단계에 이르는 통합적인 절차와 수단을 제공하고 있는 대표적인 사례로 볼 수 있다[143]. 개별 발주기관에서도 기관의 조달정책 목표와 목표달성을 위한 종합적

143) 미국 관리예산처의 「자본투자지침」이나 영국 정부상무청의 「관문 점검 절차」에 관한 상세한 논의는 이상호 · 한미파슨스(2006). 「코리안 스탠다드에서 글로벌 스탠다드로」. 보문당.에서 상세하게 설명하고 있다.

인 수단을 연계시켜야 한다.

우리나라에도 미국 관리예산처의 「자본투자지침」이나 영국 정부상무청의 「관문 점검 절차」와 비슷한 것이 전혀 없는 것은 아니다. 기획예산처의 「총사업비 관리지침」이나 「건설기술관리법」에서 전반적인 정부시설공사 조달절차와 준수해야 할 사항을 제시하고 있다. 하지만 「총사업비 관리지침」은 정부대형사업의 총사업비 증가를 억제하는데 목적을 둔 지침이다. 「건설기술관리법」은 "건설공사를 경제적 · 능률적으로 시행하기 위하여" "건설공사 시행과정"이 "상호 유기적으로 이루어지도록" 하기 위한 절차를 규정하고 있다. 이처럼 형식적으로 경제성과 능률성이란 목표를 내세우고 있긴 하지만, 미국이나 영국 사례처럼 「최고가치」 내지 「투자가치」라는 목표달성을 위한 구체적인 수단으로 보기 어렵다. 법조문의 내용도 건설공사 시행절차에 대한 단순한 기술에 그치거나, 이름 그대로 민간의 건설기술을 "관리"하는데 초점을 두고 있다.

정부조달시스템을 혁신하고자 한다면, 그 목표부터 먼저 정립해야 한다. 목표는 "계약사무의 원활한 이행을 도모"하는 것이 아니라 「최고가치」 내지 「투자가치」의 획득에 두어야 한다. 이 같은 목표달성을 위해 미국의 「자본투자지침」이나 영국의 「관문 점검 절차」에 필적할 만한 통합적인 절차와 규정을 만들고, 목표와 수단과의 연계성을 확립해야 할 것이다.

2 조달행정조직과 기능의 재편

전세계적인 정부조달혁명의 흐름은 집행기능이 분권화되는 반면, 정책기능은 집중화되는 추세였다. 영국이나 이탈리아의 경우는 새롭게 중앙조달 정책기관을 설립하기도 했다[144]. 미국의 연방조달청(GSA), 싱가포르의 공공사업청(BCA), 호주의 조달 및 건설위원회(APCC) 등과 같은 중앙조달 정책기관들도 예외없이 정부조달시스템의 혁신을 주도해 왔다[145].

우리나라에는 사실상 "조달정책기관"이라고 부를만한 기관이 없다. 중앙조달기관인 조달청이 있긴 하지만, 재정경제부 산하기관으로 법률제정권이 없다. 시설공사 조달업

144) 영국의 정부상무청(OGC)은 2001년에 설립되었고, 이탈리아의 공공사업청(PWA)은 1999년에 설립되었다.
145) 이와 관련한 내용은 이상호 외(2004). 「공공건설공사 발주기능 및 계약제도 Best Practice 사례조사」. 조달청. 에서 상세하게 설명하고 있다.

무를 대행해 주면서 소관 업무의 수행과 관련한 세부적인 행정사항만 운용하고 있다. 재정경제부 국고국 회계제도과는 구성인력의 수나 전문성을 보더라도 중앙조달 정책기관이라 할 수 없고, 국가계약법령을 맡고 있는 일개 과(課) 단위 조직에 불과하다. 이처럼 조달정책기관이라고 부를 만한 기관이 없는 나라에서 정부조달시스템 혁신이 국가적 과제로 등장하지 못한 것은 당연한 결과일 것이다.

정부조달시스템 혁신을 위해서는 정부 내부에서 혁신을 이끌고 나갈 주체가 필요하다. 그렇다고 새로운 조달정책기관을 만들기는 어렵다. 재정경제부 국고국 회계제도과에서 떠맡기에는 너무나 중대하고, 광범위한 업무다. 바람직한 방향은 조달청을 지금과 같은 조달사업 집행기관이 아니라, 영국의 정부상무청(OGC) 같은 기관을 벤치마킹하여 정책기관으로 그 성격을 바꾸는 것이라고 본다. 이를 위해서는 중장기적인 관점에서 조달청의 기능과 역할을 바꾸어 나가야 한다. 예컨대, 지자체 발주공사와 마찬가지로, 국가기관 발주공사도 자체조달을 단계적으로 허용함으로써 조달사업의 집행기능을 분권화하기 위한 로드맵을 조달사업법에서 제시하도록 하자. 조달청은 정책기능을 강화하기 위해 전문인력을 확보해야 하고, 변화되는 기능에 따라 직원의 재교육 프로그램을 운영해야 할 것이다. 외국 중앙조달기관의 조직과 기능을 볼 때, 정책기관으로서의 조달청은 시설공사 조달업무와 관련하여 다음과 같은 기능을 강화하거나 새로 수행할 필요가 있다. 이런 업무를 수행하고자 한다면, 현재의 조달청 조직과 인력구조는 대폭적인 쇄신이 불가피하다.

- 공사발주 및 입찰계약제도의 모범사례(best practices) 발굴 및 보급
- 수요기관의 시설공사 조달기능에 대한 성과측정 및 평가
- 전자조달제도의 유지관리 및 발전
- 정부공사 원가계산 및 검증기능 강화
- 정부보유 자산의 관리
- 시설공사 조달사업 관련 컨설팅 서비스
- 정부공사 발주 및 계약전문인력 양성
- DDA/FTA 등 대외협상시 국내 조달기관 대표
- 시설공사 조달 관련 분쟁조정
- 시범사업(Pilot Program)의 시행과 평가

3 조달전문인력 양성과 민간위탁 활성화

조달정책기능을 집중화하고 집행기능을 수요기관에 이관한다고 할 때, 정책기관이나 수요기관이나 둘 다 당면하게 될 문제가 전문인력의 부족이다. 정부 내에 조달정책업무를 수행할 만한 지식과 경험을 갖춘 전문인력도 찾아보기 어렵고, 수요기관에서 집행업무를 수행할 전문인력도 불충분하다는 뜻이다. 그렇다고 해서 민간부문에도 정부조달업무를 위탁할 만한 기관이나 전문성을 갖춘 인력이 충분히 있는 것은 아니다. 설계, 시공, 감리 등과 같이 건설사업의 직접적인 수행과 관리업무를 담당할 수 있는 기술인력은 상당하지만, 조달행정 내지 계약행정분야의 전문인력은 너무도 부족하다. 정부조달업무가 "전문인력(professional)"의 업무영역이란 생각 자체가 없었던 나라다 보니, 조달전문인력의 부족은 당연한 결과이기도 하다.

조달전문인력의 부족문제를 해결하기 위한 방안은 3가지로 생각해 볼 수 있다.

첫째, 지금부터라도 조달청에서는 정책기능을 담당할 수 있는 전문인력을 유치하여 양성하고, 수요기관에서는 자체 조달권한의 확대에 따라 조달업무를 수행할 수 있는 핵심인력을 양성해야 한다. 이를 위해서는 교육프로그램부터 혁신해야 한다. 기존의 "국가계약법령 강습회" 수준을 넘어서야 한다는 뜻이다. 미국이나 영국의 중앙조달 정책기관이나 혁신적인 발주기관에서 조달전문인력 양성을 위해 어떤 교육프로그램을 만들어 운영하고 있는지부터 벤치마킹하자. 외국의 혁신적인 발주기관과 양해각서(MOU) 등을 체결하여 조달공무원의 상호파견과 위탁교육 등을 통한 인적 교류도 활성화시키자.

둘째, 자체 전문인력이 불충분하다는 사실을 인정한다면, 정부조달업무의 모든 부문에서 민간위탁이 활성화되어야 한다. 제3장에서 보았듯이, 미국이나 유럽의 경우는 강도 높은 공공부문 구조조정으로 인하여 정부조달업무의 상당부분이 민간위탁을 통해 수행되고 있다. 우리도 "건설사업관리(CM for Fee)"라는 이름으로 발주자의 건설사업관리 업무를 민간에 위탁하는 것이 가능하다. 정부의 조달전문인력 확보와 공무원 수의 증원이 어렵고 비효율적이라면, 대안은 당연히 정부조달업무의 민간위탁 활성화가 되어야 한다.

셋째, 민간부문의 조달전문가를 아예 정부공무원으로 채용하는 방안도 생각해 볼 수 있다. 조달전문가를 이른바 "개방직"에 임용하자는 것이다. 이런 방안도 발주기관의 전문인력 부족을 타개할 수 있는 방안이다. 하지만 지금까지의 "개방직" 임용성과를 볼 때, 민간전문인력이 정부공무원으로서 제대로 정착하여 성과를 내기는 어려울것 같다. 또한 민간전문인력을 정부에서 유인할 만한 인센티브를 주기도 어렵다. 충만한 "애국심"만으로 정부에 들어가서 봉사하고자 하는 민간전문인력도 별로 없을 것이다.

우리나라에서 정부조달시스템을 혁신하기 위한 과제 가운데 가장 어려운 것이 조달전문인력 양성과 민간위탁 활성화라고 본다. 여기에 비해 본다면 법 · 제도 개선이나 조달행정조직의 재편은 그다지 어렵지 않다는 생각이다. 특히 조달전문인력의 양성이 어려운 이유는 교육훈련 대상자가 부족한 것이 아니라 교육훈련을 할 수 있는 전문인력이 없다는 데에도 있다. 말하자면 공부할 학생이 적은 게 문제가 아니라, 가르칠 선생님이 없다는 의미다[146]. 전국 각 대학마다 「행정학과」가 있긴 하지만, 정부조달을 가르치는 대학은 거의 없다[147]. 「정부조달학과」가 있는 대학도 찾아보기 어렵다[148]. 해마다 국내총생산(GDP)의 10% 내외를 차지하는 것이 정부조달시장이고, 연간 50조원 규모의 공공건설예산이 정부조달시스템을 통해 집행되고 있지만, 이 영역은 실무자의 영역이고, "주사(主事)행정"의 영역으로 치부될 뿐 학문적인 연구영역으로 인정받지 못했던 것이 우리나라의 현실이다.

이런 현실이다 보니 민간부문이라고 해도 정부조달업무를 안심하고 위탁할 수 있을 만큼 법 · 제도나 조달행정 절차를 잘 알고 있는 전문가를 찾기 어렵다. 민간전문가의 전문성도 문제지만, 설계 · 시공 일괄 및 대안입찰공사의 설계심의과정에서 흔히 제기되는 도덕성 문제도 심각하다. 민간위탁의 활성화도 민간전문가의 전문성과 도덕성이 확립되지 않는 한, 큰 기대를 하기 어렵다.

조달전문인력의 양성은 정부에서 적극적인 자세를 보여야 한다. 정부 스스로가 조달시스템 혁신의 필요성을 절감하고, 이를 수행할 수 있는 전문인력 양성 프로그램을 운영해야 한다. 순환보직제와 같은 일반행정가(generalist) 양성 중심의 인사제도는 조달전문인력에 대해서는 어느 정도 예외를 인정해야 할 것이다. 아울러 정부조달업무의

146) 조달청 등에서 운용하고 있는 조달전문교육과정도 꽤 있지만, 교육과정의 상당부분이 "국가계약법령 강습회" 수준이고, 강사진도 국가계약법령이나 지방계약법령을 강의할 수 있는 실무자 중심으로 구성되어 있다. 여기서 말하는 "선생님이 없다"는 뜻은 "국가계약법령 강습회"를 수행할 수 있는 사람이 없다는 것이 아니라, 정부조달에 대한 이론과 실무를 겸비한 전문인력을 찾아보기 어렵다는 뜻이다.

147) 행정학에서 정부조달은 「재무행정」의 한 분야로 아주 조금 다루고 있긴 하지만, 국가계약법령의 개요 소개 수준에 불과한 경우가 대부분이다. 그 이유는 대학교수 중에서도 정부조달 분야의 전공자나 실무경험자가 거의 없기 때문일 것이다.

148) 한국구매조달학회(2001년 설립)나 한국조달연구원(2006년 설립)이 최근에 만들어지기도 했지만, 신설학회이자 신설연구기관이다 보니 전문인력의 수나 전문성도 취약하고, 그다지 활발하게 활동한다고 보기도 어렵다.

민간위탁도 일괄 및 대안입찰공사의 설계심의처럼 책임회피 차원에서 할 일이 아니다. 정부조달사업의 성과를 높이기 위해 공무원이 잘 할 수 있고, 꼭 해야만 하는 영역은 공무원이 담당하고, 민간위탁을 하는 것이 더 효율적이라면 민간위탁을 활성화해야 할 것이다.

4 법 · 제도의 글로벌 스탠다드 수용과 규제개혁

정부조달 관련 법 · 제도의 글로벌 스탠다드 수용은 1995년 국가계약법 제정을 계기로 시작되었다고 볼 수 있다. 정부조달협정(GPA)이라는 국제규범을 수용하기 위해 국가계약법 제정이 이루어졌기 때문이다. 하지만 우리나라의 국가계약법령이 과연 글로벌 스탠다드에 부합된다고 볼 수 있겠는가? 이 책의 제2장과 제3장을 비교해서 읽어 본다면, 너무나 현격한 차이가 있다는 사실을 알게 될 것이다. 제도의 이름은 동일한 것들이 많다. 하지만 실질적인 법 · 제도의 내용이나 운영실태는 글로벌 스탠다드와 무관한 코리안 스탠다드가 대부분이다(이상호 · 한미파슨스, 2006).

정부조달협상과정에서 외국의 요구에 마지못해 수동적으로 글로벌 스탠다드를 수용할 일이 아니다. 적극적으로 정부조달제도의 선진화를 위해 국가계약법령 전체를 뜯어 고치고자 하는 노력이 지속되어야 한다. 이를 위해서는 글로벌 스탠다드가 무엇인지부터 알아야 한다. 세계 최강의 선진국이라고 하는 미국에서도 연방교통부(U.S. DOT)는 수시로 산 · 학 · 연 · 관의 전문가들로 팀을 만들어 유럽 각국의 조달기관을 방문하고, 그 결과를 토대로 자국의 조달시스템 혁신을 위한 권고안을 제시하고 있다(hppt://www.dot.gov). 일본만 해도 미국과 유럽의 정부조달제도를 정기적으로 조사해서 소개하고 있으며(http://www.rice.re.jp), 심지어 2004년 4월에 공표된 「신유럽연합지침(New EU Directives)」에 도입된 새로운 조달방식인 「경쟁적 대화절차(competitive dialogue procedure)」[149]를 국토교통성에서 시범사업(pilot project)으로 추진하고 있다(Suzuki, 2004). 이 같은 일본 사례를 소개하면서 우리도 경쟁적 대

149) 특별히 복잡한 공사에 적용되는 경쟁적 대화절차는 발주자가 초청한 후보자들과의 대화를 통해 그들의 요구를 최대한 수용하는 최적의 안을 찾고, 결정된 안을 토대로 입찰을 받는 절차를 말한다. 2004년에 공표된 「신유럽연합지침」에 처음 등장한 제도이지만, 영국 고속도로청의 조기 계약자 관여 방식(ECI)과 유사한 것으로 보이며, 프랑스나 독일에서도 이 방식이 활용되고 있다. 구체적인 내용은 이상호 외(2005). 「최근 외국의 입낙찰제도 운용현황 및 우리나라 입낙찰제도 개선방안 연구」. 재정경제부.에서 언급하고 있다.

150) 그 이유는 한마디로 "우리 현실"에 부적합하다는 것인데, "우리 현실"의 내용은 결국 발주기관과 건설업체의 전문성과 도덕성 문제로 귀착된다.

화절차를 시범사업에 적용해 보자고 하면, 모두가 다 반대다[150]. 전세계적인 정부조달 제도의 동향을 주기적으로 파악하여, 우리 조달제도의 개선을 위한 권고안을 제시하는 기관도 없다. 정부도 말로만 글로벌 스탠다드 수용을 떠들 것이 아니라, 조달제도의 글로벌 스탠다드가 무엇인지를 좀더 체계적으로 파악하기 위한 노력부터 먼저 기울여야 한다.

정부조달 관련 법 · 제도의 내용 중 상당부분은 민간건설업체에 대한 규제사항이다. 1998년 한 해 동안 우리나라는 규제개혁위원회에 등록된 규제건수의 50%를 폐지했다. 이것만 해도 혁신적인 규제개혁 성과라고 평가할 수 있다. 그런데, 더 혁신적인 사례가 있다. 바로 전자, 조선, 철강과 같은 한국의 대표산업에 대한 규제개혁 사례다. 원래 이들 산업에도 처음부터 시장원리가 적용되었던 것은 아니다. 정부의 강력한 지원과 규제정책이 있었다. 하지만 1970년대 중화학공업 육성정책의 근간을 이루었던 7개 개별산업(기계, 전자, 섬유, 조선, 석유화학, 철강, 비철금속 등) 지원법을 1986년에 「공업발전법」으로 일원화 하면서 140여개에 덜허돈 규제조항을 10분의 1인 14개로 줄인 사례도 있다.

건설산업이나 정부조달 관련 규제도 이 같은 방식으로 개혁하면 어떨까? 아마도 많은 사람들이 건설산업이나 정부조달사업은 전자나 조선산업과 다르다고 주장하면서 반대할 것으로 보인다. 물론 다른 점도 있다. 하지만 품질이나 안전 확보를 위한 최소한의 필수불가결한 사회적 규제를 제외하고, 경제적 규제의 대부분은 다를 게 없다고 본다. 게다가 미국이나 영국의 경우, 경제적 규제가 별로 없어도 건설산업의 국제경쟁력이 높고, 정부조달사업을 추진하는데 큰 문제도 없다.

우리도 규제개혁의 단계별 로드맵을 정해 보자. 김대중 정부 첫해에 규제개혁위원회 등록 규제건수의 50%를 폐지했듯이, 건설산업이나 정부조달과 관련된 경제적 규제도 향후 5년 내에 10분의 1로 줄이자는 로드맵을 만들어 보자. 이런 정도의 목표를 설정해야 혁신적인 규제개혁이라고 할 수 있을 것이다. 물론 이 같은 목표는 허황된 것처럼 들릴지 모른다. 하지만 이미 전자 · 조선 · 철강에서와 같은 성공사례가 있지 않은가? 건설산업이나 정부조달시장에서만 성공할 수 없다고 누가 장담할 것인가? 중요한 것은 혁신을 하고자 하는 마음가짐이다.

5 정부와 조달사업 참여자간의 협력관계 조성

미국이나 유럽에서는 정부와 조달사업 참여자들간에 협력관계를 조성하는 것이 「최고가치」를 획득하는데 필요한 방법이라고 본다. 그래서 조달사업 참여자간에 적대적 관계를 초래할 수밖에 없는 최저가 낙찰방식을 폐기하거나 축소시키고 있다. 대신에 설계 · 시공 일괄입찰, 파트너링, 프라임계약, 경쟁적 대화절차, 조기 계약자 관여방식 등과 같은 새로운 공사발주 및 입찰계약제도의 활용도가 높아지는 추세다.

우리나라에서도 발주자인 정부와 조달사업 참여자간의 관계는 적대적이다. 설계자와 시공자간의 관계도 적대적이고, 협력적이어야 할 원도급자와 하도급자간의 관계도 적대적인 경우가 많다. 건설생산체계의 선진화와 「최고가치」 획득을 위해서는 우리도 적대적 관계를 탈피하고, 협력관계를 구축해야 한다. 그 방안은 크게 2가지가 될 것이다. 하나는 발주 및 입찰계약제도의 개선이다. 이와 관련해서는 제3장에서 설명한 미국과 유럽의 새로운 발주 및 입찰계약방식의 도입을 적극 검토해 볼 필요가 있다. 아울러 지금과 같은 최저가 낙찰제 확대정책도 재검토해야 한다.

미국이나 유럽과 달리, 우리나라에서 발주자인 정부와 조달사업 참여자간의 협력관계를 형성하기 위해서는 넘어야 할 또 다른 산이 있다. 건설업 면허에 기반한 칸막이식 건설업역 규제다. 예컨대, 건축설계업과 시공업은 겸업이 현실적으로 어렵고, 건축설계업계의 업역보호를 위한 다툼이 치열하다 보니 서로간에 적대적 관계가 설정되어 있다. 시공부문에서도 일반건설업과 전문건설업간의 겸업은 원칙적으로 허용되지 않는다[151]. 일반건설업체와 전문건설업체간에도 각자의 업역보호 및 하도급 규제를 둘러싼 적대적 관계가 오랫동안 지속되고 있다. 전기공사업이나 정보통신공사업과 같은 시공업종은 「건설산업기본법」의 적용도 받지 않고, 토목 · 건축공사와 분리발주가 의무화되어 있다. 전기나 정보통신공사 분리발주 의무제도 개선문제도 국무조정실 규제개혁기획단의 규제개혁 과제로 선정되었지만(2005.11), 건축설계업과 시공업의 겸업문제와 마찬가지로 아직까지 논란만 계속될 뿐 해결의 실마리조차 찾지 못하고 있다. 이처럼 우리나라의 정부조달사업 참여주체들은 통합되어 있는 것이 아니라 건설업 면허제도와 배타적인 업역규제로 인하여 파편화(fragmented)되고, 적대적인 관계를 형성하고 있다. 그

151) 2007년 4월에 드디어 일반건설업과 전문건설업간 겸업제한 폐지를 골자로 하는 「건설산업기본법」 개정안이 국회를 통과했다. 하지만 기존의 업역 자체가 없어지는 것이 아니고, 겸업제한이 폐지되는 것이기 때문에 업역문제는 여전할 것으로 보인다.

런데도 이 같은 상황을 문제로 인정하지 않고, 문제라고 제기하면 이해관계 집단마다 사업영역 보호를 명분으로 극렬하게 기존 규제의 유지를 옹호해 왔다.

정부와 조달사업 참여자간의 협력관계를 형성하기 위해서는 발주 및 입찰계약제도와 건설업역 규제의 개선이 함께 이루어져야 한다. 건설업역 규제가 개선되지 않는 한 조달사업 참여자간 협력관계 형성이 어렵고, 규제개혁을 하자니 단기적인 혼란에 대한 우려와 이해관계 집단의 극렬한 저항에 부딪쳐 한걸음도 진전하지 못하고 있다. 이제는 이 문제에 대해서도 정부가 원칙을 설정하여 중장기적인 관점에서 방향성을 제시해야 한다. 기본적으로 건설업역간 겸업제한과 같은 규제는 불필요한 경제적 규제다. 특정 시장에 진출할 것인지 말 것인지, 특정 업종을 겸업할 것인지 말 것인지는 회사의 경영진이 결정할 사항이지 법으로 막아 놓아야 할 사항이 아니다. 이런 후진적인 건설업역간 규제가 존재하는 한 조달사업 참여자간의 적대적 관계 해소도 이루어지기 어렵다. 아울러 미국이나 유럽에서와 같은 다양한 공사발주나 입찰계약방식은 칸막이식 건설업역 규제가 존속되는 한 도입하기 어렵다.

미국이나 유럽은 통합팀(integrated team)을 구성해서 어떻게 하면 「최고가치」를 획득할 수 있을지를 고민하고 있는데, 우리나라는 어떻게 하면 칸막이식 건설업역 구조를 유지해서 업역을 보호할 것인가를 고민하는 이익집단이 많다. 이제는 우리도 공급자 시각에서 업역규제를 논의할 것이 아니라 소비자 시각에서, 발주자 시각에서 「최고가치」 획득을 위한 업역규제 개혁과 협력관계 형성이 필요하다.

6 발주제도의 정상화와 선진화

우리나라 국가계약법에는 발주제도와 입찰제도, 낙찰제도, 계약제도의 구분이 명확하지 않다. 국가계약법 시행령 제6장(대형공사 계약)에서 말하는 “대안입찰 또는 일괄입찰에 의한 계약”은 일반적으로 발주방식 내지 발주제도(Project Delivery Method)라고 부르고 있다. 향후 국가계약법령을 전면 개정할 때에는 발주제도, 입찰제도, 낙찰제도, 계약제도의 구분을 좀 더 명확하게 했으면 한다.

우리나라의 설계 · 시공 일괄발주제도(Design Build : DB)는 정상화와 선진화가 필요하고, 발주제도 다양화 차원에서는 건설사업관리제도(CM at Risk)의 도입이 필요하다. 그리고 국가계약법령에서 일괄입찰과 거의 동일시 하고 있는 대안입찰제도를 계속 유지해야 할 필요성이 있는지도 검토해 보아야 한다.

현재 가장 문제시되고 있는 설계 · 시공 일괄발주제도를 보자. 우리나라에서 흔히 "턴키(Turn-key)"[152]라고 부르는 일괄발주제도를 지칭하는 용어는 일반적으로 "디자인빌드(Design Build)"라고 부르고 있다. 그 목적은 외국에서는 공기 단축이지만, 우리나라에서는 "고난도 · 고기술이 요구되는 신규 복합공종 공사 중 민간이 보유한 기술력과 창의력의 활용이 필요한 공사"에 적용된다. 설계평가점수, 입찰가격평가점수, 공사수행능력점수를 합산하여 최고득점자를 낙찰자로 선정하는 현행 적격심사방식은[153] 미국에서 활용되는 최고가치 낙찰방식(Best Value Selection)의 여러 가지 유형 중 "가중치 부여방식(Weighted Criteria)"에 해당한다고 볼 수 있다. 하지만 우리나라의 일괄입찰에서는 외국에서와 달리 설계평가점수가 사실상 낙찰을 좌우하는 결정적 변수라는 점이 특징이다. 또한 우리나라와 달리 미국 연방교통부의 도로공사에서는 일괄발주공사에 대해서도 최저가 낙찰제가 적용되는 비중이 약 54%에 달하였고[154], 최고가치 낙찰방식은 42% 수준이었다[155]. 우리나라에서는 설계심의과정의 공정성과 투명성 확보, 대기업 위주의 수주편중 시정과 같은 과제가 핵심적인 논란거리지만, 외국에서는 성과평가(performance evaluation)를 통해 일괄발주의 장점을 홍보하고, 활성화하는 방향으로 가고 있다.

이처럼 일괄발주제도의 목적이나 구체적인 입낙찰절차 및 방법, 제도개선의 쟁점과 활성화 여부에 대한 논란의 핵심적 내용은 외국과 우리나라간에 큰 차이가 있다. 만약 우리나라에서 일괄발주제도를 활성화해야 하는 이유가 전세계적으로 일괄발주제도가 늘어나는 추세여서 국내 건설업체의 국제경쟁력을 높이자는데 있다고 한다면, 전세계적으로 널리 활용되는 일괄발주제도의 글로벌 스탠다드를 수용해야 할 것이다. 그것이

---

152) 턴키는 설계 · 시공 일괄발주보다 훨씬 더 넓은 범위에서 기획, 타당성조사, 설계, 시공 및 시운전을 거친 뒤 발주자에게 열쇠(Key)를 넘겨주고, 발주자가 열쇠를 돌리기만 하면 가동할 수 있도록 해주는 일괄발주방식을 말한다. 따라서 디자인빌드와 턴키는 개념상의 차이가 존재하는 데도 우리나라에서는 턴키라는 용어가 "무분별하게" 활용되어 왔다고 할 수 있다.

153) 2006년 5월 이후 500억원 미만의 일괄 및 대안입찰공사는 PQ심사를 거친 후 설계평가점수와 입찰가격평가점수를 합산하여 최고득점자를 낙찰자로 선정하고 있다.

154) 최근 우리나라에서도 최고가치 낙찰제도(Best Value Selection)의 도입 논의가 이루어지고 있는 가운데, 최고가치 낙찰제도와 일괄발주제도의 차이가 없지 않느냐는 질문을 던지는 사람이 많다. 이 같은 질문은 발주제도와 낙찰제도의 혼동에서 기인한 것이다. 최고가치 낙찰제도는 물론이고, 최저가 낙찰제도 역시 설계/시공 분리발주방식과 일괄방식 양쪽에 모두 다 적용될 수 있다. 다만, 우리나라의 일괄입찰제도는 평가항목별 점수합산방식으로 획일화시켜 놓고, 300억원 이상 설계/시공 분리발주공사에는 모두 최저가 낙찰제를 적용하다 보니 이 같은 개념상의 혼동을 초래한 것으로 보인다.

155) 이와 관련한 상세한 내용은 U.S. DOT Federal Highway Administration(January 2006). *Design-Build Effectiveness Study*(http://www.fhwa.dot.gov).에 나와 있다.

바로 일괄발주제도를 정상화하는 길이고, 선진화하는 길이다. 이 같은 관점에서 일괄발주제도의 입낙찰절차와 방법, 설계심의제도 등을 정비해야 한다.

대안입찰제도를 일괄입찰제도와 동일시하는 것도 문제다. 설계대안이건, 시공법의 대안이건 간에, 대안(alternative)의 제출은 설계/시공 분리발주에서도 인정할 수 있다. 우리나라처럼 대안입찰공사를 별도로 선정하고, 일괄발주와 거의 동일한 입낙찰절차를 거치면서, 추정가격의 75% 미만에서는 낙찰이 될 수 없게 하는 입찰가격평가제도를 운영하고 있는 나라는 어디에도 없다. 차라리 현행 대안입찰제도는 폐지하고, 최저가 낙찰제를 비롯한 설계/시공 분리발주공사에 대해 기술제안(technical proposal) 형태로 대안의 제시를 허용하는 것이 건설산업의 기술력 제고를 위해 바람직하다.

건설사업관리(CM at Risk) 방식의 발주제도는 아직 우리나라에 제도로서 도입되어 있지는 않다. 미국에서도 주정부 건축공사나 학교시설공사에 이 방식의 활용도가 높아지고 있지만, 연방정부에서는 아직도 제도화되어 있지 않다. 건설산업의 선진화나 발주제도의 다양성을 높이기 위해, 발주자의 부족한 건설사업관리능력을 보완하기 위한 차원에서 이 방안의 제도화 필요성은 있다고 본다. 전면적인 제도화에 앞서 시범사업(pilot project)을 먼저 수행해 보고, 다른 발주제도와의 성과평가를 통한 장단점 비교를 거치는 과정도 필수적으로 수반되어야 할 것이다[156].

7 경쟁적이고 다양한 입낙찰제도의 도입과 운용

말썽 많고 탈도 많은 우리나라 입낙찰제도의 특징은 실질적인 경쟁이 없고, 획일화되어 있다는 문제가 있다. 따라서 입낙찰제도의 선진화를 위해서는 "경쟁"이 가능하도록 해야 하고, "다양성"을 확보해야 한다.

입낙찰제도에서 경쟁요소는 가격일 수도 있고, 기술일 수도 있으며, 가격과 기술을 포함한 복합적인 요소의 경쟁일 수도 있다. 어떤 경쟁요소를 선택할 것인가는 기본적으로 발주자가 공사특성(project specific)이나 발주기관의 예산 및 사업관리역량 등과 같은 현실적 여건을 감안하여 결정하도록 해야 한다. 따라서 공공공사에 최저가 낙찰제를 몽땅 적용하자든가, 최저가 낙찰제는 문제가 많으니까 몽땅 최고가치 낙찰방식을 적

156) 미국이나 영국의 경우, 새로운 발주제도나 입낙찰제도를 도입할 때마다 이 같은 절차를 거치고 있다. 앞으로 우리나라에서도 새로운 제도의 도입시 이 같은 절차를 거치도록 하는 것이 바람직하다.

용하자든가 하는 식의 획일적인 주장은 배격해야 할 것이다.

정부조달행정에 국한된 것은 아니지만, "중앙집중화"나 "획일화"는 우리나라의 문화적 전통인 것 같다. 발주제도, 입찰제도, 낙찰제도, 계약제도 등 모든 영역에서 단일화된 방식의 제도화를 선호하는 경향이 강하다. 하지만 외국 사례는 그렇지 않다. 제3장에서 소개했던 것처럼, 미국에서 실제 활용되는 최고가치 낙찰방식(Best Value Selection)만 해도 7가지 유형이 있다. 그리고 설계 · 시공 일괄발주공사에는 최저가 낙찰제와 최고가치 낙찰방식이 반반씩 적용되고 있었다. 경우에 따라서는 가격이 아니라 자격심사에 기초한 낙찰방식(qualification based selection)이나 협상(negotiation)을 통한 계약도 이루어지고 있다. 공기제안형("A+B") 입찰방식도 널리 활용되고 있다. 영국에서도 파트너링(partnering), 프라임계약(prime contracting), 조기 계약자 관여방식(ECI) 등과 같이 다양한 입낙찰 및 계약방식이 활용되고 있다.

이 같은 시각에서 볼 때, 설계/시공 분리방식으로 발주되는 300억원 이상 공공공사에 최저가 낙찰제 적용을 의무화하고 있는 현행 제도는 하루빨리 바꾸어야 한다. 300억원 미만 공사에 대해서도 "운찰제(運札制)"라고 부르는 적격심사제도만 적용해서는 안된다. 공사규모도 고려 요소 중 한 가지는 될 수 있지만, 기본적으로 경제성만 중요한 공사라면 최저가 낙찰제가 적합하고, 기술적 요소나 공기 등 비가격요소가 중요한 공사라면 최고가치 낙찰제도의 도입이 필요하다. 설계 · 시공 일괄입찰공사도 현행과 같은 적격심사방식을 고집할 것이 아니라 최저가 낙찰제를 적용할 수 있어야 한다. 설계나 감리를 수행할 건설용역사업자를 선정할 때는 "운찰제(運札制)"가 아니라 자격심사나 기술력 평가에 기초해야 한다.

최소한 제도만큼은 다양한 경쟁요소, 다양한 입낙찰방식의 활용이 가능하도록 길을 열어 놓고, 발주자에게 선택권과 재량권을 부여해야 한다. 발주자의 전문성이 부족하다면, 민간위탁을 할 수 있는 길도 제도적으로 열려 있어야 한다. 이 같은 방향으로 한꺼번에 갈 수 없다면, 단계적인 로드맵을 만들어서 차근차근 그런 방향으로 일관되게 제도와 관행을 바꾸어 가야 한다.

8 심의 · 평가제도의 정상적 운영과 책임행정

우리나라의 입낙찰제도는 「객관화와 계량화를 통한 투명성 확보」 측면에서 큰 성과를 거둔 것으로 평가할 수 있다. 세계 최고 수준으로 평가되는 전자입찰제도 역시 투명성 확보에 기여한 제도임은 틀림없다. 입찰계약 절차나 낙찰자 선정과정의 의혹도 과거보다는 줄어들었다.

하지만 “객관화”와 “계량화”로 인한 문제도 많다. 누구나 알 수 있는 객관적이고 계량적인 지표를 낙찰자 선정기준으로 하다 보니, 우수한 업체를 낙찰자로 선정해야 한다는 목표를 가진 입낙찰제도의 타당성이 부족하다는 문제가 있다. 발주자로서는 객관화되고 계량화된 입낙찰제도가 부정 · 부패 시비를 차단해 주기 때문에 선호하기도 한다. 이렇게 객관적이고 투명한데, 무슨 부패 소지가 있냐고 반문할 수도 있다. 발주자는 왜 특정 업체를 낙찰자로 선정했느냐는 문제에 대해 (객관화, 계량화된 입낙찰절차를 거쳐 자동적으로 낙찰자가 결정되기 때문에) 책임회피가 가능하다. 건설업체도 “운찰제(運札制)”를 반기는 경향이 크다. 발주기관 공무원에게 이른바 “로비”를 해야 할 이유도 없고, 공사 수주를 위해 기술개발을 할 필요도 없고, 다른 경쟁사에 비해 뭔가 색다른 경쟁력 요소를 개발해야 할 이유도 없다. 그저 낙찰률이나 높여 주기를 바란다. 따지고 보면, 우리나라의 “운찰제(運札制)”는 발주자와 건설업체의 합작품이다.

최근 들어서는 상황이 다소 달라졌다. 적격심사제도가 적용되던 소규모 학교시설공사는 2005년부터 수 백억원 규모로 묶어서 임대형(BTL) 민간투자사업으로 발주됨에 따라 심의를 거쳐 우선협상자를 선정하게 되어 있다. 최저가 낙찰제 공사는 입찰가격의 적정성에 대한 심의를 거쳐야 한다. 설계 · 시공 일괄 및 대안입찰공사는 설계평가점수가 낙찰을 좌우한다. 게다가 최근에 도입을 논의 중인 최고가치 낙찰제도는 기술제안이나 비가격요소에 대한 심의 · 평가를 핵심적인 내용으로 한다. 민간투자사업, 최저가 낙찰제 공사, 일괄 및 대안입찰공사는 물론이고, 앞으로 최고가치 낙찰제도 도입 등에 따라 대단히 많은 정부발주 공사는 심의 · 평가에 의해 낙찰자가 결정될 가능성이 높다. 문제는 현재 우리나라 정부조달제도 가운데 가장 부패에 취약한 영역이 바로 심의 · 평가분야라는 사실이다.

원칙적이고 중장기적인 관점에서 보면, 지나친 객관화와 계량화로 인한 입낙찰제도의 타당성 상실을 보완하기 위해 심의 · 평가를 활성화할 필요가 있다. 더 나아가 영국 고속도로청(HA)과 같이 입찰가격에 대한 평가없이 100% 자격과 기술평가만으로 낙찰자를 선정하는 방안도 도입할 필요가 있다고 본다. 하지만 전제가 있다. 심의 · 평가제도가 정상적으로 이루어져야 한다는 것이다. 심의나 평가를 담당하는 위원들의 전문성과 공정성을 확보할 수 있어야 하고, 평가결과의 사회적 신뢰를 얻을 수 있어야 한다. 특히 시설물의 발주자는 심의 · 평가의 과정과 결과에 대해 책임을 져야 한다. 이런 전제를 충족시키기 위해서는 현재의 심의나 평가제도를 크게 바꾸어야 한다.

일괄입찰이나 대안입찰공사의 설계평가위원으로 해당 발주기관의 공무원이 참여하지 않는 관행은 "무책임행정(無責任行政)"의 표본이다. 설계평가업무를 민간위탁한다고 하더라도, 해당 발주기관 공무원들이 일정비율 이상 반드시 참여하도록 해야 한다. 책임행정(責任行政) 확보 차원에서라도 그렇게 해야 한다.

각종 심의와 평가과정에서 민간부문 전문가를 활용하고자 한다면, 문자 그대로 "전문가(professional)"를 활용해야 한다. 전국 각지에 수천 명에 달하는 전문가와 비전문가들로 범벅된 풀(pool)을 만들어 놓고, "그날의 운수(運數)"에 따라 선택된 사람에게 밤중에 전화해서 다음날 하루만에 심의를 끝내는 지금과 같은 방식은 코미디에 불과하다. 또한 이런 식의 심의나 평가는 부패구조의 전국화(全國化)와 광역화(廣域化)를 초래할 뿐이다. 다 알고 있다시피, 건설업체들은 수천 명에 달하는 잠재적인 심의위원 후보자들을 "상시 관리(常時 管理)"하고 있다. 다른 한편, 정작 심의에 참여해야 할 "진짜" 전문가는 참여를 기피하는 사례도 많다. 분야별 전문가를 확실하게 선별해서 문자 그대로 「전문가 풀」을 만들어야 한다. 전문가 풀에 등록될 만한 전문가의 수는 지금보다 훨씬 줄어들 것이다. 이들에게 충분한 예우를 해주고 충실한 심의 · 평가를 할 수 있도록 해야 한다. 혹시라도 부패 연루가 사실로 밝혀질 경우, 관련된 건설업체와 해당 전문가 모두를 법령이 정한대로 엄격하게 처벌해야 한다.

발주자가 책임행정을 구현하고, 정상적인 심의 · 평가제도를 운영할 수 있는 기반을 갖추어야 우수한 입찰자를 선별하고자 하는 입낙찰제도 본래의 기능을 회복할 수 있을 것이다.

9 성과중심의 조달제도와 사업관리

우리나라의 조달제도는 "투입" 측면에 너무 많은 규제를 두고 있다. "투입"요소 가운데 특히 "계약금액"이 논란의 초점이 되기도 했다. 시공과정에 대한 규제도 많다. 반면에 "산출"이나 "성과"는 너무 등한시하고 있다. 제3장에서 보았듯이, 미국이나 유럽 각국에서는 이미 오래 전부터 성과중심의 조달 및 사업관리가 이루어지고 있다. 우리도 투입중심에서 산출 내지 성과중심의 조달제도와 사업관리제도로 전환해야 한다.

성과중심의 조달제도는 시설물의 준공 이후 사후평가 문제와 직결된다. 하지만 감사원에서도 지적했듯이(2006.3), 우리나라의 「건설기술관리법」에 근거한 사후평가제도는 여전히 형식적이고, 그 대상도 제한적이다. 사후평가 대상이 되는 공사를 총공사비 500억원 이상으로 한정할 이유가 없다고 본다. 책임 있는 발주기관이라면, 예외적인 경우를 제외하고, 공사금액에 관계없이 자신이 발주하여 준공한 공사의 투자가치(value for money)를 따져 봐야 한다. 성과평가의 내실화를 위해서는 현행 「건설공사 사후평가 시행지침」에 나와 있는 "사후평가표" 수준을 넘어 공사품질, 공기, 공사비 등에 관한 종합적인 평가가 이루어져야 할 것이다. 원칙적으로 모든 정부발주공사를 대상으로 한 사후평가 결과의 축적이 체계적으로 이루어지고, 그 자료가 발주기관간에 공유되어야 한다. 사후평가 결과의 활용도가 지금처럼 PQ심사기준의 기술능력 평가항목 중 하나로 편입되어 100점 만점에서 3~4점 배점[157]하는 정도에 그쳐서는 큰 실효성을 기대할 수도 없다[158]. 그렇다고 해서 당장 시공평가 결과의 PQ심사기준 반영도를 높이자는 주장을 하기도 어렵다[159]. 무엇보다 먼저 현행 "사후평가제도"의 내실화가 선행되어야 한다. 아울러 그 결과의 객관성과 타당성이 인정되어야 한다. 그런 바탕 위에서 시공경험(past experience)을 대신하여 시공성과(past performance)가 입낙찰과정에서 결정적인 역할을 하는 변수가 되도록 해야 한다.

공사발주 및 입낙찰방식별 성과평가도 성과중심의 조달제도를 구축하기 위한 중요한 과제다[160]. 왜 설계 · 시공일괄 및 대안입찰방식을 활성화해야 하는가? 왜 파트너링(partnering)이나 프라임계약(prime contracting)을 활성화해야 하는가? 왜 최저가 낙찰방식 대신 최고가치 낙찰방식이 필요한가? 이런 질문에 대한 미국과 영국의 접근

157) 반면에 과거 시공경험에 대한 배점은 공사규모별로 30~34점에 달한다.

158) 조달청의 경우, 1,000억원 이상 PQ공사에서는 최고 점수가 4점, 최저 점수가 2.2점인데, 설사 최저 점수를 받더라도 지역중소건설업체와의 공동도급을 통한 가점과 신인도 평가항목에서의 가점 등이 있기 때문에 실질적인 PQ심사 통과여부를 좌우하는 변수가 되기 어렵다.

159) 아마 현재 상태에서 사후평가 결과의 PQ심사기준 반영도가 높아진다면, 일차적으로 사후평가 점수를 잘 받기 위한 로비문제가 가장 큰 문제로 대두될 것이다.

160) 현행 「건설공사 사후평가 시행지침」의 "사후평가" 내용은 공사발주 및 입낙찰방식 유형별 성과평가와 무관하다. 사후평가에 포함되어야 할 내용은 ① 예상 공사비 및 공사기간과 실제 소요된 공사비 및 공사기간의 비교 · 분석, ② 공사 기획시 예측한 수요 및 기대효과와 공사완료 후의 실제 수요 및 공사효과의 비교 · 분석, ③ 당해 건설공사의 문제점과 개선방안, ④ 주민의 호응도, ⑤ 공사비, 공사기간, 효과 등 당해 건설공사에 대한 전반적인 평가, 당해 건설공사에 따른 주변환경의 변화 및 영향, 재원조달의 타당성 등 기타 발주청이 필요하다고 인정한 사항으로 되어 있다.

방식은 공통적이다. 새로운 발주방식이나 새로운 입찰계약방식의 성과평가(performance evaluation) 결과를 볼 때, 전통적 방식에 비해 투자가치(value for money)가 높았기 때문이다. 우리도 새로운 공사발주나 입찰계약제도를 도입한다면, 일정기간 이후 발주방식별 내지 입낙찰방식별 성과평가를 의무화했으면 한다. 그 결과에 따라 새로운 제도의 활성화나 개선여부를 결정해야 할 것이다.

"감리(監理) 만능주의" 탈피도 중요하다. 제3장에서 지적한 바와 같이, 유럽 각국은 공사품질도 발주자의 감독이나 감리 강화가 아니라 시공자가 입찰시 제시하는 품질관리시스템(contractor designed quality management system)에 의존하고 있다. 발주기관에서는 사후적인 품질 감사 역할(quality audit role)을 더 많이 수행하고 있다는 것이다. 또한 조달사업 참여자간의 통합과 협력을 중시하고 있는 것도 우리나라와의 큰 차이점이다. 우리나라에서 감리를 강화하자는 논리는 기본적으로 시공자를 믿을 수 없기 때문에 외부 감시를 강화하자는 의미고, 이는 조달사업 참여자간의 적대적 관계를 전제로 하고 있다.

원칙적으로 시설물의 품질은 생산자인 건설업체가 책임지도록 해야 한다. 생산과정에 대한 감리 · 감독의 강화나 사후적인 처벌 강화는 보조적인 수단이다. 하지만 우리는 여전히 감리 · 감독 강화가 이루어지면 부실공사 우려가 사라질 것이라는 주장이 난무하고 있다. 그래봤자 지금까지 이루어진 감리 · 감독 강화의 내용은 저가 낙찰 현장에 감독공무원이나 감리원 수를 더 늘리는 수준에 불과했다. 이런 식으로 감리 · 감독이 계속 강화되면 "고비용 저효율" 구조가 고착화될 수밖에 없다. 과감하게 발상의 전환을 해보자. 시공과정에서 시설물의 품질관리에 대한 권한과 책임은 시공자인 건설업체에게 넘기고, 발주자는 철저한 사후평가, 성과평가, 품질감사에 주력하자.

10 깨끗한 조달행정 구현

정부조달시스템 혁신을 위해 새로운 제도, 새로운 방식의 도입을 주장할 때마다 부닥치는 문제가 있다. 공사발주제도나 입낙찰제도의 다양화도 좋고, 최고가치(best value)도 좋은데, 주관적 · 전문적 · 기술적인 평가나 심의제도에서는 부패 소지가 커진다는 것이다. 그래서 객관화 · 계량화가 필요하고, 발주자의 재량권을 없애야 한다는 것이다. 물론 이 같은 주장도 충분한 타당성을 인정할 수 있다. 앞으로도 정부조달제도의 투명성(transparency), 공개성(openness)은 높아져야 한다. 뿐만 아니라 투명성과 공개성의 확보는 정부조달협정(GPA)이나 유럽연합지침(EU Directives)에서 요구하고 있는 핵심적인 가치이기도 하다. 그런데, 제3장에서 소개했던 미국과 유럽의 투자가치(value for money) 달성을 위한 수많은 조달제도 역시 투명하고 공개적으로 운용되고 있다. 오로지 최저가 낙찰제만이 객관적이고 공정한 제도라는 주장을 하는 나라도 없다. 어떤 나라에서도 최고가치 달성을 위한 다양한 공사발주와 입낙찰제도는 "부패 친화적"이기 때문에 도입해서 안된다고 주장하지 않는다. 미국과 유럽 각국도 투명성과 공개성을 강조하지만, 우리나라에서처럼 객관화 · 계량화된 지표만으로 입찰자를 평가하지 않는다. 어느 나라에서도 복수예비가격제도라든가 "운찰제(運札制)"를 운용하고 있지 않다. 객관화와 계량화를 그토록 강조했음에도 불구하고, 세계 최고 수준의 전자조달제도를 운용하고 있긴 하지만, 그렇다고 해서 우리나라의 조달행정이 전세계에서 유례를 찾아보기 어려울 정도로 깨끗한 것도 아니다.

"깨끗한 조달행정"을 구현하기 위한 방법론에 있어서는 우리도 발상의 전환이 필요하다. 우선 정부조달제도는 부패방지제도가 아니라는 사실부터 명확하게 인식해야 한다. 정부조달제도는 조달사업을 통해 투자가치(value for money)를 달성하는 것이 기본적인 목표다. 따라서 이 같은 목표달성에 적합한 정책수단과의 조합이 필요하다. 부패방지제도는 정부조달사업만이 아니라 공무원이 행정업무를 수행하는 과정에서 발생할 수 있는 부패 소지를 억제하고, 부패사례를 적발하거나, 처벌하는데 초점을 둔다. 제도적으로만 본다면, 투자가치를 달성하기 위한 정부조달제도와 부패방지를 위한 제도는 별개라고 볼 수 있다. 부패친화적인 정부조달제도는 바뀌어져야 하지만, 투자가치는 제쳐놓고 부패방지를 제도개혁의 목표로 전면에 내세우는 것은 본말(本末)이 뒤바뀐 것이다. 객관화 · 계량화된 지표 위주의, 재량권이 박탈된 정부조달제도를 부패방지라는 명분으로 옹호할 것이 아니다. 투자가치(value for money) 달성이란 관점에서 재정비가 필요하다.

"깨끗한 조달행정"을 위해서는 무엇보다 먼저 부패행위의 "적발 가능성"과 "처벌의 확실성"이 담보되어야 한다. 온갖 종류의 투서나 루머가 만연해 있는 우리나라에서 정부조달과정의 부패사례는 너무나 많이 노출되어 있다. 나돌고 있는 투서나 루머가 모두 사실인 것은 아니지만, 일정부분은 사실일 것이다. 하지만 "처벌의 확실성"은 너무나 불확실하다. 수없이 부패가능성을 지적하고 개선을 요구해 온 일괄 및 대안입찰공사 설계심의만 보더라도, 1999년에 일부 심의위원들이 처벌을 받은 이후 지금까지 별다른 처벌 사례가 없었다. 부패사범을 적발하고 처벌하기 위한 노력보다도 설계심의과정의 투명성과 객관성을 높인다는 명분으로 설계심의제도만 해마다 주물럭거려 왔을 뿐이다. 그런다고 해서 과거보다 설계심의과정이 더 깨끗해졌다고 평가하는 사람도 드물다. 예나 지금이나 똑같다는 평가가 지배적이다. 부패문제를 근절하기 위해 부패사범을 적발하고 처벌하기 보다는, "제도개선"이란 명분을 내세워 정부조달제도를 왜곡시켜 온 사례가 많았다.

부패사범에 대한 소문은 무성하고, 정작 처벌 사례가 드문 것은 부패를 척결하겠다는 의지가 없기 때문이라고 본다. 정말로 부패를 척결하고자 한다면, 부패사범으로 적발된 개인과 기업을 대상으로 법률이 정한대로 처벌을 해야 한다[161]. 설사 부패에 연루된 개인과 가정, 기업의 파산이 불가피하다 해도 법대로 처벌이 이루어지지 않는다면, 부패척결은 요원하다. 1년에 몇 건이라도 부패사범에 대한 적발과 처벌이 확실하게 이루어지고, 널리 홍보된다면, 정부조달시장의 분위기는 지금과 판이하게 달라질 것이다.

"깨끗한 조달행정"은 처벌의 강도만 높인다고 해서 달성되는 것은 아니다. 예컨대, 2005년에 개정된 「건설산업기본법」에서는 "부정한 청탁에 의한 재물 또는 재산상의 이익을 취득하거나 공여한" 때에는 뇌물수수 행위자만 처벌할 것이 아니라, 건설업체에 대해서도 최장 1년간 영업정지나 등록말소 조치를 하도록 했다. 여기서 문제가 되는 것은 개인에 대한 처벌이 아니라, 해당 기업에 대해 최장 1년간 영업정지나 등록말소와 같은 "사형선고(死刑宣告)"에 해당하는 조치를 할 수 있느냐는 데 있다. 중소기업이라

161) 세계에서 가장 깨끗하다고 하는 싱가포르 사례를 보자. 1986년 11월, 당시 싱가포르의 건설부 장관인 터챵완 장관의 오랜 친구인 한 인사가 반부패 전담기구로서 수상 직속 기구인 부패행위수사국(CPIB : Corrupt Practices Investigation Bureau)의 조사를 받고 있었다. 결국 그는 2회에 걸쳐 터 장관에게 각각 싱가포르 돈으로 40만달러씩 총 80만불을 주었다고 자백하기에 이른다. 부패행위수사국은 즉시 터챵완 장관에 대한 조사에 착수했고 터챵완 장관은 이 사실을 완강히 부인하는 한편, 부패행위수사국의 부국장을 통해 더 이상 이 사건의 조사를 진행하지 말아줄 것을 부탁했다. 내각장관은 이 사실을 리콴유 당시 수상에게 보고하면서 터 장관이 수상을 면담하고 싶어한다는 뜻을 전했다. 리콴유 수상은 수사가 종결될 때까지는 그럴 수 없다고 회신하며 그 면담 요청을 거절했다. 터챵완 장관은 당시 리콴유 수상의 후계자라는 말이 돌 정도로 리콴유 수상의 최측근 인사였다. 일주일 후인 1986년 12월 15일 아침 터챵완 장관은 유서를 남긴 채 정맥에 다량의 마취제를 주입하여 자살하였다. 사건 후 리콴유 수상은 터챵완 장관의 미망인을 방문하게 되는데, 이때 미망인은 터챵완 장관이 평생을 국가를 위해 일했고, 그의 명예를 지키려 애써왔음을 고려해서 최소한 부검만큼은 피할 수 있게 해 달라는 부탁을 리콴유 수상에게 했다. 자연사 이외에는 부검을 하는 것이 법적 의무 사항이었기 때문이다. 하지만 리콴유 수상은 의회의 반대를 들어 결국 미망인의 마지막 부탁도 거절하였다. 미망인과 그의 딸은 심한 수치심으로 고통을 받다가 결국 싱가포르를 떠나 다시는 돌아오지 못했다(부패방지위원회, 2003). 부패문제는 이처럼 최고 정치권력자부터가 냉정하고 단호하게 대처하지 않으면 해결할 길이 없다는 것이 인류역사가 주는 교훈이다.

면 국가경제에 미치는 파장이 작기 때문에 그와 같은 조치를 할 수도 있다. 하지만, 대기업이라면 상황이 달라진다. 연간 수주액이 수 조원대에 달하는 초대형 건설업체의 경우는 국가경제에 미치는 파장이나 대외신인도를 생각해서 쉽사리 영업정지나 등록말소 조치를 하기 어렵다. 그러다 보니 지금까지 국가계약법의 부정당업자로 입찰참가자격을 제한받거나[162], 건설산업기본법에 따른 영업정지 처분을 받은 대기업은 거의 찾아보기 어렵다. 부패문제에 대한 국민정서를 의식하여 실효성 없는 처벌 규정만 잔뜩 강화해 놓고서, 정작 처벌 사례는 찾아보기 어려운 것이 우리의 현실이다. 그렇다고 해서 무조건 현행법대로 중소기업이건 대기업이건 간에 처벌하자고 주장하는 것도 비현실적이다. 부패사범에 대한 처벌의 실효성을 높이고자 한다면, 부패행위의 수준에 상응할 수 있도록 처벌규정을 합리적으로 재정비하고, 적발된 부패사범에 대해서는 확실하게 처벌해야 한다.

발주기관 공무원이나 건설업체만이 정부조달과정의 부패행위와 연루되어 있는 것이 아니다. 대학교수나 연구원 등과 같은 전문가 집단 또한 국제계약분쟁조정위원회, 중앙건설기술심의위원회, 특별건설기술심의위원회, 설계자문위원회 등과 각종 위원회 조직의 일원으로 관계 공무원의 역할을 대행하고 있다. 국가계약법 시행령 제76조에서는 이들 위원회의 위원도 관계 공무원으로 규정하고 있다. 전문가 집단은 일괄 및 대안 입찰공사의 설계심의나 민간투자사업의 우선협상자 선정과정 등에서 결정적인 역할을 수행하고 있다. 그런데 우리 사회에는 전문가 집단의 전문성과 도덕성에 대해 회의적인 시각이 대단히 많다. 각종 심의 · 평가 과정에서 공무원에게 쏟아지는 의혹을 대신할 수 있는 일종의 "대신맨"으로 대학교수나 연구원을 활용하고 있는데, 이 또한 "무책임행정(無責任行政)"일 뿐만 아니라 부패 개연성이 높은 것이 현실이다. 미국이나 유럽 같은 선진국에서 전문가 집단의 부패행위는 특히 엄격하게 처벌되고 있다. 법적인 처벌만이 아니라, 해당 전문분야에서 사실상 "영구퇴출"되는 수준이다. 우리나라에서도 전문가 집단의 윤리의식 확립을 위한 자정(自淨) 노력도 필요하고, 드러난 부패행위에 대해서는 확실하게 처벌해야 한다.

---

162) 현행 국가계약법 시행령 제76조(부정당업자의 입찰참가자격 제한)에서는 "입찰 · 낙찰 또는 계약의 체결 · 이행과 관련하여 관계공무원(법 제29조의 규정에 의한 국제계약분쟁조정위원회, 이 영 제94조의 규정에 의한 계약심의회, 건설기술관리법에 의한 중앙건설기술심의위원회 · 특별건설기술심의위원회 및 설계자문위원회의 위원을 포함한다)에게 뇌물을 준 자"에 대해서도 1월 이상 2년 이하 범위에서 입찰참가자격을 제한하도록 하고 있다.

정부조달과정에서 규제가 많을수록 부패 가능성은 높아진다. 지키지 못할 규제, 시장현실과 괴리가 큰 규제가 많으면 많을수록 건설업체는 범법자가 될 가능성이 높고, 부패 가능성이 높아진다. 부패 가능성을 줄이기 위해서는 성과중심의 조달제도로 전환해야 하고, 획기적인 규제완화를 추진해야 한다.

04 장애요인과 극복전략

1 장애요인

정치적 지원 부재

정부조달시스템의 변화는 공급자인 건설업계 내부의 수주물량 배분구조나 수익성을 변화시킬 뿐만 아니라, 정부 내부의 역학관계에도 변화를 초래하게 된다. 따라서 어느 나라를 막론하고, 최고 정치지도자인 대통령을 비롯한 정치권의 지원 없이 정부기관의 실무자나 전문가 집단의 노력만으로 조달시스템을 혁신하기는 어렵다.

아직도 우리나라에서는 정부조달시스템의 혁신이 국가적 과제로 부각된 적이 없다. 정부조달의 중요성에 대한 인식도 없었다. 특히 문제가 되는 것은 오랜 정경유착(政經癒着) 관행으로 말미암아 정치권 자체가 기본적으로 "현상유지 지향적"이었다는 사실이다. 입낙찰제도가 조금만 바뀌어도, 손해를 보는 건설업계는 친분 있는 유력 정치인을 동원하여 관계 부처나 관계 공무원을 압박하기 일쑤였다. 때로는 중소기업 보호, 때로는 지방건설경기 활성화를 명분으로 내세우기도 했지만, 그 이면에는 정부조달제도의 변화로 인한 기존 수주질서의 변화를 방지하고 현상유지를 하기 위한 노력이 많았다. 물론 이 같은 정치권의 역할을 반드시 부정적으로만 볼 수 없다. 상충되는 이해관계를 조정하고, 다양한 이해관계를 반영해야 하는 것이 정치권의 기본적인 역할이기 때문이다. 다만, 우리의 문제는 정치권이 주로 "부패방지", "부실방지"와 같은 부정적(negative) 목표나, "중소기업 보호", "지방건설경기 활성화"와 같은 사실상의 "지역구 활동" 차원에 머물렀다는 점이다. 정부조달과 건설산업의 선진화 내지 국가경쟁력 강화같은 긍정적(positive)인 목표달성을 위한 정부조달시스템 혁신은 등한시했다는 것이 문제다. 우리와는 대조적으로, 영국의 정부조달시스템 혁신의 촉발제가 된 「레이삼 보고서(Latham Report)」 작성책임자가 상원의원이었던 마이클 레이삼(Sir Michael Latham)이라는 사실을 상기해 볼 필요가 있다.

우리나라의 국장급 이상에 해당하는 고위공무원들도 정부조달시스템 혁신에 관한한, 큰 역할을 한 경우는 찾아보기 어렵다. 일년이 멀다하고 수시로 바뀌는 것이 우리나라 정부의 국장급 이상 고위공무원이다. 정부조달분야의 전문가가 조달정책을 결정하는 고위공무원의 자리를 차지한 사례도 없다. 설사 고위공무원이 정부조달시스템 혁신을 하고자 하는 의욕을 가졌어도, 어느 정도 업무 파악을 해서 알만하면 다른 자리로 떠나는 일이 반복되곤 했다.

대통령을 정점으로 하는 정치권과 고위공무원단의 정부조달시스템 혁신에 대한 정치적 의지와 지원이 없는 한, 앞으로도 정부조달시스템 혁신이 이루어질 것 같지 않다.

기득권 집단의 저항

조달청에 등록된 시설공사업체 수만 해도 약 7만여개에 달한다. 이들 시설공사업체들은 일반건설업, 전문건설업, 전기공사업, 통신공사업, 건축설계업 등 건설업 면허제도에 기초한 이익집단으로 분화되어 있다. 이들은 면허의 중복보유를 통하여 상호간에 이익을 공유하기도 한다. 일반건설업과 전문건설업, 시공업과 건축설계업의 경우는 겸업이 제한되어 있고, 건설업과 전기 및 정보통신공사업은 분리발주 의무제도 등이 있다보니 대립적인 이해관계가 형성되어 있기도 하다. 또한 이들은 면허업종별로 협회나 공제조합 등 사업자단체를 구성하여 소속회원사의 이익을 도모하고 있다. 사업자단체의 주요 간부진 등은 관련 부처 공무원 출신으로 구성되어 있다.

정부조달시스템의 변화는 수많은 이해관계 집단이 누리는 기득권 구조의 변화를 불가피하게 수반하게 된다. 기득권의 상실 내지 손해가 예상되는 집단이 정부조달시스템 혁신과정에서 저항하는 것은 당연하다. 그런데 이익집단의 내부가 동질화되어 있지 않은 상태에서, 종종 특정 집단의 목소리가 과다하게 반영되는 경우가 많다.

일반건설업만 해도 1988년에 건설업 면허개방이 이루어지던 당시 468개사에 불과했던 업체 수가 20여년이 지난 지금은 13,000여개사로 늘었다. 연간 수주금액이 10조원대에 육박하는 초대형 글로벌 기업이 있는가 하면, 1년에 1건도 수주하지 못한 소기업이 공존하고 있다. 일반건설업만 그런 것이 아니고, 전문건설업이건 건축설계업이건 간에 거의 모든 업종에서 같은 양상을 볼 수 있다. 그러다 보니 동일업종 내부에서 통일된 의견이란 것도 사실상 허구에 불과하다. 하지만 아직 우리나라에서는 이익의 공통성을 기준으로 사업자단체의 구성이 다양하게 이루어져 있지 않다. 사업자단체마다 법 · 제도를 통해 소속회원사의 이익을 보호하고, 이른바 "업역(=배타적인 사업영역)"의 보호와 확대를 위해 노력하는 과정에서 시대착오적이고, 반(反)시장적인 규제를 양산하기도 했다. 수시로 바뀌는 정부 공무원에 비해 사업자단체는 오랫동안 같은 일을 수행해 온 인력도 많고, 정부로부터 민간위탁 사무를 맡아서 오랫동안 수행하다 보니 정부보다 더 산업정책을 수행하는데 필요한 지식과 정보를 많이 갖고 있기도 하다. 그러다 보니 정부조달제도의 개선작업도 정부가 주도권을 쥐고 추진하는 것이 아니라, 사업자단체를 통해 건설업계가 정부에 요구하는 안건 중심으로 추진되는 사례도 있다.

정부조달시스템을 혁신하기 위해서는 기득권 집단의 저항을 최소화하거나, 서로가 협력하여 상생(win-win)할 수 있는 방안을 찾아야 한다. 지금처럼 적대적인 구조 내지 제로섬(zero-sum) 게임과 같은 구조에서는 기득권 집단의 반발을 무마하기 조차 어렵다.

부처 이기주의와 비대화

정부조달시스템 혁신을 통해 투자가치를 달성하고, 정부기관의 조달사업을 효율적으로 운용하고자 하는 시도는 부처 이기주의에 부닥쳐 좌절되기도 한다. 예컨대, 중앙조달제도를 분산조달제도로 바꿀 것인가의 문제만 해도 정부조직간 기능 재편과 직결되는 과제다. 조달정책기능의 강화도 정부 부처간, 혹은 부처 내부의 기능 재조정을 수반하게 된다. 관련 정부기관마다 권한과 기능 축소에는 저항하고, 기관의 팽창은 선호하는 경우가 일반적이다.

건설업계 내부의 이익집단간 이해관계 상충 문제도 부처 이기주의와 직결된다. 건설교통부는 건설업체를, 산업자원부는 전기공사업체를, 정보통신부는 정보통신공사업체를 각각 관리하고 있기 때문에 때로는 정부 각 부처가 관련 이익집단의 대리인처럼 행동하기도 한다. 심지어 동일한 정부 부처 내에서도 소관 법령과 관리대상 업종의 차이에 따라 상반된 입장을 취하기도 한다[163].

정부조달제도가 투자가치(value for money)를 달성해야 한다는데 대해서는 동의하더라도, 정부조달기관의 효율적인 운영에 대해서는 눈감는 경우도 있다. 원래 정부조직은 이른바 "파킨슨 법칙(Parkinson' s Law)"이 적용되는 부문이다. 이 법칙에 따르면, 공무원의 수는 해야 할 업무의 경중이나 유무와 관계없이 일정 비율로 증가하는 경향이 있다. 하지만 1980년대 이후 미국이나 영국 등은 공공부문의 구조조정을 추진해왔다. 그러다 보니 미국과 영국에서는 민간위탁이 활성화되고, 건설사업관리(CM)나 민간컨설팅 시장이 급성장했다. 이렇게 하는 것이 투자가치를 달성하는데 더 효율적이라는 사실이 입증되었기 때문이다.

우리나라는 특히 참여정부 들어서 공공부문의 비대화가 심화되고 있다. 참여정부가 추진하고 있는 행정중심 복합도시나 혁신도시 건설사업의 시행주체만 해도 주공이나 토공과 같은 정부산하 공기업이다. 공공부문이 일자리 창출에 모범을 보여야 한다는 논리도 정부기관의 비대화를 부추긴 요인이다. 이처럼 정부의 비대화가 이루어지는 판국에 민간 컨설팅시장이나 공공부문의 건설사업관리(CM) 시장이 성장할 가능성은 낮다. 게다가 최근 들어 늘어나고 있는 임대형(BTL) 민간투자사업은 미국이나 영국에서처럼 정부조달사업의 투자가치 달성을 위해서가 아닌 경우도 많다. 실제로는 사업예산이 줄어들다 보니 정부기관 스스로 생존을 위해 민간투자사업을 벌이기도 한다. 정부기관도 스스로의 "성장"과 "생존"이라는 이기적인 목표를 위해 비대화(肥大化)를 추구하는 경향이 크다. 그러다 보니 구조조정을 통한 정부조달시스템의 혁신에는 저항하기 마련이다.

지식과 전문성의 부족

정부조달시스템 혁신을 위한 지식과 전문성의 부족 문제도 심각하다. 현행 국가계

---

163) 건축설계업과 시공업간 겸업 허용 문제에 대한 건설교통부 내 소관 부서간의 입장 차이를 대표적인 예로 들 수 있다.

약법령과 조달사업법령에 정통한 공무원은 있지만, 정부조달시스템 전반에 걸친 폭넓은 지식과 깊은 전문성을 갖춘 공무원은 드물다. 외국의 정부조달시스템이나 혁신과정에 대해 잘 아는 공무원도 거의 없다. 특히 정부조달업무에 관한 한, 고위직으로 가면 갈수록 더욱 더 비전문가들이다. 학계나 연구계라고 해도 다를 바 없다. 지속적 · 전문적으로 정부조달을 연구해 온 전문가를 찾아보기 어렵다.

일반국민의 정부조달에 관한 이해도가 부족한 것은 당연하다. 하지만 정부조달의 중요성을 널리 인식시키고, 구체적인 혁신프로그램을 만들어서 집행해야 할 전문가 집단조차 지식과 전문성이 부족하다는 것은 정부조달시스템 혁신에 큰 장애요인으로 작용하고 있다.

2 극복전략

정부조달의 중요성에 대한 인식 제고

정부조달시스템의 혁신을 추진하기 위해서는 무엇보다 먼저 정부조달의 중요성에 대한 인식부터 확립해야 한다. 국회가 통과시켜 준 예산범위 안에서 정부업무를 수행하는데 필요한 물자나 서비스를 조달하는 집행기능 정도로 인식해서는 곤란하다.

정부의 2007년도 건설공사 예산규모만 해도 약 50조원을 상회하는 수준이다. 규모도 크지만, 건설시장과 국가경제 전반에 미치는 영향도 대단히 크다. 시장경제체제가 확립된 나라일수록 민간부문에 대한 정부개입이나 규제의 강도는 약하기 마련이며, 정부가 정책적 · 제도적으로 의미 있는 변화를 유도할 수 있는 영역은 재정자금으로 수행하는 정부조달 외에는 별로 없다. 그렇기 때문에 미국이건 유럽이건 간에 새 정부가 출범할 때마다 정부혁신을 외쳐 왔고, 대체로 그 내용의 핵심은 정부조달시스템 혁신에 있었다.

미국의 「국가건설목표(National Construction Goal : NCG)」나 영국의 「수월성 달성(Achieving Excellence)」 및 「최고가치(Best Value)」와 같은 국가적 차원의 정부조달시스템 혁신을 추진하기 위해서는 정부조달의 중요성을 증명하기 위한 노력부터 필요하다.

최고 정치지도자 등으로부터 정치적 지원 확보

근본적인 정부조달시스템 혁신은 대통령을 비롯한 정치지도자들의 정치적 지원이 수반되어야 한다. 그래야 공급자 집단의 "기득권 수호"를 위한 투쟁이나 정부 내부에 가득한 "부처 이기주의"에도 불구하고, 정부조달시스템의 혁신이 가능해질 것이다. 미국의 레이건이나 클린턴 대통령, 영국의 대처나 토니 블레어 수상과 같은 최고 정치지도자들이 직접 나서지 않았더라면, 미국과 영국에서도 정부조달 혁신의 성과는 그다지 크지 않았으리라고 본다.

대통령과 같은 최고 정치지도자만이 아니라 국회와 고위공무원들도 정부조달시스템 혁신의 중요성을 인식하여 적극 동참하도록 해야 한다. 예산의 증액없이 제도개선만으로도 재정운용의 효율성을 높일 수 있고, 건설산업을 비롯한 관련 산업의 경쟁력을 높이면서 국가경제의 성장에도 기여할 수 있는 과제가 정부조달시스템 혁신이다.

총체적인 정부혁신 프로그램과 병행 추진

대통령을 비롯한 정치지도자나 국회 및 고위공무원의 관심과 지원을 이끌어내기 위해서는 정부조달시스템 혁신 문제를 총체적인 정부혁신 프로그램과 연계시켜야 한다. 총체적인 정부혁신 프로그램에는 법 · 제도의 개선 외에 예산, 인사, 조직, 감사 등의 포괄적인 변화가 포함되어야 한다.

총체적인 정부혁신 프로그램은 미국이나 유럽에서도 정권교체기나 경제침체기에 수립가능하다. 우리나라에서도 규제개혁위원회 등록규제 건수의 50% 폐지를 비롯하여 대대적인 정부혁신과 공공사업 효율화 추진은 IMF 외환위기와 함께 정권교체가 이루어진 1998년에 이루어졌다. 앞으로도 총체적인 정부혁신 프로그램과 병행하여 정부조달시스템을 근본적으로 혁신할 수 있는 기회는 정권교체기일 것이다.

전문가 중심의 혁신방안 수립

참여정부는 내내 '아마추어 정부'라는 비판을 받아왔다. 비단 주택정책에서만 그런 것이 아니다. 공사발주나 입낙찰제도만 해도 그렇다. 시민단체의 요구와 주장에 방어적인 자세로 대처하거나, 끌려 다닌 경우가 많다. 시대착오적이거나 반(反)시장적인 정책에 대해서 정부는 단호하게 거절하지 못했다. 설사 방향이 옳았다고 할지라도, 정상적인 기능이 이루어질 수 있는 여건을 갖추지 못했다. 최저가 낙찰제 도입과 확대, 실적공사비 제도 도입과 확대 등이 대표적인 예다.

정부조달에 관한 지식과 전문성의 부족, 전문가 부족 문제가 심각한 것도 사실이다. 하지만 그렇다고 해서 더더욱 전문성 없는 정치집단이나 시민단체, 혹은 여론에 휘둘려서 정부조달시스템을 개혁이란 미명하에 "개악(改惡)"하는 실수를 반복해서는 안 된다.

미국 연방교통부(US DOT)에서 하듯, 우리도 산 · 학 · 연 · 관의 전문가들로 태스크포스팀(TFT)을 구성하여 미국과 유럽 각국의 정부조달시스템 혁신사례를 조사한 뒤, 우리나라의 정부조달시스템이 가야 할 중장기적인 로드맵을 제시하도록 하는 방안도 한번 추진해 보았으면 한다.

혁신의 기대효과 입증

미국이나 영국의 정부혁신 사례를 보면, 제도개선 방안만 덜렁 제시해 놓고 끝내는 것이 아니다. 사전에 성과를 측정하고, 평가하는 방안도 함께 제시하고 있다. 측정과 평가의 대상이 되는 성과(performance)는 공급자 시각이 아니라 발주자 시각에서 설정되어 있다. 이를테면 공사비 절감이나 공기 단축, 내지 품질 향상 효과와 같은 것을 계량적으로 측정하고, 전통적인 방식과 비교하고 평가하는 경우가 일반적이다.

정부조달시스템 혁신의 기대효과가 객관적 · 계량적으로 입증될 경우, 반대의 목소리는 줄어들고 관련 기관의 적극적인 동참이 이루어진다. 새로운 제도의 전면도입에 앞서 시범사업(pilot program)을 실시해 보고, 성과평가를 통해 기대효과를 가시화시키는 이유도 여기에 있다. 우리도 정부조달시스템의 전면적인 혁신을 위해서는 시범사업도 해보고, 기대효과를 객관적 · 계량적으로 입증할 수 있는 방안을 처음부터 강구해야 할 것이다.

정부와 민간부문간의 협력강화

제3장에서 상세하게 설명했듯이, 미국이나 영국에서 조달참여자간의 관계는 통합적인 방향으로 바뀌고 있다. 정부와 민간, 민간부문 내에서도 설계자와 시공자간의 관계도 적대적 관계가 아니라 협력적 관계로 바뀌고 있다. 제로섬 게임(zero-sum game)보다는 상생(win-win)을 추구하고 있다. 정부조달시스템 혁신은 어느 한쪽의 일방적

인 희생이나 양보를 통해서 달성하기 어렵기 때문이다.

우리나라의 전통적인 「갑(甲)-을(乙) 관계」도 이제는 수평적 협력관계로 바꾸어 나가야 한다. 정부조달제도에서 발주자 우위의 계약관행도 시정해야 하고, 민간의 창의와 효율을 활용하기 위한 노력도 강화해야 한다. 발주자의 부족한 전문인력, 지식, 전문성을 민간으로부터 보완할 수 있는 방안도 강구해야 한다. 민간부문 내에서도 설계자와 시공자간, 원도급자와 하도급자간의 협력관계 강화되어야 한다. 경쟁력을 상실한 업체는 정부조달시장에서 퇴출시켜야 하지만, 경쟁력 있는 민간업체간의 상생협력은 제도적으로 장려해야 한다.

제 5 장 결론 : 일류 발주자가 일등 건설산업 만든다

01 1등 건설산업의 키워드 : 시장, 개방, 조달시스템 혁신

왜 사회주의체제가 몰락했을까? 시장기능을 무시했기 때문이다. 왜 중국과 인도가 급성장하고 있을까? 대외개방을 통해 세계경제체제에 편입되었고, 시장기능을 활성화했기 때문이다. 왜 한국과 북한간에 이토록 큰 경제적 격차가 발생했을까? 한국은 시장경제, 수출지향의 개방경제체제를 추구했고, 북한은 사회주의경제, 폐쇄경제체제를 유지해 왔기 때문이다. 물론 이런 이유말고 다른 복잡한 이유도 많을 것이다. 하지만 어떤 사례를 보더라도 시장경제와 개방경제를 선택한 나라는 성공했고, 사회주의 경제와 폐쇄경제체제를 고수한 나라는 몰락했다. 또한 정부개입의 폭이 넓고, 강도가 강하면서, 규제가 만연되어 있는 나라치고 후진국 아닌 나라가 없다. 반대로 선진국은 대부분 시장에 대한 정부개입의 폭이 좁고, 강도가 약하며, 규제도 적은 대신, 시장기능이 활성화되어 있다. 정부 규제와 보호주의 정책은 산업화의 초창기에 도움이 되기도 하지만, 경제와 산업의 성장에 따라 궁극적으로는 시장기능이 활성화되도록 해야 한다.

나라 경제만이 아니라 개별 산업에서도 마찬가지다. 한미FTA 협상과정에서 논란이 되었던 미국의 존스법(Jones Act)을 보자. 존스법의 내용은 "미국의 연안해운에 사용되는 배는 미국에서 건조되어야 한다"는 미국 조선산업을 보호하기 위한 법이다. 시장경제체제가 가장 확고하게 뿌리를 내린 것으로 평가되는 미국에도 아직까지 이런 보호주의 입법이 존재하고 있다. 우리나라가 이번 한미FTA 협상과정에서 쌀시장 개방을 저지할 수 있었던 것도 존스법 때문이었다는 게 한미FTA를 주도한 고위공직자의 평가였다. 한국을 방한한 유럽연합(EU)의 조선업자들도 한때 미국의 존스법과 같은 보호법률을 유럽연합에 도입해야 한다는 주장을 하기도 했다.

미국에서 존스법과 같은 보호주의 입법을 통해 자국의 조선산업을 보호해 왔건만, 세계 제1의 조선산업 강국은 어느 나라일까? 한국이다. 그리고 한국에는 존스법과 같이 국내 조선산업을 보호하기 위한 법률이 없다.

어느 나라를 막론하고 보호주의가 만연한, 내수(內需)에 기대온 폐쇄적인 산업은 구조적 사양산업으로 전락했다. 반면에 조선, 전자, 철강산업과 같이 우리나라가 자랑할 수 있는 1등산업은 예외 없이 글로벌 경쟁에 노출되어 있고, 정부의 보호나 규제가 아니라 시장원리가 적용되는 산업이다. 건설산업 내부에서도 마찬가지다. 최근 해외건설시장에서 급성장하고 있는 플랜트산업의 경우도 글로벌 스탠다드가 적용되는 산업부문이다. 규제라고 해봤자 「건설산업기본법」의 "산업설비공사업" 등록기준 외에는 별다른 규제를 찾아보기 힘들다.

경제나 다른 산업부문과 마찬가지로, 건설산업의 선진화를 위한 키워드 역시 개방과 시장기능 활성화라는 데에는 별다른 이견이 없을 것이다. 건설시장의 대외개방은 정부조달협정(GPA)이나 자유무역협정(FTA) 체결의 확대 등으로 인하여 사실상 다 이루어져 있는 셈이다. 건설시장의 대외개방을 계기로 법 · 제도 역시 글로벌 스탠다드를 형식적으로나마 수용하지 않을 수 없다. 하지만 건설시장의 대내개방은 여전히 이루어지지 않았다. 예컨대, 건축설계업과 시공업간의 겸업제한 문제는 지금까지도 풀지 못한 숙제다. 개방의 기대효과라면, 개방에 따른 경쟁효과도 있고, 개방에 따른 법 · 제도의 선진화도 있다. 건설산업의 경우 형식적으로 대외개방을 하긴 했지만, 외국업체의 실질적인 시장진입이 너무나 미미했기 때문에 개방에 따른 경쟁효과를 기대할 수 없었다. 법 · 제도의 개선 역시 형식적일 뿐이었고, 기존의 국내 건설시장 질서나 관행에 기초한 코리안 스탠다드가 지배하고 있다.

건설산업의 선진화를 위해서는 형식적인 대외개방이 아니라 실질적인 대외 및 대내개방이 필요하고, 법 · 제도의 글로벌 스탠다드 수용이 이루어져야 한다. 시장기능의 활성화를 위해서는 획기적인 규제철폐 내지 규제완화가 필요하다. 1998년 한 해 동안 김대중 정부에서 추진했던 "규제 50% 폐지" 정도가 아니라, "규제 10분의 1로 줄이기"를 추진했으면 한다. 정부역할 확대는 지금 시점에서 막을 수 없겠지만, 정부기관의 독점적인 사업을 축소하고, 민간기업과의 실질적인 경쟁을 촉진해야 한다. 정부기관이 하면 공익적인 사업이고, 민간기업이 하면 사익적인 사업이라는 식의 사업주체를 기준으로 한 이상한 이분법을 내세울 것이 아니라, 공익적인 목적의 사업을 정부기관이 효율적으로 할 수 있는지, 민간기업이 효율적으로 할 수 있는지를 경쟁시키자는 뜻이다. 그 결과 민간기업이 더 효율적이라면, 정부역할을 줄이고 민영화나 민간위탁을 활성화해야 할 것이다.

시장기능 활성화, 경쟁 촉진과 개방은 건설산업 뿐만 아니라 모든 산업의 선진화를 위한 공통적인 과제라고 본다. 건설산업의 선진화를 위한 독특한 과제가 있다면, 그것은 정부조달시스템 혁신이다. 왜 정부조달시스템의 혁신이 필요하고, 중요한지에 대해서는 제1장에서 이미 상세하게 설명했다. 제1장에서 설명했던 내용을 약간만 요약해 보자. 정부 각 기관의 연간 건설공사 예산은 50조원을 상회하는 방대한 규모인데, 이처럼 방대한 국가예산의 효율적인 운영여부는 정부조달시스템이 좌우하고 있다. 공공시설물의 품질확보나 공기 단축, 건설기술 발전 및 건설산업의 국제경쟁력 제고 역시 정부조달시스템과 직접적인 연계성이 있다. 공공사업 추진과정의 부패나 부실공사 방지문제 또한 정부조달시스템과 분리될 수 없다.

또 하나 간과하지 말아야 할 중요한 요소가 있다. 정부조달시스템 혁신은 그 자체가 정부 혁신이고, 발주자 혁신이란 점이다. 건설산업의 선진화를 위해 공급자인 건설업체가 바뀌어야 한다는 시각은 대개 규제 일변도로 흐르는 경향이 있다. 건설업체의 행태를 원하는 방향으로 유도하기 위해 규제해야 한다는 것이다. 건설산업의 선진화를 위해 수요자인 발주자 혁신이 선행되어야 한다는 시각에서는 정부조달시스템 혁신이 우선적인 과제다. 정부 스스로가 조달사업을 수행하는 시스템을 바꾸어야 한다는 것이다. 제3장에서 상세하게 설명했듯이, 미국이나 유럽 각국은 이미 오래 전부터 정부혁신 차원에서 정부조달시스템 혁신을 추진해 왔다. 민영화나 민간위탁이 대세를 이루고 있다. 공급자인 건설업체를 대상으로 규제를 강화하기 보다는 파트너로서 장기적인 협력관계를 맺고자 했고, 가능한 한 민간의 창의성과 기술력을 최대한 활용하는 방향으로 전환되고 있다. 발주자의 역할은 민간부문과의 네트워트 관리자로 바뀌고 있다. 이렇게 하는 것이 투자가치(value for money)를 달성하는 길이라고 믿고 있다.

건설산업을 1등산업으로 만들고자 한다면, 획기적인 규제개혁과 시장기능 활성화, 실질적인 경쟁의 촉진, 건설시장의 대내외 개방과 발주자인 정부의 조달시스템 혁신이 필수적인 과제다. 이 책은 정부조달시스템 혁신에 초점을 두었고, 그 결과 우리 정부가 일류 발주자로 거듭날 수 있다면, 건설산업도 1등산업이 될 수 있는 기회를 갖게 되리라고 본다.

02 성공하는 정부조달시스템의 아홉 가지 습관

세계화된 경제질서의 본질을 가장 잘 설명해 준 것으로 평가되고 있는 토머스 L. 프리드만(2000)의 저서 「렉서스와 올리브 나무」를 보면, 제11장에서 "성공하는 나라의 아홉 가지 습관"을 설명하고 있다. 이 책에서 프리드만은 아홉 가지 질문을 던지고 있다.

- 당신의 나라는 얼마나 빠른가?
- 당신의 나라는 지식을 얼마나 수확하고 있는가?
- 당신의 나라는 얼마나 가벼운가?
- 당신의 나라는 외부에 자신을 개방할 수 있는가?
- 당신의 나라는 내부에서도 자신을 개방할 수 있는가?
- 당신 나라의 경영진은 깨어 있으며, 그렇지 못할 경우 교체가능한가?
- 당신의 나라는 부상자를 쏘아 죽일 용의가 있는가?
- 당신의 나라는 친구를 얼마나 잘 사귀는가?
- 당신 나라의 브랜드는 얼마나 출중한가?

세계화된 정부조달시장에서도 프리드만이 제기한 것처럼, "성공하는 정부조달시스템의 아홉 가지 습관"이란 질문을 던져 보고 싶다.

- 정부조달시스템이 투자가치(value for money)를 달성하고 있는가?
- 세계화된 시장에서 정부조달시스템이 얼마나 빨리 변할 수 있는가?
- 정부조달시스템이 얼마나 지식을 축적하고, 공유하며, 수확하고 있는가?
- 다른 나라에 정부조달시장을 얼마나 개방할 수 있는가?
- 국내조달시장에서도 진입장벽을 얼마나 개방할 수 있는가?
- 정부조달시스템의 경영자들이 깨어 있으며, 그렇지 못할 경우 교체가능한가?
- 경쟁력을 상실한 부실업체들을 정부조달시장에서 퇴출시킬 수 있는가?
- 정부조달시스템의 구성원간 협력체제는 얼마나 잘 구성되어 있는가?
- 다른 나라에 자랑할 수 있는 정부조달시스템의 브랜드는 무엇인가?

우리나라 정부조달시스템은 이 같은 아홉 가지 질문에 대해서 어떻다고 답 할 것인가? 먼저, "투자가치(value for money)"라는 개념 자체가 현재의 정부조달시스템에는 제대로 반영되어 있지 않다. 정부의 「총사업비 관리지침」은 "총사업비 증액 억제"에 초점을 두고 있고, 최저가 낙찰제 확대라는 참여정부의 정책방향은 "낙찰률 저하를 통한 예산절감"을 기대효과로 부각시키고 있다. 품질향상, 기술발전, 공기단축 등을 통한 투자가치의 실현에 대한 논의는 정부조달시스템의 핵심 주제로 자리잡지 못했다.

1990년대 중반 이후 전세계적인 정부조달혁명(Global Revolution)이 이루어졌고, 우리나라에서도 정부조달협정(GPA)를 반영하여 「국가계약법」과 「건설산업기본법」의 제정이 이루어졌다. 하지만 형식적인 법 · 제도를 제외하고, 정부조달시스템의 본질적인 변화는 이루어진 게 없다. 해마다 몇 차례씩 공사발주 및 입낙찰제도의 변화가 있긴 했지만, 변별력은 지속적으로 떨어지고, "요행에 의한 낙찰제도"를 의미하는 "운찰제(運札制)"가 여전히 우리나라 낙찰제도의 근간을 이루고 있다. 전세계가 최고가치 낙찰제(best value selection)를 지향하고 있는데, 우리나라만 최저가 낙찰제 확대와 같은 시대착오적인 정책방향을 제시하고 있다. 전세계적인 정부조달시장의 변화에 앞서가지 못했고, 그렇다고 해서 적응을 제대로 한 것도 아니다. 오래 전부터 외국에서 시행되어 온 정부조달제도를 뒤늦게야 국내에 도입할 것을 검토하는 단계를 아직도 밟고 있다.

우리나라의 정부조달시스템 운용역사는 50년이 넘지만, 그동안 지식과 경험을 얼마나 축적하여 공유하고 있을까? 실적공사비 적산제도의 운용과정만 보더라도, 50여년간 그토록 많은 건설공사를 수행해 왔음에도 불구하고 발주기관이 구축해 놓은 실적공사비 자료 자체를 찾아보기 어렵다. 기획이건, 설계건, 시공이건 간에 정부조달사업의 수행과정에서 생성되는 지식과 경험은 최근까지도 조직화되어 저장되거나 공유되지 않고, 개개인에게 전속되었을 뿐이다[164]. 정부조달시스템에서도 지식의 생산과 축적 및 수확을 하는데 가장 중요한 요소는 사람이지만, 우리나라에는 정부조달 관련 전문가조차 희귀한 실정이다. 정부조달 관련 학과도 대학교에서 찾아보기 어렵고, 학회나 연구원도 이제서야 한 두 개 생긴 정도이며, 그나마 얼마나 지속될 수 있을지에 대해 회의적이기도 하다.

우리나라도 정부조달협정이나 양자간 자유무역협정(FTA)에 따라 형식적으로는 조달시장 개방이 이루어져 있다. 하지만 실제로 외국 건설업체가 국내 정부조달시장에 진입하여 공사를 수주한 사례는 아직까지 단 1건도 없다. 형식적으로만 개방되어 있을 뿐 실제로는 개방되어 있지 않다고 볼 수 있다. 이렇게 된 원인은 우리 건설업체들의 수주경쟁력이 월등해서가 아니다. 외국 건설업체들이 입찰조차 보지 않았다는 사실을 감안하면[165], 여전히 국내 건설 관련 법 · 제도나 발주 관행 자체가 후진적이고, 한국적이면서, 글로벌 스탠다드와 거리가 멀기 때문으로 보아야 할 것이다. 수익성 등 여러 가지 면에서 외국 건설업체에게 매력적인 시장이 못되기 때문에 진출하지 않고 있는 것이다.

우리 정부조달시장은 대외적인 개방도 뿐만 아니라, 대내적인 개방도 역시 낮다. 지역제한 입찰금액 기준은 갈수록 높아지고, 지역의무공동도급 금액기준도 마찬가지로 상승일로에 있다. 지역중소업체 보호를 명분으로 지역간의 진입장벽을 높이고 있는 것이다. 하도급자 보호를 위한 규제도 갈수록 강화되고 있다. 전기 및 정보통신공사 분리발주 의무제도나 건축설계업과 시공업간 사실상의 겸업제한 역시 끈질긴 생명력을 과시하고 있다.

---

164) 토마스 L. 프리드만(2000)은 "성공하는 국가들의 아홉 가지 습관"에서 이와 관련된 사례를 하나 제시하고 있다. 1970년대에 중동 산유국들은 사실상 모든 외국의 다국적 석유회사들을 추방했다가, 20년이 지난 뒤부터는 다시 다국적 석유회사를 불러들이고 있다. 그 이유는 기존 유전들의 매장량이 줄어 들면서 새로운 유전을 개발해야 하는데, Cheveron과 같은 다국적 석유회사는 오랫동안의 지식과 경험을 모아 분석하고, 유형별로 분류하여 기업차원의 메모리에 저장해 왔으며, 그 덕택에 전세계 어디서나 석유생산을 할 수 있는 역량을 갖고 있기 때문이라고 한다. 미국과 영국의 건설업체들이 세계 건설시장에서 국제경쟁력을 갖고 있는 이유도 같은 맥락일 것이다.

165) 외국 업체와의 경쟁입찰에서 우리 건설업체들이 수주할 수 있다면 우리 건설업체들의 수주경쟁력이 높다고 평가할 수 있다. 하지만 외국 건설업체들이 입찰조차 하지 않았다는 사실은 우리 건설업체의 경쟁력 때문이 아니라 다른 이유 때문으로 보아야 한다.

정부조달시스템의 경영자라 할 수 있는 국장급 이상의 고위공무원들은 전문성이 부족할 뿐만 아니라 채 1년도 되지 않아 바뀌고 있다. 업무 파악이 어느 정도 될 만하면 바뀌는 일이 반복되고 있다. 이러니 조달행정은 비전문가의 영역이라고 해도 지나치지 않다.

우리나라에서는 경쟁력을 상실한 부실건설업체들이 정부조달시스템에서 퇴출되기는 커녕, 경쟁력을 상실한 부실건설업체일수록 정부조달사업에 매달려 연명하고 있는 실정이다. 지명경쟁입찰 내지 수의계약을 근간으로 하는 민간부문에서는 부실건설업체가 발디딜 틈이 없다. "운찰제(運札制)"를 근간으로 하는 정부조달시장에서는 부실건설업체라도 "운(運)"만 좋으면 공사수주가 가능하다. 정부는 부실업체 퇴출이나 건설산업 구조조정을 말하면서도, 정작 그 방안은 "운찰제(運札制)" 폐지가 아니라 건설업 등록기준을 갖추고 있는지 아닌지 실태조사하겠다는 데서 찾고 있다.

외국에서는 조달사업 참여자간의 적대적 관계를 협력적 관계로 전환시키기 위한 노력을 기울이고 있지만, 우리나라에서는 여전히 전통적인 「갑(甲)-을(乙) 관계」가 존속되고 있다. 발주자와 계약자의 관계는 상명하복(上命下服) 관계에 기초한 적대적 관계인 경우가 많다. 서로 파트너로서 함께 협력하여 투자가치 달성을 위해 노력해야 한다는 인식이나 제도적 뒷받침도 없다. 최근 정부에서 파트너링(partnering)이니 상생협력이니 하는 용어를 쓰고 있지만, 그것은 어디까지나 일반건설업과 전문건설업간, 혹은 원도급자와 하도급자간의 관계에 국한된 사항이다.

우리나라 정부조달시스템의 브랜드로 자랑할 수 있는 게 있다면, 2002년에 개통된 「국가종합전자조달시스템(G2B)」일 것이다. 세계 제1의 IT강국답게 전자조달시스템만큼은 전세계 어느 나라에도 뒤지지 않고, 자랑할 만한 것이라고 본다. 전자조달시스템을 제외하고서는 자랑할 만한 게 뭐가 있을까? 없는 것 같다. 전자조달시스템을 제외한 다른 분야는 여전히 후진적이기 때문이다. 그렇다면 정부조달시스템 혁신을 위해 무엇을 어떻게 바꾸어야 할까?

03 일류 발주자가 되기 위한 10가지 과제

지금도 정부조달제도 개선작업이 한참 이루어지고 있다. 새로 최고가치 낙찰제도를 도입한다든가, 최저가 낙찰제의 저가심의제도나 설계 · 시공 일괄입찰제도를 개선하는 등의 작업이 이루어지고 있다. 이처럼 입낙찰제도를 중심으로 한 당면 현안과제의 개선도 중요하다. 그런데 국가계약법이 제정된 1995년 이래 지금까지 한 해도 거르지 않고 정부조달제도 개선이란 이름 아래 숱한 제도변경이 이루어져 왔건만, 10여년이 지난 지금 얼마나 개선되었는가? 발주자인 정부는 얼마나 좋아졌고, 공급자인 건설업체는 또 얼마나 좋아졌는가? 공공시설물의 품질은 얼마나 향상되었고, 부패는 얼마나 줄었나? 이런 질문을 던져보면, 아마도 대부분의 건설업계 종사자나 발주기관 공무원들은 그다지 긍정적으로 답변할 것 같지 않다. 예나 지금이나 별 다를 게 없다는 평가가 지배적이지 않을까 싶다.

이 책은 정부조달과 연관된 법 · 제도나 당면한 현안과제의 개선방안이 아니라 중장기적인 관점에서 정부조달시스템 혁신문제를 다루었다. 그동안의 법 · 제도 개선이나 당면 현안과제 개선은 나름대로의 필요성과 성과가 있었겠지만, 총체적인 시스템 혁신은 아니었다. 총체적인 시스템 혁신은 실무자만의 힘으로는 불가능하고, 강력한 정치적 · 사회적 지원이 있어야 가능하다. 지금과 같이 정부조달을 집행업무로, 실무자 영역으로만 인식할 경우는 정치적 · 사회적 지원을 이끌어내기도 어렵다. 또한 중장기적인 관점에서 시스템 혁신을 이룩하기 위해서는 기본방향과 원칙을 확립하는 일이 중요하다. 세부적인 제도개선 방안은 그 다음 단계에서 필요하다.

이 책의 제1장은 정부조달의 중요성과 혁신의 필요성을 강조했고, 제2장에서는 우리나라 정부조달제도의 현황과 구조적인 문제점을 상세하게 설명했다. 제3장은 외국사례지만, 정부조달시스템 혁신의 기본방향과 원칙을 정립하기 위해 우리보다 앞서 혁신에 나섰던 미국과 유럽 각국의 동향을 소개하는데 주력했다. 제4장에서는 정부조달시스템 혁신을 위한 인식의 전환에 대한 문제부터 먼저 다루었다. 그동안 추진되어 온 정부조달제도 개선작업은 기본방향이나 원칙에 근거했다기 보다는 그때 그때의 사회적 분위기나 이해관계 집단의 요구에 대한 반응 수준에 그친 경우가 많았다. 앞으로 정부조달시스템 혁신을 추진한다면, 쇄국에서 개방으로, 정부에서 시장으로, 집권화/획일화에서 분권화/다양화로, 공급자 시각에서 소비자 시각으로, 가격에서 가치로, 갑-을 관계에서 협력관계로, 투입규제에서 성과관리로, 평준화에서 수월성 추구로, 일반화에서 전문화로, 보호 · 육성에서 경쟁으로 기본방향과 인식의 전환이 필요하다.

정부조달시스템 혁신을 위한 실천적 과제로는 다음 10가지를 제안했다. 이들 과제는 일류 발주자가 되기 위한 10가지 과제이기도 하다.

① 조달정책의 목표를 투자가치(value for money)에 두고, 정책수단과의 연계성을 확보하자.

② 조달정책기능은 강화하고, 집행기능은 분권화하는 방향으로 조달행정조직과 기능을 재편하자.

③ 조달전문인력을 양성하고, 민간위탁을 활성화하자.

④ 법 · 제도의 글로벌 스탠다드를 수용하고, 획기적인 규제개혁을 추진하자.

⑤ 정부와 조달사업참여자간의 관계는 수직적 관계에서 수평적 · 협력적 관계로 바꾸자.

⑥ 건설공사 발주제도의 정상화와 선진화를 추구하자.

⑦ 경쟁적이고 다양한 입낙찰제도를 도입하고 운용하자.

⑧ 각종 심의 · 평가제도를 정상화하고, 책임행정을 달성하자.

⑨ 성과중심의 조달제도와 건설사업관리제도를 운영하자.

⑩ 깨끗한 조달행정을 구현하자.

일류 발주자가 되기 위한 정부조달시스템 혁신과제를 실천하는 데에는 장애물도 많다. 정치적 지원의 부족, 기득권 집단의 저항, 부처 이기주의, 지식과 전문성의 부족 등이 대표적이다. 장애요인을 극복하기 위해서는 무엇보다 먼저 정부조달시스템 혁신의 중요성과 필요성에 대한 인식을 제고해야 한다. 대통령을 비롯한 최고 정치지도자나 고위공무원 등의 지원을 확보해야 한다. 단순한 법 · 제도의 개선이 아니기 때문에 총체적인 정부혁신 프로그램과 병행해서 추진해야 한다. 아마추어가 아니라 전문가 중심으로 혁신방안을 수립해야 하고, 가능한 한 혁신의 기대효과를 객관적으로 입증하는 데에도 노력해야 한다. 아울러 정부만이 아니라 민간부문도 정부조달시스템 혁신에 적극 협력해야 한다.

건설업체에 대한 정부규제 강화나 당면 현안과제와 관련된 법 · 제도 개선보다 발주자인 정부의 조달시스템에 대한 총체적인 혁신이 더 어려운 것은 사실이다. 하지만 어렵다고 해서 불가능한 것은 아니다. 또한 정부조달시스템 혁신을 위한 계기는 대통령 선거가 있는 매 5년마다 한 번씩 돌아오게 된다. 그때마다 기회는 오지만, 문제는 대통령을 비롯한 정치지도자들이 정부조달시스템 혁신의 필요성과 중요성을 얼마나 인식하느냐에 있다. 누가 알겠는가? 우리나라에서도 미국의 레이건이나 클린턴 대통령, 영국의 대처나 토니 블레어 수상과 같이 정부조달시스템 혁신을 추진할 정치지도자가 곧 등장하게 될 지를. 그리고 외국에서도 성공했는데, 우리라고 해서 안 된다는 법이 있겠는가? 성공 여부는 일류 발주자가 되기 위해 정부조달시스템을 혁신하고자 하는 의지에 달려 있다.

참 고 문 헌

국내 문헌

감사원(2006.3). 「감사결과 처분요구서-건설공사 관리시스템 운영실태-」.

감사원(2007.5). 「감사결과보고서-설계 · 시공 일괄입찰제도 등 운용실태-」

경제기획원(1994). 「자율개방시대의 경제정책」. 미래사

국가청렴위원회(2005). 「건설공사 부패방지를 위한 공사계약분야 제도개선방안」.

국가청렴위원회(2005, 2006). 「부패방지 시책평가」.

국가청렴위원회(2006). 「2006년도 청렴도 조사결과」.

규제개혁기획단(2005.11). 「건설산업 규제합리화 방안」.

건설교통부(1996.11). 「턴키 활성화 대책」.

건설교통부(1999). 「공공건설사업 효율화 종합대책」.

건설교통부(2000). 「건설산업 구조개편 방안」.

건설교통부(2006.3). 「건설경제 업무편람」.

건설기술 · 건축문화선진화위원회(2006). 「건설기술 · 건축문화 선진화 전략」.

기획예산처(2007.3). 「2007~2011 국가재정운용계획 -민간투자분야-」.

김광희(2005). 「공공조달시장의 경쟁성 제고에 관한 연구」. 중소기업연구원.

김명수(2005.9). 「WTO정부조달협정 건설서비스 양허하한선 인하의 타당성 및 잠정인하수준 검토」. 외교통상부.

김예상 · 한미파슨스(2003). 「미국 건설산업 왜 강한가?」. 보성각.

김예상 · 한미파슨스(2005). 「미국의 설계경쟁력 어디에서 오나?」. 보문당.

김종훈(2007.4). 「CM제도 10년의 평가와 미래 발전방향에 대한 고찰」. 한국CM협회.

김한수 · 한미파슨스(2002). 「건설산업의 효율성 및 생산성 향상 전략」.

김한수 · 한미파슨스(2003). 「영국 건설산업의 혁신전략과 사례」. 보성각.

김한수 · 한미파슨스(2006). 「발주자가 변하지 않고는 건설산업의 미래는 없다」. 보문당.

대한건설협회(1994). 「시장개방과 건설산업」.

대한건설협회(1997). 「한국 건설 반세기-대한건설협회 50년사-」.

대한건설협회(2006).「2006 민간건설백서」.

대한토목학회(2004).「턴키 · 대안공사 정착을 위한 대토론회 보고서」.

대한토목학회(2005).「건설산업과 턴키 · 대안제도 : 그 성과와 과제」.

박우열(2006).「일본의 발주자 사업비 관리 및 실적공사비 활용실태 조사」. 한국건설산업연구원.

부패방지위원회(2003).「건설 · 건축분야 부패방지 가이드」.

사공영호((2004). "건설산업분야 사업자단체 규제의 개혁방안".「규제연구 제13권 제2호」. 한국행정연구원.

산업자원부 · 전국경제인연합회 · AT커니(2006).「2015 산업발전 비전과 전략」.

산업연구원(2006).「한국산업의 발전비전 2020」.

송병록(2003). "일거양득의 사업, 민간투자사업".「한국의 건설산업, 그 미래를 건설하자」. 삼성경제연구소.

안태훈(2006).「교통시설 SOC 재정사업에 대한 민간자본유치 필요성 고찰」. 국회예산정책처.

앨빈 토플러(2006).「부의 미래」. 청림출판.

왕세종 외(2006).「SOC민간투자사업의 운용현황 및 리스크 보완 방법」. 한국건설산업연구원.

이상호(1996).「공공공사 발주체계의 개편방안」. 한국건설산업연구원.

이상호(1998).「턴키제도 내실화 방안 연구」. 건설교통부.

이상호(1998.11). "공공공사 입찰담합의 제도적 메카니즘과 개선방안".「공공공사 입찰담합에 관한 연구」. 한국건설산업연구원.

이상호(2000).「최저가 낙찰제 도입 및 정착 방안 연구」. 한국건설산업연구원.

이상호(2001). "최저가 낙찰제 도입동향과 향후 정책과제".「건설산업동향」. 한국건설산업연구원.

이상호 · 박성민(2006.6).「한미FTA 정부조달 협상전략 연구」. 외교통상부.

이상호 외(2004).「공공건설공사 발주기능 및 계약제도 Best Practice 사례조사」. 조달청.

이상호 외(2005).「최근 외국의 입낙찰제도 운용현황 및 우리나라 입낙찰제도 개선방안 연구」. 재정경제부.
이상호 외(2006.7). "교통시설 재정사업의 예산부족에 따른 문제점과 대책방안". 「건설산업동향」. 한국건설산업연구원.
이상호 · 이승우(2004.2). "공공공사 낙찰률과 수익성간의 상관관계 분석". 「건설산업동향」. 한국건설산업연구원.
이상호 · 이승우(2006.1). 「최고가치 낙찰제도 도입을 위한 기초연구」. 한국건설산업연구원.
이상호 · 이승우(2006.10). 「최고가치 낙찰제도 도입방안 연구」. 한국건설산업연구원.
이상호 · 한미파슨스(2003). 「한국 건설산업 대해부」. 보성각.
이상호 · 한미파슨스(2006). 「코리안 스탠다드에서 글로벌 스탠다드로」. 보문당.
장철기 외(2005). 「국내 용역형 CM/PM시장 활성화를 위한 개선방안」. 한국건설산업연구원.
장철기 외(2006). 「CM at Risk 방식 도입의 필요성 및 가능성 진단」. 한국건설산업연구원.
조달청(1999). 「조달청 50년사」.
조달청(2001). 「전자입찰백서」.
조달청(2001.7). 「시설공사 원가계산 발전방안에 관한 연구」.
조달청(2004). 「조달행정 환경변화예측 및 영향분석과 중장기 조달행정 운용방향 연구」.
조달청(2006). 「2005 조달연보」.
조달청(2007.3). 「시설공사 · 기술용역 업무편람」.
조달청(2007.5). 「정부공사제도 개선방안」.
총무처 직무분석단 편저(1997). 「신정부혁신론-OECD국가를 중심으로-」. 동명사.
추욱호 · 박명섭 외(2004). 「구매조달관리」. 청구.
최병선(1992). 「정부규제론」. 법문사.
최석인 외(2006). 「실적공사비제도의 평가와 개선방안(II)」. 한국건설산업연구원
토마스 L. 프리드만(2000). 「렉서스와 올리브 나무」. 창해.
토마스 L. 프리드만(2005). 「세계는 평평하다」. 창해.

한국개발연구원 · 한국건설산업연구원(2001). 「총사업비 관리제도 개선방안 연구」.
한국건설산업연구원(2001). 「건설산업의 환경변화와 수요전망」.
한국건설산업연구원(2005). 「Big Project 창출방안 연구」.
한국건설산업연구원(2007). 「한국건설산업의 성공키워드」. 보성각.
한국은행(2007.5). 「2006년 기업경영분석」.
한국엔지니어링진흥협회(2006). 「2006 엔지니어링 통계편람」.
한국행정문제연구소(2000). 「조달분야 부패방지대책」.
해외건설협회(2004). 「해외건설진흥기본계획」.

해외 문헌

金本良嗣(2000). 「日本の建設産業」.
國土交通省 國土技術政策綜合研究所(2003.7). 「公共工事における綜合評價落札方式の手引き · 事例集」.
AGC & NASFA(2006). ***Best Practices for Use of Best Value Selections : Final Draft for Industry Comment.***
Arrowsmith, Sue and Arwel Davis(eds.) (1998). ***Public Procurement : Global Revolution.*** London : Kluwer Law International.
Arrowsmith, Sue and Martin Trybus(eds.) (2003). ***Public Procurement : The Continuing Revolution.*** London : Kluwer Law International.
Badcoe, Penny(2003). "Best Value-a New approach in the UK-". Sue Arrowsmith & Martin Trybus(eds.). ***Public Procurement : The Continuing Revolution.*** London : Kluwer Law International.
Bovis, Christopher(1998). ***The Liberalisation of Public Procurement and its Effects on the Common Market.*** Dartmouth : Ashgate Publishing Company.
CII(1997). ***Project Delivery Systems : CM at Risk, Design-Build, Design-Bid-Build.***
Dobson, Nicholas(2000). ***Best Value : Law and Management.*** Jordan

Publishing Ltd.

ENR(December 2006). ***2006 Global Construction Source Book.***

GSA(http://www.gsa.gov). ***Federal Acquisition Regulations.***

Highways Agency(http://www.highways.gov.uk). ***Procurement Strategy Review 2005.***

Highways Agency(2001). ***Delivering Best Value Solutions and Services - Highways Agency Procurement Strategy.***

Hunja, Robert R(2003). "Obstacles to Public Procurement Reform in Developing countries," Sue Arrowsmith & Martin Trybus(eds.). ***Public Procurement : The Continuing Revolution.*** London : Kluwer Law International.

Knight's Guide to Best Value and Public Procurement(December 2005). LexisNexis UK.

NAO(2001). ***Modernizing Construction.***

NCHRP Project NO. 10-61(2005). ***Best-Value Procurement Methods for Highway Construction Projects(Preliminary Draft Final Report).*** Transportation Research Board.

OGC(http://www.ogc.gov.uk). ***Achieving Excellence in Construction Procurement.***

Suzuki, Hajime(2004). ***Current State of the Public Procurement System, and Related Issues.***

Tom warne and Associates, LLC(2005.5). ***Design-Build contracting for Highway Projects : A Performance Assessment.***

Trepte, Peter(2004). ***Regulating Procurement.*** Oxford University Press.

U.S.DOC NIST(November 2002). ***Measuring the Impacts of the Delivery System on Project Performance : Design-Build and Design-Bid-Build.***

U.S.DOT FHWA(2002). ***Contract Administration : technology and Practice in Europe.***

U.S.DOT FHWA(2003). ***European Practices in Transportation Workforce Development.***

U.S.DOT FHWA(2004). ***Guidelines on Preparing Engineer's Estimate, Bid Reviews and Evaluation.***

U.S.DOT FHWA(2005). ***Construction Management Practices in Canada and Europe.***

U.S.DOT FHWA(2006). ***Design-Build Effectiveness Study.***

Walker, Cynthia(2003). "Setting Up a Public Procurement System : The Six Step Method". Sue Arrowsmith & Martin Trybus(eds.). ***Public Procurement : The Continuing Revolution.*** London : Kluwer Law International.

일류 발주자가 일등 건설산업 만든다

1판 1쇄 인쇄 2007년 8월 25일
1판 1쇄 발행 2007년 8월 30일

지은이 | 이상호 · 한미파슨스
발행인 | 김병계
발행처 | 도서출판 보문당
등　록 | 1990년 6월 15일(제1-1066호)
주　소 | 서울시 마포구 신수동 448-6 우)121-110
전　화 | 704-7025 / 704-0635
팩　스 | 704-2324
홈페이지 | http://www.bomoondang.co.kr
전자우편 | bmdpub@empal.com

값 15,000원

ISBN 978-89-8413-137-8